対称空間今昔譚

堀田良之 著

数学書房

はじめに

対称空間とは点対称な空間のことである．もう少し詳しくいうと，各点に関して点対称な空間である．

ユークリッド空間がそのような性質をもつことは周知であろう．

点対称という性質を検討してみると，まず，長さをもつ “直線” という概念が必要である．直線と長さの関連は，2 点を結ぶ直線 (線分) の長さが，“距離” という概念をもたらし，いわゆる 3 角不等式をみたす距離空間という概念に達する．

先を急ごうとすれば，さらに曲線に対しても微積分学を用いて長さを定義し，Riemann 空間の考えを準備し，“測地線” が直線であり，云々…となるであろう．

本書では第 1，2 章で，まずユークリッドを尊重し，Riemann 幾何の誕生以前の世界での思考を推し進めてみる．替わりに，幾何を定義する “合同変換群” を定めてみようと試みる．これは，Sophus Lie と Felix Klein のパラダイムに則っており，Gauss, Bolyai, Lobachevsky による実際の歴史を少々逆転した説明であるが，大域的な対称性を軸にしたやり方である．

当然のことながら，歴史が示す如くいわゆる非ユークリッド幾何の決定に至る物語である．

後に多様体論および Riemann 幾何で整理される測地線，距離などの概念をいささかぼんやりと認めたまま Lie 群の代数的な計算にもち込むので，話が曖昧に感じられるところもあるかと思われるが，そのときは後で読み返してみるのも良いかと思う．

次に，第 3 章では以上の結果を曲面論の伝統に沿って再説する．

後述の多様体の微分幾何への一般化への導入も兼ねて，急がずゆっくり主に Gauss による理論を解説した．

この辺の話は，他にも多くの優れた入門書や解説記事があるので，随時参照されるのもよいだろう．

続く第 4，5，6 章は，後に必要な Lie 群および微分幾何 (主に Riemann 幾何)

の最小限の準備解説であり，多くの重要な概念と結果が含まれているが，詳しい証明を付ける余裕がない場合も多く，数多ある他の参考書や教科書を引いて頂くことになるかもしれない．

ただ，基本的な概念はなるべく詳しく説明したつもりである．

第 7 章以降が対称空間の一般論に関する話題である．

Riemann 空間において，その各点が，その点を孤立固定点とする測地的対称変換をもつもの (すなわち点対称) を大域的 Riemann 対称空間という．

これがユークリッド空間の一般化であることは明らかであろうが，このように一般化しても等長変換に関して推移的になり等質空間になる．したがって，理論は Lie 群論の枠内に組み込まれていく．

一方 Riemann 幾何学的には，曲率テンソルが平行移動で不変であるという性質が対称空間の局所的な特徴付けとなることが分かる (Cartan–Schouten)．多くの重要な例をもつ局所対称空間は，普遍被覆空間を考えることにより大域的対称空間になるので，Riemann 等質空間 G/K (K はコンパクト群) が対称になるものを考えることになる．対称変換を群にまでもち上げると，位数 2 の G の自己同型 s で，s の固定部分群 $G^s := \{g \in G \mid s(g) = g\}$ が K を含み，かつそれらの単位元の連結成分が一致するものをもつもの，と特徴付けられる．このような Lie 群とコンパクト部分群の対 (G, K) を Riemann 対称対とよぶ．

対称対 (G, K) に対して，それぞれの Lie 環の対 $(\mathfrak{g}, \mathfrak{k})$ を考える．s がひき起こす $\mathfrak{g}$ の位数 2 の自己同型も同じ記号 s で表し，s の固定部分環を $\mathfrak{g}^s$ と記すと，$\mathfrak{g}^s = \mathfrak{k}$ となる．

このような Lie 環 $\mathfrak{g}$ と部分環 $\mathfrak{k} = \mathfrak{g}^s$ の対を直交対称 Lie 環と称し，以降対称空間の研究は主にこの対を調べることに費やされる．

第 2 章 3 節で行った非ユークリッド平面の分類は，3 次元直交対称 Lie 環を決定したのである．

Riemann 対称空間の微分幾何学的および Lie 群論的研究に関しては，1920 年代から 30 年代にかけて重要な結果はほとんど Elie Cartan 一人によって得られ，その全集 [Ca] に収められている．Cartan によって，ユークリッド空間以外の "既約" な対称空間の分類は本質的には実単純 Lie 群の分類に帰着され，それはすでに Killing および彼自身によって成し遂げられていた成果であった ([Bo3] など参照)．

その後，第 2 次世界大戦が終わってから 1960 年頃までに，多くの数学者によって理論の整備と拡充が行われ，その成果をまとめて最初に出版された教科書が

Helgason [He] である．これには我が国の多くの先輩方の寄与も含まれており，詳しくは伊勢幹夫先生の論説 [伊 1] を見られたい．

Cartan 以後，対称空間上でその幾何学のみならず，豊富な解析学が繁茂していることが判明し様々な研究がなされることになった．これはいわゆる表現論，とくに無限次元 (ユニタリ) 表現論と直結し，“非可換調和解析” ともよばれて，現在も精力的な研究対象となっている．ひとつには，数論と密接に関係する保型関数論を支える舞台となっているからである．

本書では，このようなその上に繁茂している数学については殆ど触れることができなかったが，第 10 章で古典的な保型関数と表現論との関係についてその一端の紹介を試みた．

Hermite 対称空間は複素多様体であり，その基本的な例である上半平面や Siegel 上半空間上では正則保型関数が様々な動機によって詳しく研究されてきた．これらはいわゆる “正則” 離散系列とよばれるユニタリ表現に対応しているが，このような仕組みは正則とは限らない離散系列表現にも拡張される．

1950 年代から 60 年代にかけてさらに一般的な簡約 Lie 群 (対称空間が対応している) の表現論，とくにその中で基本的な離散系列の研究が Harish–Chandra によってなされたが，そこでも我が国の数学者たちによる貢献がみられる．

最後に分類について結果を述べて終わる．これは半単純実 Lie 環の分類と同等であり，対称変換を与える自己同型が内部的か外部的かによるものと，いわゆる佐武図形によるものの 2 通りがある．ここでは前者の方法を紹介した．その一つの理由は，対応する Lie 群が上に述べた離散系列をもつかどうかに依っているからである．

このように対称空間はいまではそれ自体を調べるというより，あたかもユークリッド空間が古来そうであったように，種々の数学が入り組んで棲むインフラ構造 (まさに “空間”) と見なすことができるだろう．

したがって本書は，いわば地上には多様な文化が咲き誇るインフラ地下空間を探検する地味な案内書，または土木建築書と例えてもらってもよい．

上半平面や Siegel 上半空間など特殊な空間上ではより深い，もっと一般的な空間上ならばそれなりに壮麗な理論が得られており，それぞれに多くの良書もあるので好みに従って進まれればよいと思う．

思えば学部 4 年のとき岩堀長慶先生のセミナーで，出版されたばかりの分厚い深緑色の Helgason の本を与えられ，とくに第 1 章 “初等微分幾何学” と格闘したのは曲面論もろくに心得ぬ身にとっては辛い想い出だった．小林昭七先生がどこかに書いておられた「曲面も知らずに一般の多様体をいきなり学ぼうとした不幸な世代」(意訳) である．本書は多少その私的な怨念に対する復讐の意味もある．Helgason については，幸いにその後の Lie 理論の展開は順調に読み進めて，修士の初め頃には “取り敢えず一応” 読み通しはしたが，不肖の身には，それがすぐに後の研究に役立ったわけではない．回り道かどうかは別にして，その後はあちこち見学したり迂路々々しているうちに，ずっと経ってから阪大時代に村上信吾，岡本清郷先生の影響でユニタリ表現に興味をもち対称空間上でいろいろなことをやったことが博士論文など駆け出しの証拠物件には繋がった．

本書を執筆しているうちに，主な参考文献が岩堀長慶，伊勢幹夫，竹内勝，村上信吾，岡本清郷，荒木捷朗，佐武一郎先生などの著作であり，いずれも個人的にも深くお世話になった先生方であることに気付き，岡本先生を除いてはいまや皆鬼籍に入られ隔世の感に堪えない[1]．

本書の執筆の動機となった個人的事情を記す．かなり前，もう 7，8 年以上も前のことであったが，永年の友人である編集者の川端政晴さんから，古希を迎えるにあたってもう 1 冊何か書きませんか，というお誘いがあった．しかし，そのときは手頃な題材も思い浮かばず，また気力も失せかけていたので「とても，とても」と諦めてもらっていた．

その後，それよりずっと以前に約束していた義理もあって，朝倉書店から『線型代数群の基礎』を出版することになった．ところがこの本で扱えたのは，代数的閉体上の線型群の基本的な事柄のみに留まってしまい，不満が溜まっていた．実際，代数群が現れる数学においては，閉体とは限らず，具体的な有理数体，代数体，それらの完備化である実数体や p 進数体，有限体などの上の群が主に興味をもたれている．

そこで，せめて実数体上の場合に限ってもと思って取りかかったのが本書である．ある意味でこの場合がもっとも歴史が深く，Lie 群の理論とも相まって，知識の集積も膨大で，とくに対称空間の理論としても完成度が高い．

すでに上でも述べたように，教科書的な書物としても，Helgason [He]，また和書では竹内勝先生の [竹] がそれぞれ特徴をもつ名著である．

しかし，Helgason は完璧であるが，手軽に開くには幾らか困難を感じるであろ

---

[1] 本書の校正中，3 月 26 日に岡本清郷先生が亡くなられた．合掌．

う．これに反して，竹内先生の本は必要なことが短い頁に手際よくまとめてあって，非常に役に立つと思う．他に，小林・野水著 [KN; Ch. XI] にも解説がある．

本書はこれらの定番の書物に比して，自己完結的 (self-contained) な記述を目指した教科書ではなく，また歴史解説書とも言えないが，所どころの四方山話や，いささか著者の興味の偏りを示す例などの紹介を混じえたいわば読本である．

というわけで，本書が出来上がるまで長い間厭きずに励まし続けてくれた川端政晴さんにまず感謝したい．そして，次々と興味深い数学書を世に送り出してきた横山伸さんへの敬意を表したい．

なお，本書の題名「対称空間今昔譚」は「今ハ昔対称空間アリケリ」(イマトナッテハムカシノコトダガタイショウクウカントイフモノガアッタソウナ) と読んで頂きたい．したがって，対称空間についての今 (＝最近) の話はまったく出て来ない，昔話のみである．「今昔対称空間譚」とかくべきかとも思うが，出版上の事情でこうなった．

私の好きな逸話をひとつ．フィレンツェの哲人マキャヴェッリが現実の政治世界から疎外されて思索執筆に耽っていた頃，日暮れて書斎に篭るに当たって，然るべき礼服に身を改め古の賢人達とその著作を通じて対話することに至福を感じていたという．私も幾らかでもこのような境地を覗き見たいと思っていたが，かの哲人には及びもつかぬようだ．

最後に，多忙のなか原稿に目を通して数多くの誤りを指摘して頂いた大内克彦，西山享の両氏に深く感謝する．とくに，西山氏には単なる誤植や表現上の不備のみならず，数学上の記述の改良などを示唆して頂いた．

2018 年晩秋

記号と記法

断りなく用いる諸々の通常の記号：

$A \subset B$ は「A は B の部分集合」という意味，したがって $A = B$ の場合も含む．「A は B の真部分集合」のときは，$A \subsetneq B$ とかく．

$\#A$ は A の濃度．

$A := B$ は「A を B によって定義する」という意味．

$A \setminus B := \{a \in A \mid a \notin B\}$，すなわち，差集合を表す．

$A \twoheadrightarrow B$，$A \hookrightarrow B$ はそれぞれ写像 (または射) $A \to B$ が全射，または単射であることを意味する．

集合 A, B について，$A \sqcup B$ は集合の直和を表す，すなわち，$A \cap B = \emptyset$ なる和集合 $A \cup B$．

$\mathbb{Z} \subset \mathbb{Q} \subset \mathbb{R} \subset \mathbb{C}$ は，有理整数環 $\subset$ 有理数体 $\subset$ 実数体 $\subset$ 複素数体，を表す．

$\mathbb{N}_{>0} = \mathbb{Z}_{>0} \subset \mathbb{N} = \mathbb{Z}_{\geq 0}$ は正整数および自然数 (0 も含める) のなす加法かつ乗法モノイド．

環 A に対して，$A^\times := \{a \in A \mid ab = ba = 1$ となる $b \in A$ がある $\}$，すなわち A の単元群 (A の可逆元 (単元) がなす部分集合；乗法群をなす)．$M_n(A)$ は A に係数をもつ n 次正方行列のなす環，$GL(n, A) = M_n(A)^\times$ は A に係数をもつ一般線型群，A が体のときは n 次正則行列のなす群．また，$M_{m,n}(A)$ は A に係数をもつ m 行 n 列の行列のなす A 加群を表す．

なお，n 次単位行列を 1_n $(\in M_n(A))$，または誤解の恐れがなければ単に 1 と記すこともある．同様に，零行列を $O_n, O, 0$ 等と記す．

行列 A に対して ${}^tA$ は A の転置を表す．とくに，$\boldsymbol{x}$ がヨコ・ベクトルならば ${}^t\boldsymbol{x}$ はタテ・ベクトルである．

一般に代数系 G に対して，$\mathrm{End}\, G$ を G の自己準同型のなす代数系，$\mathrm{Aut}\, G \subset \mathrm{End}\, G$ を自己同型がなす代数系とする．とくに，K 上のベクトル空間 V について $\mathrm{End}\, V = \mathrm{End}_K V$ は K 上の線型環になり，$\mathrm{Aut}\, V = GL(V)$ は一般線型群である．さらに多様体 M 上のベクトル束 E についても $\mathrm{End}\, E$ という記号を用いる．

$\square$ は「証明の終」または「証明の略」を意味する．

目 次

第 1 章

非ユークリッド幾何の例

1.1　ユークリッド平面の合同変換

ユークリッド平面の**合同変換**とは，線分を長さが等しい線分に移す移動のことである．このうち，特別なものとして，回転と線対称，および平行移動がある．

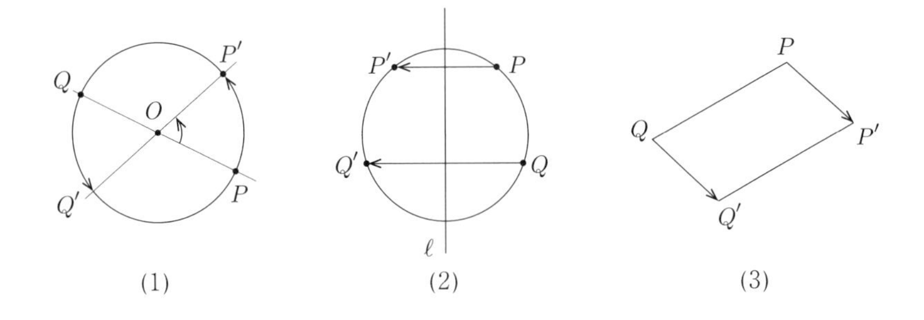

(1)　(2)　(3)

図 (1), (2), (3) において P を P'，Q を Q' に移す移動が，それぞれ (中心 O に関する) 回転，(直線 ℓ に関する) 線対称 (鏡映ともいう)，および平行移動である ($PQQ'P'$ は平行四辺形).

ここで一つ注意しておくと，回転と線対称は共にある点 O を中心とする円 (周) を円に移し中心 O を動かさない (固定点という)．また中心 O に関する回転は 2 つの異なる直線 ℓ, ℓ' に関する鏡映を続けて行うことによっても得られる (確かめよ).

さて，任意の合同変換は，ある点 O に関する回転と点 O を通る 1 本の決められた直線に関する鏡映と平行移動の合成として得られる．

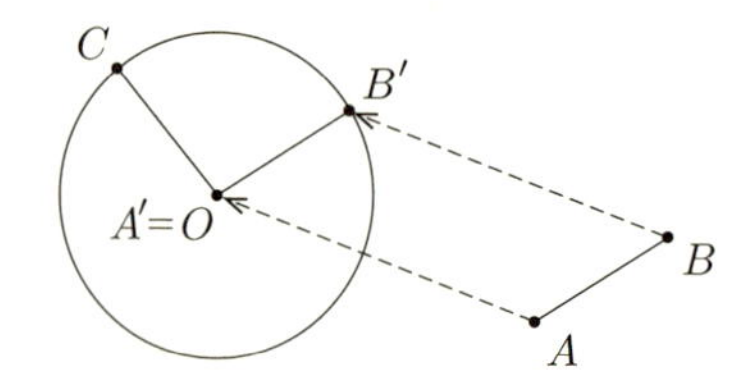

すなわち，任意に 2 つの線分 AB と OC が与えられたとき，AB を平行移動で $A'B'$ に移し，次に点 $O = A'$ を中心とする半径 OB' の円を描くと，$AB = A'B' = OC$ ゆえ，C はその円上の点である．

これは次の図が示すように，コンパスと (目盛のつかない) 定規のみで作図できることとしても有名である (ユークリッド原論初頭の命題 2，ちなみに，古代ギリシャが栄えた地中海沿岸では目盛をもった定規や綱は湿気や乾燥の故か信用されなかったのだろうか？)．

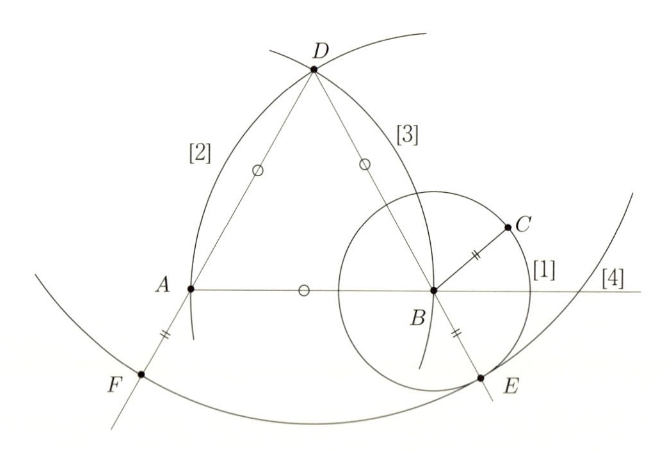

点 A と，線分 BC が与えられたとき，A を中心とする半径が BC (の長さ) に等しい円をかくことができる．いい替えれば，線分 BC は任意の点 A を端点とする等長の線分 (上図では AF) に移すことができる．([1]〜[4] の順にコンパスを使う．)

合同変換を続けて行う (合成) と，また合同変換であり，合同変換の逆も合同変換である．まったく動かさない恒等変換も合同変換とよぶことにすると，合同変換全体は群をなす (**ユークリッド合同変換群**，あるいは**運動群**とよぶ)．このことを明確に記述するために解析幾何を準備しよう．

ユークリッド平面の 1 点 O を固定し，$\mathbb{R}^2$ の原点を O とするデカルト座標を入れて，2 つの実数の組 $\mathbb{R}^2$ と平面を同一視しよう．このとき，原点を通る直線はある 0 でないベクトル $\boldsymbol{x} \in \mathbb{R}^2$ に関してそのスカラー倍 $\{\, c\boldsymbol{x} \mid c \in \mathbb{R} \,\}$ と表される．

$\mathbb{R}^2$ の内積を $(\boldsymbol{x} \mid \boldsymbol{y}) = x_1y_1 + x_2y_2 \in \mathbb{R}$ $(\boldsymbol{x} = {}^t(x_1,\, x_2),\, \boldsymbol{y} = {}^t(y_1,\, y_2) \in \mathbb{R}^2)$ と定めると，ベクトル $\boldsymbol{x}$ の長さは，$\|\boldsymbol{x}\| := \sqrt{(\boldsymbol{x} \mid \boldsymbol{x})}$ で与えられる．($\boldsymbol{x}$ の頂点を P とするとき，線分 OP の長さが $\|\boldsymbol{x}\|$ である．)

点 O を中心とする半径 r の円周は

$$\left\{ {}^t(x_1,\, x_2) \in \mathbb{R}^2 \mid x_1^2 + x_2^2 = r^2 \right\}$$

である．

上で，記号 ${}^t(x_1,\, x_2)$ は，人によっては見慣れないかもしれない．これはベクトルをタテ・ベクトルとして書きたいのだが，紙面の節約のためヨコ・ベクトル (x_1, x_2) を転置してタテ・ベクトルとみなしたものである，すなわち，本来 $\begin{pmatrix} x_1 \\ x_2 \end{pmatrix}$ とかくべきものである．次元が増えても同様の記法を用いることも多いので以後注意したい．

点 O を固定する合同変換は，直線を直線に移し，平行四辺形を合同な平行四辺形に移すから，$\mathbb{R}^2$ の正則な線型変換，すなわち実 2 次一般線型群 $GL(2, \mathbb{R}) := \{\, g \in M_2(\mathbb{R}) \mid \det g \neq 0 \,\}$ の元であり ($M_2(\mathbb{R})$ は実 2 次正方行列がなす環)，長さを保つから $\|g\,\boldsymbol{x}\| = \|\boldsymbol{x}\|$ $(\boldsymbol{x} \in \mathbb{R}^2)$ をみたす．これは内積を用いると $(g\,\boldsymbol{x} \mid g\,\boldsymbol{y}) = (\boldsymbol{x} \mid \boldsymbol{y})$ $(\boldsymbol{x},\, \boldsymbol{y} \in \mathbb{R}^2)$ ともかける (始めの式の $\boldsymbol{x}$ を $\boldsymbol{x} + \boldsymbol{y}$ におき替えよ)．この条件は，g の転置行列を ${}^tg$ と記すと，${}^tg\,g = g\,{}^tg = 1_2$ (1_2 は 2 次単位行列) とかける．この条件をみたす 2 次行列 g は $(\det g)^2 = 1$ をみたすから，正則行列になり，点 O を固定する合同変換の群は**直交群**

$$O(2) := \left\{\, g \in M_2(\mathbb{R}) \mid {}^tg\,g = 1_2 \,\right\}$$

である．直交群は位数 2 の正規部分群である**回転群** $SO(2) := \{g \in O(2) \mid \det g = 1\}$ を含む．(準同型写像 $\det : O(2) \to \{\pm 1\}$ の核が $SO(2)$ である．)

ちなみに，剰余類 $O(2) \setminus SO(2)$ の元は鏡映を与え，したがって，2 つの鏡映の積は回転である．

次に，O を通る直線 $\{c\,\boldsymbol{x} \mid c \in \mathbb{R}\}$ に平行で，ベクトル $\boldsymbol{v} \in \mathbb{R}$ の頂点を通る直線は $\{c\,\boldsymbol{x} + \boldsymbol{v} \mid c \in \mathbb{R}\}$ と表されることに注意しておく．

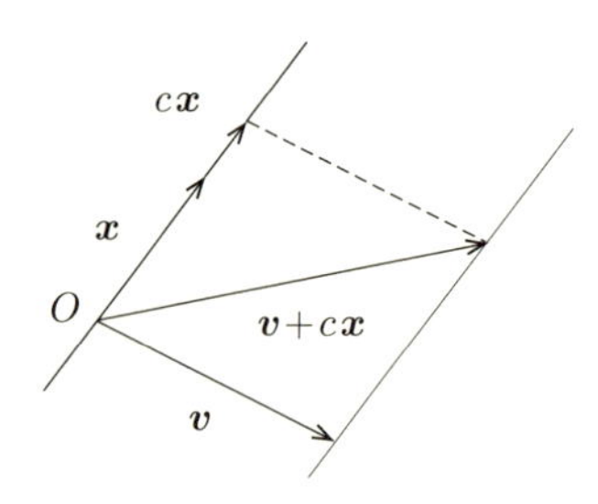

これらの観察の下，内積空間として表示したユークリッド平面の合同変換は

$$\boldsymbol{x} \mapsto g\boldsymbol{x} + \boldsymbol{v} \quad (\boldsymbol{x} \in \mathbb{R}^2).$$

ここに，$\boldsymbol{v} \in \mathbb{R}^2$ はある固定ベクトル，$g \in O(2)$ は直交変換，と表されることが分かる．

これは，特別なアフィン変換としての表示であるが，次のように 3 次行列として表しておくと便利である．

$$G := \left\{ \begin{pmatrix} g & \boldsymbol{v} \\ 0 & 1 \end{pmatrix} \middle| g \in O(2), \boldsymbol{v} \in \mathbb{R}^2 \right\} \subset GL(3, \mathbb{R}).$$

$\boldsymbol{x} \in \mathbb{R}^2$ への作用は，3 次ベクトル ${}^t(\boldsymbol{x}, 1) \in \mathbb{R}^3$ への線型変換として

$$\begin{pmatrix} g & \boldsymbol{v} \\ 0 & 1 \end{pmatrix} \begin{pmatrix} \boldsymbol{x} \\ 1 \end{pmatrix} = \begin{pmatrix} g\boldsymbol{x} + \boldsymbol{v} \\ 1 \end{pmatrix}$$

と表される．これは，平面 $\mathbb{R}^2$ を空間 $\mathbb{R}^3$ へ $\boldsymbol{x} \mapsto \binom{\boldsymbol{x}}{1}$ と埋め込んで $\mathbb{R}^3$ のアフィン部分空間 $x_3 = 1$ と同一視した作用である．

最後に，ユークリッド平面における点対称について注意しておこう．

原点 O に関する点対称は $-1_2 \in SO(2)$ (π 回転) であるが，任意の点 P に対してベクトル $\overrightarrow{OP}$ を $\boldsymbol{v} \in \mathbb{R}^2$ とかくと，

$$s_P : \boldsymbol{x} \mapsto \boldsymbol{x} - \boldsymbol{v} \mapsto -\boldsymbol{x} + \boldsymbol{v} \mapsto -\boldsymbol{x} + 2\boldsymbol{v}$$

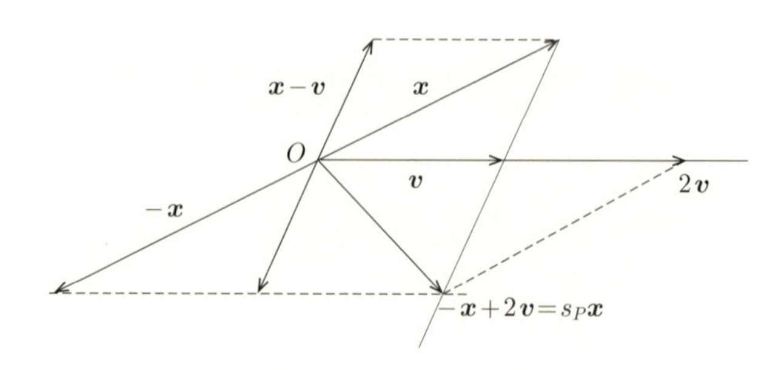

がベクトル $\boldsymbol{x}$ の点 P ($\boldsymbol{v}$ の頂点) に関する点対称を与える.

s_O を O に関する点対称として 3 次表示すると $s_O = \begin{pmatrix} -1_2 & 0 \\ 0 & 1 \end{pmatrix}$, 平行移動は $g_{\boldsymbol{v}} := \begin{pmatrix} 1_2 & \boldsymbol{v} \\ 0 & 1 \end{pmatrix}$ ゆえ

$$s_P = \begin{pmatrix} -1_2 & 2\boldsymbol{v} \\ 0 & 1 \end{pmatrix} = \begin{pmatrix} 1_2 & \boldsymbol{v} \\ 0 & 1 \end{pmatrix} \begin{pmatrix} -1_2 & 0 \\ 0 & 1 \end{pmatrix} \begin{pmatrix} 1_2 & -\boldsymbol{v} \\ 0 & 1 \end{pmatrix} = g_{\boldsymbol{v}}\, s_O\, g_{\boldsymbol{v}}^{-1}.$$

1.2　球面

次に球面を考えよう.

原点 O を固定した 3 次元のユークリッド空間を, 3 次元実ベクトル空間 $\mathbb{R}^3$ に内積 $(\boldsymbol{x} \mid \boldsymbol{x}') = xx' + yy' + zz'$ ($\boldsymbol{x} = {}^t(x, y, z)$, $\boldsymbol{x}' = {}^t(x', y', z') \in \mathbb{R}^3$) を定義したものとみなす. ベクトル $\boldsymbol{x}$ の長さを $\|\boldsymbol{x}\| := \sqrt{(\boldsymbol{x} \mid \boldsymbol{x})}$ とかくとき, 半径 1 の球面は

$$S = \left\{ \boldsymbol{x} \in \mathbb{R}^3 \mid \ \|\boldsymbol{x}\| = 1 \right\} = \left\{ {}^t(x, y, z) \mid x^2 + y^2 + z^2 = 1 \right\}$$

と定義される.

S の点は角 θ, ψ を用いて, 次の球面座標で表される.

$$\begin{pmatrix} \cos\theta \\ \cos\psi \sin\theta \\ \sin\psi \sin\theta \end{pmatrix} \quad (0 \leq \theta \leq \pi,\ 0 \leq \psi < 2\pi).$$

実際, $x^2 + y^2 + z^2 = 1$ のとき, $y^2 + z^2 \geq 0$ ゆえ, $x = \cos\theta, y^2 + z^2 = \sin^2\theta$ $(0 \leq \theta \leq \pi)$ となる θ がある. さらに, $\sin\theta \neq 0$ とすると

$$\left(\frac{y}{\sin\theta}\right)^2 + \left(\frac{z}{\sin\theta}\right)^2 = 1$$

ゆえ, $y/\sin\theta = \cos\psi$, $z/\sin\theta = \sin\psi$ となる ψ がとれる ($\sin\theta = 0$ のときは自明).

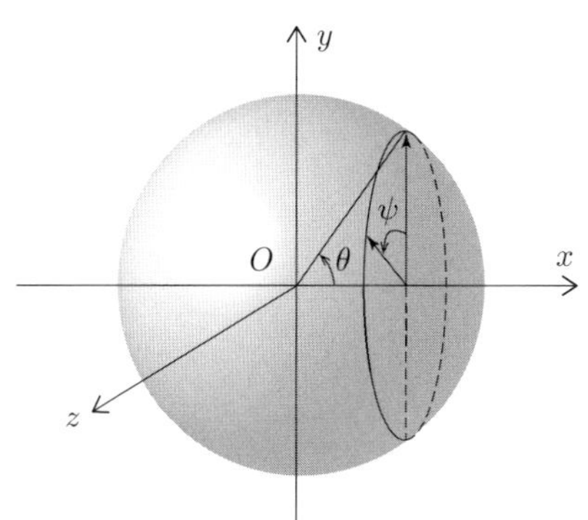

$x=1$ を北極点とすると，θ, ψ はそれぞれ緯度と経度にあたる．(θ, ψ の一意性を気にしなければ，$0 \leq \theta \leq \pi$ などの条件はいらない．)

球面を保つ合同変換群は 3 次の直交群

$$\begin{aligned} O(3) &:= \{ g \in GL(3,\mathbb{R}) \mid \ \|g\boldsymbol{x}\| = \boldsymbol{x} \ (\boldsymbol{x} \in \mathbb{R}^3) \} \\ &= \{ g \in GL(3,\mathbb{R}) \mid {}^t g\, g = g\, {}^t g = 1_3 \} \end{aligned}$$

で与えられ，これは回転群

$$SO(3) := \{ g \in O(3) \mid \det g = 1 \}$$

を位数 2 の正規部分群として含む．

長さが等しいベクトルは回転群で移り合うから，$SO(3)$ は球面 S に推移的に働く，すなわち，北極を $\boldsymbol{e}_1 = {}^t(1,0,0)$ とすると，任意の点 $\boldsymbol{x} \in S$ はある $g \in SO(3)$ に対して $\boldsymbol{x} = g\,\boldsymbol{e}_1$ と表される．

ここで，部分群

$$\begin{aligned} &K_1 := \{ g \in SO(3) \mid g\,\boldsymbol{e}_1 = \boldsymbol{e}_1 \} \quad x \text{ 軸を不変}, \\ &K_3 := \{ g \in SO(3) \mid g\,\boldsymbol{e}_3 = \boldsymbol{e}_3 \} \quad (\boldsymbol{e}_3 = {}^t(0,0,1)),\ z \text{ 軸を不変}, \end{aligned}$$

を定義すると，

$$K_1 := \left\{ k_1(\psi) := \begin{pmatrix} 1 & 0 & 0 \\ 0 & \cos\psi & -\sin\psi \\ 0 & \sin\psi & \cos\psi \end{pmatrix} \middle| \ \psi \in \mathbb{R} \right\},$$

$$K_3 := \left\{ k_3(\theta) := \begin{pmatrix} \cos\theta & -\sin\theta & 0 \\ \sin\theta & \cos\theta & 0 \\ 0 & 0 & 1 \end{pmatrix} \middle| \ \theta \in \mathbb{R} \right\}$$

と 1 径数部分群として表される．

したがって，球面座標が意味するのは

$$k_1(\psi)\,k_3(\theta)\,\boldsymbol{e}_1 = \begin{pmatrix} \cos\theta \\ \cos\psi\sin\theta \\ \sin\psi\sin\theta \end{pmatrix}$$

である．

さらに，$g \in SO(3)$ を $g = k_1(\psi)\,k_3(\theta)\,k_1(\varphi)$ $(\psi, \theta, \varphi \in \mathbb{R})$ と表したものが**オイラー角表示**である．実際，$g\,\boldsymbol{e}_1 = k_1(\psi)\,k_3(\theta)\,\boldsymbol{e}_1$ より，$k_3(\theta)^{-1}\,k_1(\psi)^{-1} g \in$

K_1 で，これは $k_1(\varphi)$ と表示できる．

さて，球面上での距離 $d(P,Q)$ は，原点 O と点 P,Q を通る平面と S との交線 (**大円**と言った) 上の "曲線分" の長さで与えられることは古くから知られている (あるいは，定義と見なされる)．実際，これが距離の定義 (3 角不等式など) をみたすことは，上に述べた球面座標と 3 角法から証明できる (略，$SO(3)$ 不変性から簡略化)．また，最短距離を与えること (大圏航路) も知られている．後に "測地線" を論ずるときに示す．いずれにせよ次の式で与えられる．

$$d(P,Q) = \mathrm{Arccos}(\overrightarrow{OP} \mid \overrightarrow{OQ}).$$

直交群については，$O(3) = SO(3) \sqcup (-1_3)\, SO(3)$ と剰余分解する．ここで，-1_3 は $O(3)$ の中心に属し，S の点 P をその対蹠点 P' に移す変換であり，S 上に固定点をもたない．(ちなみに，$\langle -1_3 \rangle$ による S の商空間が (実) 射影平面 $\mathbb{P}^2(\mathbb{R})$ である．)

一方，$s := \begin{pmatrix} 1 & 0 \\ 0 & -1_2 \end{pmatrix} \in SO(3)$ は $\boldsymbol{e}_1$ を固定し x 軸 ($\mathbb{R}\,\boldsymbol{e}_1$) に関する π だけの回転を与える．すなわち，$\boldsymbol{e}_1$ を通る大円上の点 P を同じ大円上にあって $\boldsymbol{e}_1$ と反対側の点 P' に移す ($P \mapsto P'$, $d(\boldsymbol{e}_1, P) = d(\boldsymbol{e}_1, P')$)．これは，後にいう "測地的対称変換" で対称空間を特徴付けるものである．

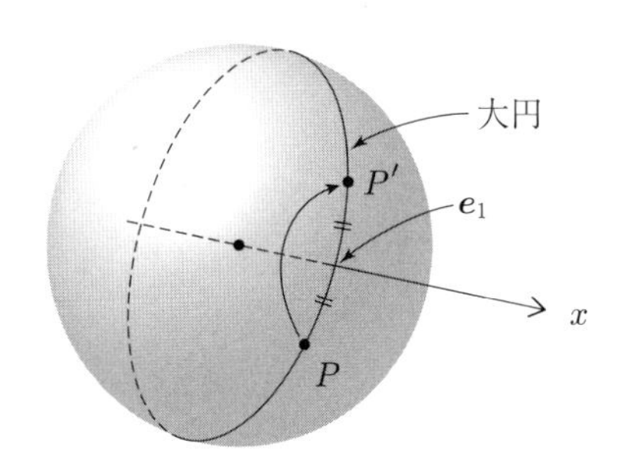

1.3 双曲面

2 葉双曲面 $x^2 - y^2 - z^2 = 1$ は，$x \geq 1$ または $x \leq -1$ の 2 つの連結面に分かれる．ここではその一方

$$H := \left\{ {}^t(x,y,z) \in \mathbb{R}^3 \mid x^2 - y^2 - z^2 = 1,\ x > 0 \right\}$$

を考える．

まず，その極座標表示を求めるために 3 角関数の虚数版である双曲線関数を用いる．

$$\cosh t := \frac{e^t + e^{-t}}{2}, \quad \sinh t := \frac{e^t - e^{-t}}{2} \quad (t \in \mathbb{R}).$$

球面の場合と同様に，双曲線 $x^2 - y^2 = 1\ (x > 0)$ は $x = \cosh t,\ y = \sinh t$ と径数表示できることに注意しておく．

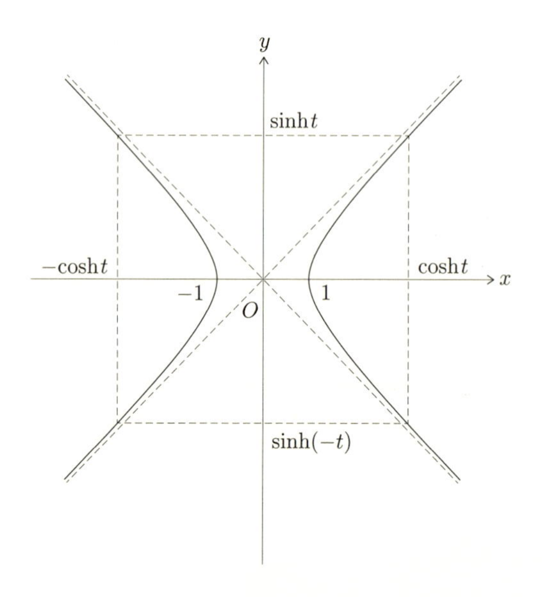

双曲面 $x^2 - y^2 - z^2 = 1\ (x > 0)$ に対しては，まず $y^2 + z^2 \geq 0$ ゆえ，$x = \cosh t$，$y^2 + z^2 = \sinh^2 t$ とかけ，球面のときと同様に $y = \cos\theta \sinh t$，$z = \sin\theta \sinh t$ なる θ がとれる．したがって，H の点は

$$\begin{pmatrix} x \\ y \\ z \end{pmatrix} = \begin{pmatrix} \cosh t \\ \cos\theta \sinh t \\ \sin\theta \sinh t \end{pmatrix} \quad (t \geq 0,\ 0 \leq \theta < 2\pi)$$

と表示できる．

H は上図の双曲線の右部分 $(x \geq 1)$ を x 軸を中心として回転したもので，θ がその回転角である，

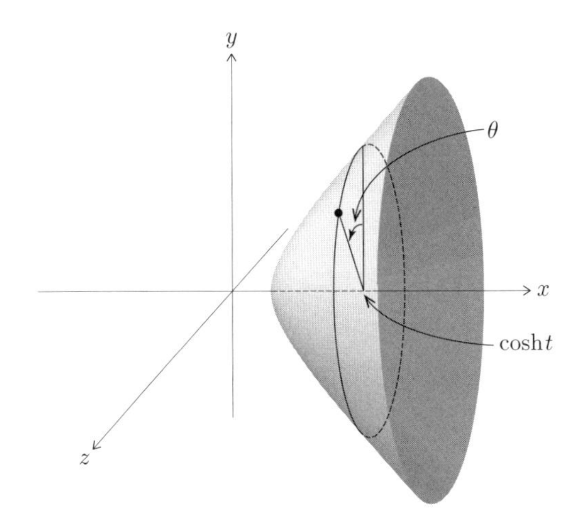

極座標表示を $\mathbb{R}^3$ の線型変換で記述すると次のようになる．

$$a(t) := \begin{pmatrix} \cosh t & \sinh t & 0 \\ \sinh t & \cosh t & 0 \\ 0 & 0 & 1 \end{pmatrix}, \quad k(\theta) := \begin{pmatrix} 1 & 0 & 0 \\ 0 & \cos\theta & -\sin\theta \\ 0 & \sin\theta & \cos\theta \end{pmatrix}$$

とおくと，行列算によって

$$\begin{pmatrix} \cosh t \\ \cos\theta \sinh t \\ \sin\theta \sinh t \end{pmatrix} = k(\theta)\, a(t)\, \boldsymbol{e}_1 \qquad \left(\boldsymbol{e}_1 := \begin{pmatrix} 1 \\ 0 \\ 0 \end{pmatrix} \right).$$

ここで，$\mathbb{R}^3$ に正定値ではない対称非退化双線型形式 $\langle\,,\,\rangle$ を

$$\langle \boldsymbol{x}, \boldsymbol{x}' \rangle := -xx' + yy' + zz' = {}^t\boldsymbol{x} J \boldsymbol{x}'.$$

ただし，$\boldsymbol{x} = {}^t(x, y, z)$, $\boldsymbol{x}' = {}^t(x', y', z')$, $J := \begin{pmatrix} -1 & 0 \\ 0 & 1_2 \end{pmatrix}$ と定義すると，$a(t)$, $k(\theta)$ はこの形式を不変にする．すなわち，

$$\langle a(t)\, \boldsymbol{x}, a(t)\, \boldsymbol{x}' \rangle = \langle \boldsymbol{x}, \boldsymbol{x}' \rangle = \langle k(\theta)\, \boldsymbol{x}, k(\theta)\, \boldsymbol{x}' \rangle.$$

$\langle \cdot, \cdot \rangle$ は符号数 $(1, 2)$ の **Lorentz 内積**ともよばれ，それを不変にする正則変換の群

$$O(1, 2) := \{\, g \in GL(3, \mathbb{R}) \mid {}^t g J g = J \,\}$$

を 3 次 **Lorentz 群**という．すなわち，$a(t)$, $k(\theta)$ は Lorentz 群の元である．

さらに，Lie 群 (位相群) として，これは $GL(3, \mathbb{R})$ の閉部分群であり，4 個の連結成分をもつ．詳しくいうと，$O(1, 2)$ の部分群として，

$$O^+(1,2) := \{\, g \in O(1,2) \mid g_{11} > 0 \,\} \quad (g_{11} \text{ は } (1,1) \text{ 成分})$$
$$SO(1,2) := \{\, g \in O(1,2) \mid \det g = 1 \,\}$$
$$SO_0(1,2) := O^+(1,2) \cap SO(1,2)$$

をもち，$SO_0(1,2)$ が単位元の連結成分である (以下に示される).

上に例示した 2 つの元 $a(t)$, $k(\theta)$ は共に $SO_0(1,2)$ に属している (1 径数群によって単位元 $a(0) = k(0) = 1_3$ と連結している) ことに注意しよう.

さて，点 $\boldsymbol{e}_1$ の $O(1,2)$ における固定化部分群を

$$K := \{\, g \in O(1,2) \mid g\,\boldsymbol{e}_1 = \boldsymbol{e}_1 \,\}$$

とおくと，K の元は $\left(\begin{smallmatrix} 1 & 0 \\ 0 & k \end{smallmatrix}\right)$ (${}^t k\, k = 1_2$，すなわち $k \in O(2)$) とかけ，これは $O^+(1,2)$ に属するが，さらに，

$$K_0 := K \cap SO(1,2) = \left\{ \begin{pmatrix} 1 & 0 \\ 0 & k \end{pmatrix} \,\middle|\, k \in SO(2) \right\} \subset SO_0(1,2)$$

となり，$k(\theta) \in K_0$ である.

球面のときの考察と同様に，群 $SO_0(1,2)$ の分解が次のようにして得られる.

元 $g \in SO_0(1,2)$ に対して，$g\,\boldsymbol{e}_1 \in H$ であるから ($g_{11} > 0$ より)，極座標表示を用いて $g\,\boldsymbol{e}_1 = k(\theta)\, a(t)\, \boldsymbol{e}_1$ とかける．したがって，$a(t)^{-1} k(\theta)^{-1} g \in K_0$ となり，これはある φ に対して $k(\varphi)$ に等しい．ゆえに，$g = k(\theta)\, a(t)\, k(\varphi)$ とかける (このことを一般化したものは Cartan 分解とよばれる)．したがって，$SO_0(1,2)$ の元は単位元 $k(0)\, a(0)\, k(0) = 1_3$ とつながっており，$SO_0(1,2)$ は連結群である.

H 上の点対称変換について注意しておく．$s = \left(\begin{smallmatrix} 1 & 0 \\ 0 & -1_2 \end{smallmatrix}\right) \in SO_0(1,2)$ は，$s\,{}^t(x,y,z) = {}^t(x,-y,-z)$ となり，$\boldsymbol{e}_1$ を固定して，x 軸を通る平面と H との交線がなす双曲線を，x 軸を中心として π 回転する変換である.

したがって，任意の点 $g\boldsymbol{e}_1 = P$ について，$g\,s\,g^{-1}$ は点 P に関する点対称変換を与える.

H での距離は，実は $\mathbb{R}^3$ のユークリッド距離ではなく，Lorentz 内積を H に制限したものを考えなければならない．これは，変換群 $O^+(1,2)$，とくに $SO_0(1,2)$ での不変性をもたせるためで，Lorentz 内積は $\mathbb{R}^3$ では正定値ではないが，H に制限すると上記変換群 (Lorentz 群) で不変な正定値 (すなわち Riemann の) 距離を与えるのである．後に曲面論のところで詳しく述べるつもりであるが先走って少し話しておく.

Lorentz 内積が与える $\mathbb{R}^3$ の “線素” は

$$ds^2 = -dx^2 + dy^2 + dz^2$$

である．H の点を $x = \cosh t$, $y = \cos\theta \sinh t$, $z = \sin\theta \sinh t$ と極座標表示したとき，

$$\begin{aligned} dx &= \sinh t\, dt, \\ dy &= \cos\theta \cosh t\, dt - \sin\theta \sinh t\, d\theta, \\ dz &= \sin\theta \cosh t\, dt + \cos\theta \sinh t\, d\theta \end{aligned}$$

より，

$$ds^2 = \sinh^2 t\, d\theta^2 + dt^2$$

が H 上の線素として与えられる．

これは H 上に (Riemann) 距離を与える．例えば，H と x-y 平面 $(z = 0)$ の交線 $x^2 - y^2 = 1$ において，$Q = \boldsymbol{e}_1$ と $P = {}^t(\cosh t, \sinh t, 0)$ の距離は $(d\theta^2 = 0$ ゆえ)

$$d(Q, P) = \left| \int_0^t dt \right| = |t| = \mathrm{Arccosh}\, x$$

で与えられる．(Arccosh x は $\mathrm{arccosh}\, x := \cosh^{-1} x$ の主値 (正値)．)

したがって，(いまのところ) この $\boldsymbol{e}_1$ を通る双曲線を “直線” とみなすと QP の距離は $|t|$ と定義され，一般の点の間の距離はこの “直線” を $SO_0(1,2)$ で移したもので与えることになる．

なおこの変換は $\mathbb{R}^3$ においては線型だから H の一般の “直線” は，$\mathbb{R}^3$ の原点 O を通る平面と H の交線で与えられる (交わるとは限らぬ)．すなわち，2 点 $P, R \in H$ を通る “直線” は，O, P, R を通る $\mathbb{R}^3$ の平面と H との交線で与えられるわけである．これは球面の場合の “直線” = 大円と類似している．

一般の場合の距離は，$SO_0(1,2)$ 不変性より次のように得られる．$\overrightarrow{OP} = {}^t(x, y, z)$, $\overrightarrow{OQ}$ に対して，P, Q 間の距離は

$$d(P, Q) = \mathrm{Arccosh}\,(xx' - yy' - zz') = \mathrm{Arccosh}\,(-\langle \overrightarrow{OP}, \overrightarrow{OQ} \rangle)$$

である．

なぜなら，$\overrightarrow{OQ} = g\,\boldsymbol{e}_1$ となる $g \in SO_0(1,2)$ をえらんでおき，$g^{-1}\overrightarrow{OP} = k(\theta)^t(\cosh t, \sinh t, 0)$ となる θ, t をとり，$\overrightarrow{OP} = g\,k(\theta)^t(\cosh t, \sinh t, 0)$ とする．さらに，$k(\theta)\,\boldsymbol{e}_1 = \boldsymbol{e}_1$ ゆえ，$g\,k(\theta)$ を改めて g とおくと $\overrightarrow{OP} = g\,{}^t(\cosh t, \sinh t, 0)$, $\overrightarrow{OQ} = g\,\boldsymbol{e}_1$ となり，不変性から

$$d(P,Q) = d(g\,{}^t(\cosh t, \sinh t, 0),\ g\,\boldsymbol{e}_1)$$
$$= d({}^t(\cosh t, \sinh t, 0),\ \boldsymbol{e}_1) = |t|.$$

ここで, $xx' - yy' - zz' = -{}^t(g\,{}^t(\cosh t, \sinh t, 0)\,J\,(g\,\boldsymbol{e}_1) = -(\cosh t, \sinh t, 0)\,J\,\boldsymbol{e}_1$ $= \cosh t$ ゆえ距離の公式が証明された.

これが距離の公理 (3 角不等式) をみたすことを証明しておこう ([平；II]).

不変性から, 3 点を $\overrightarrow{OQ} = \boldsymbol{e}_1$, $\overrightarrow{OP} = {}^t(\cosh t,\ \sinh t,\ 0)$, $\overrightarrow{OR} = {}^t(\cosh u,\ \cos\theta\ \sinh u,\ \sin\theta, \sinh u)$ と仮定して,

$$d(Q,P) \le d(Q,R) + d(P,R)$$

を示せばよい.

Arccosh の変数を比較しよう.

$$-\langle\overrightarrow{OQ},\ \overrightarrow{OP}\rangle = \cosh t, \quad -\langle\overrightarrow{OQ},\ \overrightarrow{OR}\rangle = \cosh u,$$
$$\langle\overrightarrow{OP},\ \overrightarrow{OR}\rangle = \cosh t\ \cosh u - \cos\theta\ \sinh t\ \sinh u$$
$$\ge \cosh t\ \cosh u - \sinh t\ \sinh u = \cosh|t-u|.$$

ゆえに, Arccosh の単調増加性から $d(P,R) \ge |t-u|$. したがって,

$$d(Q,R) + d(P,R) \ge u + |t-u| \ge t = d(Q,P).$$

(以上 [平；II] 参照.)

コメント　上の議論で用いた性質；$d(Q,P) = t$ ならば, $g\boldsymbol{e}_1 = \overrightarrow{OQ}$, $g^t(\cosh t,\ \sinh t,\ 0) = \overrightarrow{OP}$ となる $g \in SO_0(1,2)$ がとれる. このことを, 曲面 H は群 $SO_0(1,2)$ に関して **2 点等質**である, という. この性質は, ユークリッド平面, 球面 S についても同様である. 後に "階数 1 の対称空間" がこの性質をもつことを示す (8.6 節).

補足　以上, $\mathbb{R}^3$ の中の二葉双曲面 (の片割) H について専ら論じてきたが, 当然同様に定義される一様双曲面

$$x^2 - y^2 - z^2 = -1$$

も Lorentz 群 $O(1,2)$ を変換群とする等質面になっている. しかし, この曲面はこの変換群に関して (通常の意味の正値) 距離はもっていない. 代わりに, Lorentz 距離を不変にする (上に定義した $ds^2 = -dx^2 + dy^2 + dz^2$ を制限したもの) いわゆる擬 Riemann 曲面である. $\boldsymbol{e}_3$ を固定する部分群は

$$K' = \left\{ \begin{pmatrix} h & 0 \\ 0 & 1 \end{pmatrix} \middle| \, {}^t h \begin{pmatrix} -1 & 0 \\ 0 & 1 \end{pmatrix} h = \begin{pmatrix} -1 & 0 \\ 0 & 1 \end{pmatrix} \right\} \simeq O(1,1)$$

であり，等質空間として，$O(1,2)/O(1,1)$ と表されるが，K' は非コンパクトで (前の $a(t)\,(t \in \mathbb{R})$ と同型な単位元の連結成分をもつ)，このことからも不変な Riemann 計量はもちえない．

しかし，いわゆる不変なアフィン接続をもつ "アフィン対称空間" の最初の例であり，その上の調和解析が実行される (新谷卓郎，大島利雄，小林俊行らの仕事がある)．

第 2 章
ユークリッドの公準と絶対幾何学

2.1　ユークリッドの公準

ユークリッドの「原論」の出発点である 5 つの公準 (postulate，公理 (axiom) ともよぶ) を述べる．

公準 1　与えられた 2 点 A, B に対し，A, B を結ぶ線分を唯一つ引くことができる．

公準 2　与えられた線分はどちら側にも限りなく伸ばすことができる．

公準 3　平面上に 2 点 A, B が与えられたとき，A を中心とし B を通る円を唯一つ描くことができる．

公準 4　直角はすべて相等しい．

最後は平行線に関する有名な公準である．

公準 5　2 直線と交わる 1 つの直線が同じ側につくる内角の和が 2 直角より小さいならば，2 直線をその側に伸ばせば，どこかで交わる．

以上は小林 [小 2] によるいくらか言葉を今風に言い替えた訳である．言葉使いに注意しておくと，ユークリッドは，線分と直線は同じ意味に使っており，円は円板 (内部まで込めた図形) のことを指しているようだが，ここでは円周のことと受けとってよい．

微妙な点は "角" に関することである．公準の 4，5 で用いられているが，線分の "長さ" の定義もはっきりしていない以上明確さを欠いているが，ひとまず今風の理解に任せよう．円などの "曲線" どうしのなす角も考えられている．

原論では，

定義 8　角とは，交わるが 1 直線上にはのっていないような 2 曲線の相互の傾きである.

と, “傾き” という概念に投げられている.

このような “あいまいさ” を残して先に進むのは気持ちが悪いという向きには, 幸いにして公準 4 は 1, 2, 3 から導かれるという Hilbert [H] の指摘がある. さらに, 始めから原論で分かっていたことだが, 公準 5 の次の言い換えがある.

公準 5′ 直線 ℓ 上にない点 A を通る ℓ と平行な直線は唯一つしかない.

実は, 平行線の存在は公準 1〜4 だけから導かれることが分かっているので (原論, 命題 31), ポイントは**唯一つ**という所である.

よく知られている歴史であるが,「実は平行線に関する公準 5 (あるいは同値な 5′) は, 他の 4 つの公準から証明されるのではないか？」という疑問が 2 千年以上の長きにわたって真摯な人々を悩ませてきた. その間の努力にはいろいろな興味深い話も残っているが, それらについては小林 [小 2], 寺坂 [寺], 立花 [立], 砂田 [砂 1] などの書物を見られたい.

そのうち, この発想が大詰めを迎えだした 17, 18 世紀に平行線の公準を仮定しないで証明された Saccheri–Legendre の定理とよばれている次は有名である (2 人の共著ではない).

定理 3 角形の内角の和は 2 直角より大きくはない (和 $\leqq 2\pi$).

彼らはこの定理から公準 5 を証明しようと悪戦苦闘したが, 結局は成功しなかった (という).

実際, 内角の和が 2 直角になる 3 角形が 1 つでもあれば, そのことから公準 5 は証明できる. 和が 2 直角より小さい 3 角形の存在は余程奇妙に思えたことであろう.

このような雰囲気は序々に, 公準 5 を仮定しない, すなわち公準 1〜4 のみを足場とする幾何学の存在を人々に感づかせ始めたと想像できる.

そのような幾何学を**絶対幾何学**とよぼう. (この言葉は別の意味で用いられることもあるが, 詳細については然るべき文献 [小 2], [Co] などを見られたい.)

2.2 絶対幾何学と第 1 章の 3 つの例

ユークリッド原論の幾何学については, あえて述べることを控えていたが, 点, 直線, 円, 平面などの定義について問題がある, と言うより現代の数学の立場からは無意味であり，むしろ無定義用語とも考えられる ([H] など)．しかし，普通の人々が自然に思い浮かぶそれらの概念を基にして，その後の議論はできる限り厳密にいまで言う公理主義的，論理的に組み上げていくところは，まさに現代につながる論法である．

我々は実際第 1 章で行ったように，ユークリッドの時代には確定していなかった実数の概念をもち込み，直線を実数体 $\mathbb{R}$ と同型な (連続体として，もっと正確には "微分可能多様体" として) "曲線" の特別なものと思う．さらに，平面とは $\mathbb{R}$ の 2 つの組 (直積) $\mathbb{R}^2$ の (開) 部分集合によって径数付けされるもの (正確には 2 次元多様体) と思っている．

その平面の 2 点を結ぶ線分の長さを実数 $\mathbb{R}$ の区間の長さとして測ることができるのでこれを 2 点間の距離とする．

現在の幾何学を知っている者にとっては，これは言うまでもなく 2 次元 Riemann 多様体を考え，"直線" とはその中の**測地線**のことである．

実際，公準 5 を仮定しない絶対幾何学において，3 角形の 2 辺の長さの和は他の 1 辺の長さより大きいということ (3 角不等式) が証明されるから，距離が導入されている．円は当然固定した 1 点からの距離が等しい点の集合である．

ここで注意しておくべきことは，現在なにげなく用いている実数の概念は，もちろん原論の当時自覚されてはいなかったが，命題 1 の正 3 角形の作図可能性，円と直線，または円との交点の存在など，至る所で用いられている．すなわち，潜在的に認めていたことになる．

実数体 $\mathbb{R}$ のことを，現在 "完備アルキメデス体" とよぶように，すでに古代アルキメデスによって注意された実数の性質，さらに近代 Dedekind によって "連続性の公理" として付け加えられている完備性を我々は公準として認めているのである．

さて，第 1 章であげた 3 つの例について，ユークリッドの公準をチェックしてみよう．どの例もすでに実数体 $\mathbb{R}$ 上の解析幾何の言葉を使っているので，ここでもそれに従う．

例 1 ユークリッド平面 $\mathbb{R}^2$ のときは，元々公準に従って組み立てられているのでほとんど明らかに見えるであろう．原点 O は特別な点として固定されている．

点 A, B を通る直線はベクトル表示で

$$\overrightarrow{OA} + c\,\overrightarrow{AB} \quad (c \in \mathbb{R})$$

であり (直線の定義と思う), $0 \leq c \leq 1$ が, A, B を結ぶ線分である. これは公準 1, 2 をみたしていることは明らかであろう.

公準 3 については, A を中心とし B を通る円は A, B 間の距離が $r = d(A, B)$ のとき, $d(A, P) = r$ をみたす点 P の軌跡 (点集合) としたい. ところで, $d(A, B) = \|\overrightarrow{AB}\|$ (線分 AB の長さ=ベクトル $\overrightarrow{AB}$ の長さ) であったが, ベクトル $\boldsymbol{x} = {}^t(x, y)$ の長さ $\|\boldsymbol{x}\| = \sqrt{(\boldsymbol{x} \mid \boldsymbol{x})} = \sqrt{x^2 + y^2}$ は暗にいわゆるピタゴラスの定理に示唆されている. ところが, ピタゴラスの定理は, 実は, 公準 5 を用いて導かれることに注意しておこう.

このことを踏まえた上で, 円の方程式

$$(x - a)^2 + (y - b)^2 = r^2$$

が得られる. (ただし, $A = {}^t(a, b)$, B の座標は上をみたす.)

公準 $5'$ については, 直線 $\ell : cx + dy + e = 0$ 上にない点 $A = {}^t(a, b)$ を通る ℓ に平行な直線は ℓ を平行移動した

$$c\,(x - a) + d\,(y - b) + e = 0$$

に限る (すなわち, 連立方程式に解がない) ことは容易に分かるであろう.

角度の概念を用いる公準 4, 5 については, ベクトルで角を定義すると分かるので演習問題としよう.

例 2 球面の場合, 多くの公準はそのままでは成り立たない. しかし, 我々が住んでいる地面 (の理想化) であり, 古くから有名かつ実用的な幾何なので問題点をチェックしておこう.

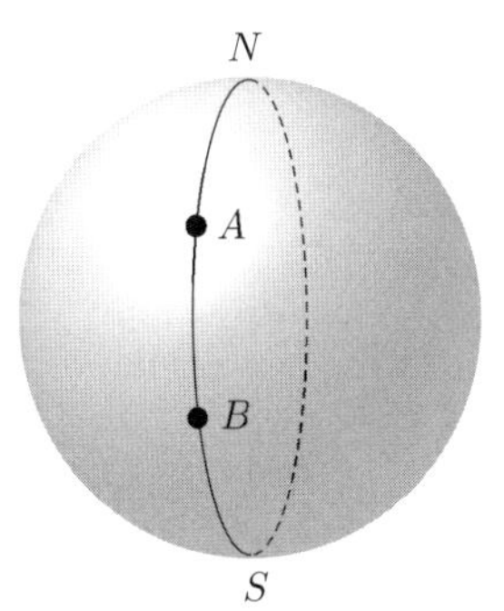

まず, 球面上の "直線" は大円のことと約束しておいたから, 一般に点 A, B を結ぶ線分は 2 個ある. すなわち, 短い方と長い方である. さらに, A と B が対向

点，例えば，$A = N$ (北極)，$B = S$ (南極) のときは，A, B を結ぶ線分は無数にあり，公準 1 に述べる “唯一つ” (一意性) は成立しない．

公準 2 については，直線を大円 1 周のみならず何周も廻ることを認めれば，無限に延長することは可能であるとみなせる．

公準 3 についても，特別の場合，例えば N を中心とし S を通る円を S 1 点に退化したものと思えば成立していると思える．

公準 5 については，すべての直線 (大円) は必ず 2 点で交わるから，平行線は存在せず，成り立たない．

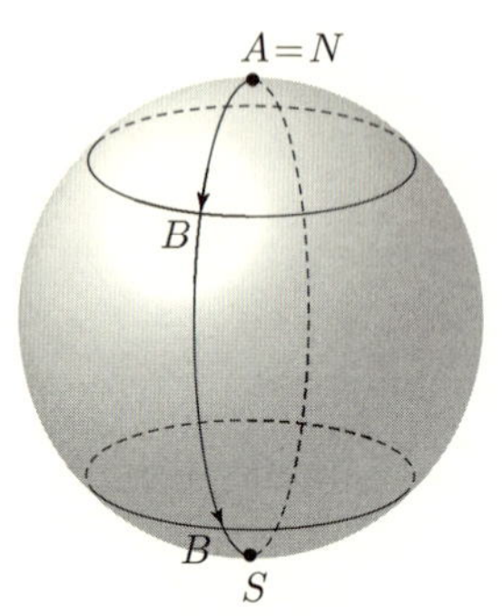

このように，球面はそのままの形では公準 1 も 5 もみたさないので，“絶対幾何学” とは言えないが，すでに第 1 章でも見たように非常に似た類いの幾何学をなしていて，**楕円幾何学**ともよばれている．

先走りの注釈を加えれば，正の定曲率で完備 (コンパクト) な単連結曲面で，階数 1 の対称空間である．

例 3　もっとも大切なのは，1.3 節で述べた 2 葉双曲面 H である．

1.3 での議論を復習すると，$H = SO_0(1,2)\,\boldsymbol{e}_1 = \{{}^t(x,y,z) \in \mathbb{R}^3 \mid x^2 - y^2 - z^2 = 1,\ x \geq 1\}$ で，H の 2 点 A, B を通る “直線” は，H と $A, B, O =$ 原点を通る平面との交線と見なすのであった．さらに，2 つの直線は群 $SO_0(1,2)$ の元で互いに移り合うことも重要である．このことから公準 1, 2 がみたされていることは明らかであろう．

公準 3 については，まず点 A が H の “原点” $\boldsymbol{o} = \boldsymbol{e}_1 = {}^t(1,0,0)$ である場合は，$\boldsymbol{o}$ を通る 1 つの直線は双曲線

$$x^2 - y^2 = 1 \quad (x = \cosh t,\ y = \sinh t)$$

で，$\boldsymbol{o}$ と点 $P = {}^t(\cosh t, \sinh t, 0)$ の距離 (線分 $\boldsymbol{o}P$ の長さ) は $|t| = \operatorname{Arccosh} x$

で与えられた．したがって，$\boldsymbol{o}$ を中心とし，P を通る円は

$$k(\theta)\,P = {}^t(\cosh t,\, \cos\theta\,\sinh t,\, \sin\theta\,\sinh t) \quad (\theta \in \mathbb{R})$$

とかける．

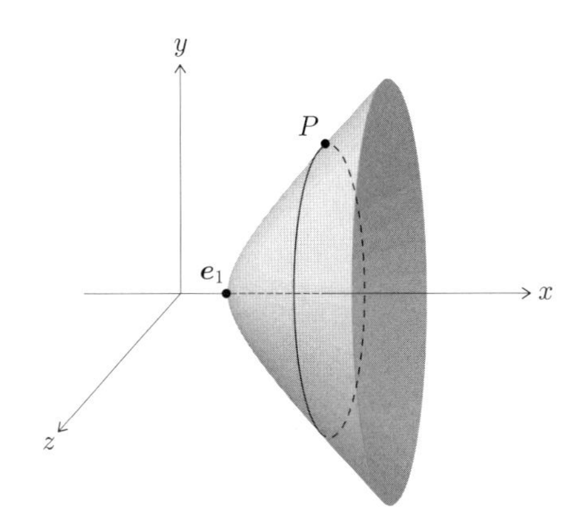

任意の点 A, B に対しては，$A = g\,\boldsymbol{e}_1,\, B = g\,P$ なる $g \in SO_0(1,2)$ をえらんで，上の標準円を変換 g で移せばよい $(g\,k(\theta)\,P\ (\theta \in \mathbb{R}))$．すなわち，公準 3 をみたしている．

最後に公準 5 (または 5′) はみたさないこと，すなわち，直線上にない点を通る平行線が無数にあることを示そう．

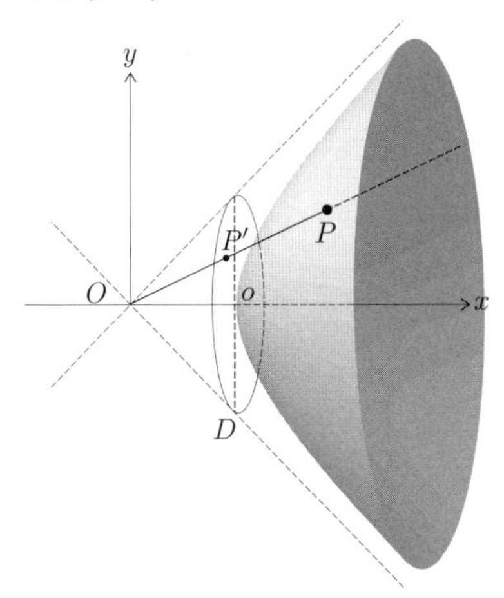

そのためには，**Klein の射影モデル**のアイデアを用いると簡明である．H の原点 $\boldsymbol{o} = \boldsymbol{e}_1$ に接する x 軸と垂直な円板 $D := \{{}^t(1, y, z) \mid y^2 + z^2 < 1\}$ を考える．

すると，点 P と $\mathbb{R}^3$ の原点 O を結ぶ $\mathbb{R}^3$ の直線 OP は，光錐の内部 $x^2-y^2-z^2 \geq 1$ にあるから，D と唯一つの点 P' で交わる．写像

$$f : H \ni P \mapsto P' \in D$$

は 1 対 1 かつ上への写像 (全単射) を与えていることは明らかであろう．H 上の "直線" ℓ は H 上の 2 点と O を通る $\mathbb{R}^3$ の平面 L との交線であり，上の射影的な写像 f による像 $f(\ell) \in D$ は，したがって L と D の交線 $L \cap D$ に等しい．$L \cap D$ は $\mathbb{R}^3$ の平面と平面の部分集合 D との交線ゆえ，D の中の (開) 直線である．

すなわち，全射 f は H の "直線" を円板 D の (ユークリッド空間の) 直線に移す写像である．H 上の "直線" ℓ と ℓ 上にない H の点 A に対して，f で円板 D に移した像 $f(\ell), f(A) \in D$ を考えると，$f(A)\,(\notin f(\ell))$ を通り $f(\ell)$ と交わらない直線 $\tilde{\ell}$ は無数にあり，逆像 $f^{-1}(\tilde{\ell}) \subset H$ は H の ℓ と交わらない "直線" であるから，公準 $5'$ は成り立たないことが分かった．

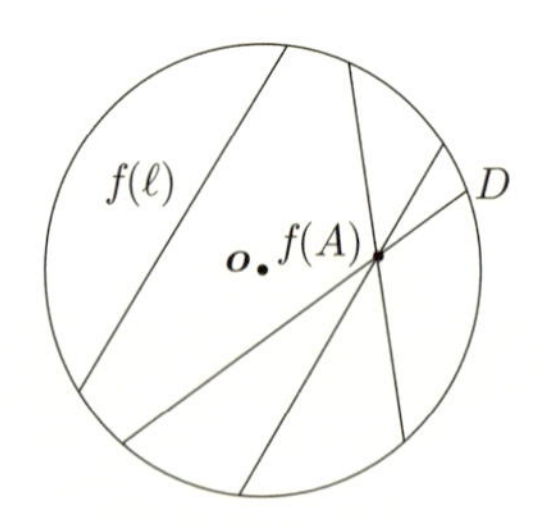

注意 Klein の射影モデルは直線が円板 D の直線と考えられる利点があるが，直線のなす "角" などについては明確ではない．その点後述する Poincaré の円板は種々の点において優れており，とくに解析との相性が良い．([小 2], [深] など参照．)

2.3 合同変換群から絶対幾何学を決める

すでに第 1 章において我々は始めから変換群の考え方を基にして議論してきた．このような方法は，後世しかもずっと後，近代になってから群の概念が認知されだして始めて起ったものである．とくに，幾何学との関係が明確になったのは，Felix Klein と Sophus Lie の仕事による所が大きい．(本書の主題である Elie Cartan による対称空間論の完成に直結する精神である．)

後の章で展開する Riemann 幾何学や Lie 群の理論を認めないと，厳密な話を

するのは未だ早いが，素朴な発想によって，ユークリッドの公準が定める絶対幾何学が，いかにして第 1 章および前節 2.2 にあげた例に限るのかを紹介してみよう．さらなる一般論への強い動機を示しているのもひとつの理由である．

一般にある構造をもった集合 M の変換群 G とは，群 G がその構造を保つ M への作用をもつことをいう．いま考えているのは，M は“直線”という構造を備えており，その部分である線分によって距離を導入したとき，G の元による変換は直線を直線に移し，同じ長さの線分どうしはまた移り合う場合である．1.1 節で述べた原論命題 2 がそれにあたり，現代の言葉では“2 点等質空間”というのであった．そのような変換がなす群 G を合同変換群と言ったのである．すなわち，M は直線，(長さをもつ) 線分，および公準 3 でいうところの円を備えた“平面” (2 次元連結多様体) で G はそれらを保つ変換全体のなす群である．

公準 1〜3 をみたす平面 M とその合同変換群 G，すなわち，絶対幾何学の変換群を考えよう．絶対幾何学においては，距離が等しい線分は G の元で移り合うから，とくに距離が等しい任意の 2 点も移り合う．すなわち，G は M に推移的に作用する．したがって，M の点 $\boldsymbol{o}$ を 1 つ固定し，その**固定化部分群**を $K := G_{\boldsymbol{o}} := \{k \in G \mid k\boldsymbol{o} = \boldsymbol{o}\}$ とおくと，剰余類集合 (商集合) G/K から M への全単射

$$G/K \xrightarrow{\sim} M \quad (gK \mapsto g\boldsymbol{o})$$

が得られる．

ここで剰余類集合 G/K は未だ単に集合であり，部分群も単に (抽象的) 群である．しかし，公準 3 によって，K の元は $\boldsymbol{o}$ を中心とする円上の点は同じ円上の点に移し，さらに角の合同性 (原論「同じ角を与える 2 直線は移り合う」) によって，その円の回転も鏡映も含むことが分かる．

すなわち，K は 2 次の直交群 $O(2)$ に同型である．(1 次元コンパクト Lie 群；このことの厳密な証明は，接平面とそのユークリッド計量を用いるいわゆる 2 次元の Riemann 幾何による．)

次に，剰余類集合 G/K は M の平面の構造から写される距離空間 (位相空間，さらに多様体) でもあるから，群 G は K をファイバーとするファイバー空間 $G \to G/K \xrightarrow{\sim} M$ で戻して位相空間とみなせ，位相群の構造をもつ (M 上の K **主束** (principal fiber bundle))．

実際，一般に，Riemann 空間 M の合同 (等長) 変換群は Lie 群となり，M の Lie 変換群となることが証明されているので安心してよい (Meyers–Steenrod，後

述；第 6 章).

さて，絶対幾何学においては，各点 $p \in M$ に対し，p のみを固定する点対称 $s_p \in G$ が存在した (p の廻りの π 回転)．とくに $s_{\boldsymbol{o}} \in K$ は同型 $K \simeq O(2)$ において $s_{\boldsymbol{o}} = -1_2 \in SO(2)$ である．

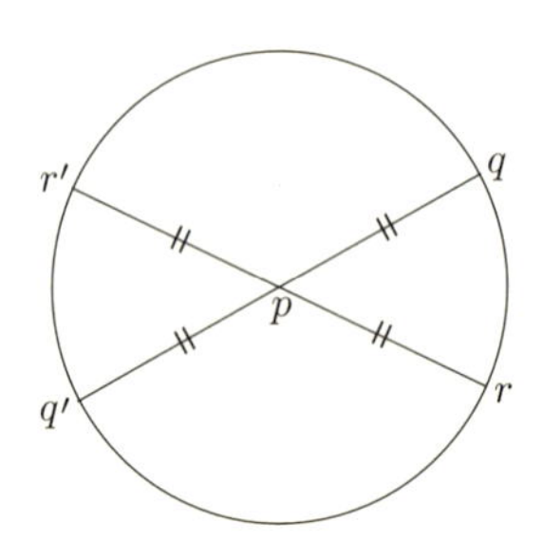

このような点対称が存在する Riemann 空間が**対称空間**とよばれるもので，後々，我々の主題になる．

なお，球面においても「p のみ」と言わず，「p を孤立点とする」と言い替えれば成立することに注意しておこう．

G の元 g に対して，$\theta(g) := s_{\boldsymbol{o}}\, g\, s_{\boldsymbol{o}}$ とおくと $s_{\boldsymbol{o}}^2 = e\ (=1)$ ゆえ，θ は G の包合的 (位数 2) 自己同型を与える．自己同型 θ で固定される元がなす G の部分群を $G^\theta := \{\, g \in G \mid \theta(g) = g \,\}$ とかくと，これは $s_{\boldsymbol{o}}$ の中心化群 $Z_G(s_{\boldsymbol{o}}) := \{\, g \in G \mid g\, s_{\boldsymbol{o}} = s_{\boldsymbol{o}}\, g \,\}$ に等しく，

$$K = G^\theta$$

が成り立つ．

実際，$g \in G$ ならば，$s_{\boldsymbol{o}} \in K$ は K の中心元 $-1_2 \in K$ ゆえ，$g\, s_{\boldsymbol{o}} = s_{\boldsymbol{o}}\, g$．逆に，$g \in Z_G(s_{\boldsymbol{o}})$ とすると，

$$g\,\boldsymbol{o} = g\, s_{\boldsymbol{o}}\,\boldsymbol{o} = s_{\boldsymbol{o}}\, g\,\boldsymbol{o}$$

ゆえ，$g\,\boldsymbol{o}$ は $s_{\boldsymbol{o}}$ の唯一つの固定点 $\boldsymbol{o}$ に等しく，$g\,\boldsymbol{o} = \boldsymbol{o}$．したがって，$g \in K$.

なお，球面など，$\boldsymbol{o}$ は $s_{\boldsymbol{o}}$ の “孤立” 固定点にすぎない場合でも，位相的な議論によって $Z_G(s_{\boldsymbol{o}})$ の単位成分 $Z_G(s_{\boldsymbol{o}})^0$ については $Z_G(s_{\boldsymbol{o}})^0 \subset K$ がいえて，$K^0 = Z_G(s_{\boldsymbol{o}})^0$ を得る．(位相群の略語で，単位元の連結成分のことを**単位成分** (identity component) といい，G の単位成分を G^0 と記すことが一般的である．)

さて我々は，このような性質をもつ 3 次元 Lie 群 G，すなわち，包合的自己同型 θ をもち，$K = G^\theta$ はその単位成分 K^0 が回転群 $SO(2)$ と同型になり，商集

合 $G/K \simeq M$ が "平面" (2 次元連結多様体) になるようなものを分類したい．そうすれば，その中に絶対幾何学を与える "平面" が含まれることになる，というストーリーである．

実際そうなるのであるが，G は 3 次元の線型群であると仮定してしまえば，直接そのような G, θ, K を分類することもそう難しくはないが，敢てここでは，Lie 理論の魔法の杖 (または，伝家の宝刀？) Lie 環を用いて説明してみよう．もちろんこれはいささか先走りであるが，後章 (5 章) で手短に紹介するので，一般論に未だ疎い読者は「そんなものか」という程度の理解で読み進めてもよい．あるいは，以降この節は飛ばして，後になって振り返って頂いてもよかろう．

とは言え，一般論のサワリだけでも少し述べておくべきであろう．

Lie 理論少々

一般に Lie 群 G の Lie 環 $\mathfrak{g} = \mathrm{Lie}\, G$ とは，G 上の**左** (右でもよいが，一方に固定) **不変ベクトル場**のなすベクトル空間のことで，ブラケット積によって代数をなす．ベクトル場その他を考えるので，当然，群 G は微分可能構造をもつ (C^∞ とかく) 多様体で，群の乗法や逆元をとる操作にもその性質を要請しておく．

X が G のベクトル場であるとは，各点 $x \in G$ において接ベクトル X_x が与えられていることである (接ベクトルはもちろん x に C^∞ に依存しているとする)．代数的には，X を X に沿う微分作用素と思うとき，$X(f\,g) = X(f)\,g + f\,X(g)$ (f, g は G 上の C^∞ 関数) をみたすものと定義される．

2 つのベクトル場 X, Y に対して，**交換子積**

$$[X, Y] := X\,Y - Y\,X$$

はまたベクトル場である．G 上のベクトル場 X が**左不変**であるとは，次の意味である．群の元 $g \in G$ に対して，左移動を $L_g(x) := g\,x$ ($x \in G$) とかくと L_g は G から G 自身への (多様体の) 同型写像である．その微分写像を dL_g (x の接ベクトルを $g\,x$ のそれへ移す) とかくとき，$dL_g(X) = X$ が任意の $g \in G$ に対して成り立つことである．

X, Y が左不変であれば $[X, Y]$ も左不変であることは容易に分かる．

また，$e \in G$ を群の単位元とするとき，ベクトル空間の写像

$$X \mapsto X_e$$

は，左不変ベクトル場のなす空間 (Lie 環 $\mathfrak{g}$) から e における接ベクトルの空間

T_eG への線型同型であることも分かる (e における接ベクトル X_e は群の左移動 dL_g によってベクトル場 X に一意的に延長できる).

これらによって, G の Lie 環 $\mathfrak{g}$ はベクトル空間としては単位元の接空間 T_eG と同一視される (接空間にはそのままでは Lie 環の構造は入らない).

以上の群環対応を有効に用いる論法を "Lie 理論" と称するのであるが, それは次のような対応が成り立っていることを根拠にしている.

定義はいささか微妙であるが, Lie 群 G の Lie 部分群 H に対して, その Lie 環 $\mathfrak{h} := \mathrm{Lie}\, H$ は $\mathfrak{g} = \mathrm{Lie}\, G$ の部分 Lie 環になっており (線型部分空間としては $\mathfrak{h} \simeq T_eH \subset T_eG \simeq \mathfrak{g}$), また逆に $\mathfrak{g}$ の部分 Lie 環 $\mathfrak{h}$ に対しては, Lie 部分群 H で $\mathrm{Lie}\, H = \mathfrak{h}$ となるものが存在する (この部分が基本であり, 積分多様体の議論を要する).

Lie 環をとるという操作 $G \mapsto \mathrm{Lie}\, G$ は, また自然に関手と考えられる. すなわち, $f : G \to G'$ を 2 つの Lie 群の間の (Lie 群としての, すなわち C^∞) 準同型とすると, 微分写像 $df_e : T_eG \to T_eG'$ は Lie 環の準同型 $\mathrm{Lie}\, G \to \mathrm{Lie}\, G'$ を与える (比較的容易). (なお, Lie 環の準同型とは, ブラケット積を保つ線型写像のことであり, 部分 Lie 環についても同様である. これらを射 (morphism) として, Lie 群, Lie 環の圏を考えるのである.)

さらに, 単位成分を G^0 とすると, 定義により $\mathrm{Lie}\, G^0 = \mathrm{Lie}\, G$ であり, Lie 環は連結な Lie 群 (Chevalley の言う "解析的群") を規制するものにすぎないことを注意しておく.

ここでは必要でないが, 任意の (有限次元) Lie 環にたいして, それを環とする Lie 群が存在する (第 3 基本定理) という岩澤–Ado の定理もある.

最後に, **随伴表現** (adjoint representation) について述べておこう. 先の θ と同様に, 群として G は内部自己同型写像 $i_g(x) := g\,x\,g^{-1}$ (x, $g \in G$) をもっている. これは Lie 環の自己同型写像 $di_g : \mathfrak{g} \to \mathfrak{g}$ をひき起こし, $\mathrm{Ad}\,(g) := di_g$ とかくと $i_{gh} = i_g i_h$ ゆえ $\mathrm{Ad}\,(g\,h) = \mathrm{Ad}\,(g)\mathrm{Ad}\,(h)$ (g, $h \in G$) である. すなわち, Ad は群の準同型

$$\mathrm{Ad} : G \to \mathrm{Aut}\,(\mathfrak{g}) \quad (\mathfrak{g}\ \text{の自己同型群} \subset GL(\mathfrak{g}))$$

を与えている. これは群 G のベクトル空間 $\mathfrak{g}$ 上の線型表現で随伴表現という.

表現 Ad の微分を $\mathrm{ad} := d\,(\mathrm{Ad}\,)$ とかくと, Lie 環の準同型

$$\mathrm{ad} : \mathfrak{g} \to \mathrm{Lie}\,(GL(\mathfrak{g})) = \mathfrak{gl}(\mathfrak{g}) = \mathrm{End}\,(\mathfrak{g})$$

を与えるが，これについては

$$\mathrm{ad}\,(X)\,Y = [X,\, Y] \quad (X,\, Y \in \mathfrak{g})$$

が成り立ち，Lie 環 $\mathfrak{g}$ の随伴表現という．

さて，本題に戻ろう．原点 $\boldsymbol{o}$ に関する点対称を $s_{\boldsymbol{o}}\,(= -1_2 \in K^0 \simeq SO(2))$ として，G の包合的自己同型 $\theta(g) = s_{\boldsymbol{o}}\,g\,s_{\boldsymbol{o}}\,(g \in G)$ を定義した．このとき，$K = \{g \in G \mid \theta(g) = g\} = G^{\theta}\,(= Z_G(s_0))$ (あるいは，少し弱く $K^0 = Z_G(s_0)$) がみたされる．

ここで，$K \subset G$ の Lie 環をそれぞれ $\mathfrak{k} \subset \mathfrak{g}$ とおくと，θ の微分 $d\theta = \mathrm{Ad}\,(s_{\boldsymbol{o}})$ は Lie 環 $\mathfrak{g}$ の包合的自己同型で $\mathfrak{k}$ は $d\theta$ の固定部分空間である．

したがって，$\mathfrak{k}$ は $d\theta$ の固有値 1 に関する固有空間で，もう 1 つの固有値 -1 に関する固有空間を $\mathfrak{p} \subset \mathfrak{g}$ とおくと，固有空間の直和分解

$$\mathfrak{g} = \mathfrak{k} \oplus \mathfrak{p}$$

を得る ($(d\theta)^2 = 1$ より $d\theta$ の固有値は ± 1)．

いまの場合，$\mathfrak{k}$ は 1 次元ゆえ明らかに部分 Lie 環 (可換) であるが，一般の場合も $d\theta$ が固有値 ± 1 をもつ自己同型であれば，上のような固有空間分解では $\mathfrak{k}$ は部分環で，

$$[X,\, Y] \in \mathfrak{p}\ (X \in \mathfrak{k},\, Y \in \mathfrak{p}), \quad [Y,\, Z] \in \mathfrak{k}\ (Y,\, Z \in \mathfrak{p})$$

をみたすことが容易に分かる．このことを記号的に

$$[\mathfrak{k}, \mathfrak{k}] \subset \mathfrak{k},\ [\mathfrak{k}, \mathfrak{p}] \subset \mathfrak{p},\ [\mathfrak{p}, \mathfrak{p}] \subset \mathfrak{k}$$

とかく (一般の場合，Cartan 分解とよばれている)．

次に，随伴表現 $\mathrm{Ad} : G \to GL(\mathfrak{g})$ を部分群 K に制限して考えると直和分解 $\mathfrak{k} \oplus \mathfrak{p}$ は $\mathrm{Ad}\,(K)$ で保たれていて，K の表現空間の直和分解になっている．そこで，部分表現空間 $\mathfrak{p}$ における K の表現 $\mathrm{Ad}\,(K)|\mathfrak{p}$ をみると，これは $d\theta|\mathfrak{p} = \mathrm{Ad}\,(s_{\boldsymbol{o}})|\mathfrak{p}$ であるから，$s_{\boldsymbol{o}} = -1_2 \in K^0$ に対して $\mathrm{Ad}\,(s_{\boldsymbol{o}})|\mathfrak{p} = -1$ となり，$\mathfrak{p}$ は回転群 $K^0 \simeq SO(2)$ の実 2 次元既約表現を与えている．

したがって，$\mathfrak{p}$ の基底として $X, Y \in \mathfrak{p}$ で

$$k(\theta) = \begin{pmatrix} \cos\theta & -\sin\theta \\ \sin\theta & \cos\theta \end{pmatrix} \in SO(2) = K^0$$

の随伴表現が

$$(k(\theta)\,Y,\,k(\theta)\,Z) = (Y,\,Z)\begin{pmatrix}\cos\theta & -\sin\theta\\ \sin\theta & \cos\theta\end{pmatrix}$$

となるものがとれる．すなわち，K^0 の随伴表現は $SO(2)$ の自然表現となる (同値という).

ここで，1 次元回転群 $SO(2)$ の Lie 環は $\mathfrak{gl}(2,\mathbb{R}) = M_2(\mathbb{R})$ の中で交代行列

$$\begin{pmatrix}0 & -\theta\\ \theta & 0\end{pmatrix} = \theta\begin{pmatrix}0 & -1\\ 1 & 0\end{pmatrix}$$

をなしているから $X = \left(\begin{smallmatrix}0 & -1\\ 1 & 0\end{smallmatrix}\right) \in \mathfrak{k} \subset \mathfrak{gl}(2,\mathbb{R})$ を基底とすることができる．

上にみたように，K の随伴表現の $\mathfrak{p}$ への制限は基底 $Y,\,Z \in \mathfrak{p}$ に関して自然表現 $k(\theta)$ であるから，$X \in \mathfrak{k}$ の $\mathfrak{p}$ への (Lie 環としての) 随伴表現は

$$[X,\,Y] = Z,\ [X,\ Z] = -Y$$

と表すことができる ($k(\theta)\,Y = \cos\theta\,Y + \sin\theta\,Z$ を θ について微分し，$\theta = 0$ とおけ，など).

3 次元 Lie 環において残る関係は $[\mathfrak{p},\mathfrak{p}] \subset \mathfrak{k} = \mathbb{R}\,X$ より，

$$[Y,\,Z] = c\,X \quad (c\text{はある実数})$$

である．ここで，$c \neq 0$ のときは $\gamma = \sqrt{|c|}^{\,-1}$ とおいて，$Y' = \gamma\,Y,\ Z' = \gamma\,Z$ とおけば，

$$[X,\,Y'] = Z',\ [X,\,Z'] = -Y',\ [Y',\,Z'] = \pm X$$

となるから，$Y',\,Z'$ を再び $Y,\,Z$ とおけば，始めから

$$[X,\,Y] = Z,\ [X,\,Z] = -Y,\ [Y,\,Z] = \pm X$$

と仮定してよい．結局，問題の Lie 環 $\mathfrak{g}$ は 3 つの場合，$c = 0,\ c > 0,\ c < 0$ に帰着する．すなわち，3 次行列のなす Lie 環の部分環として次の 3 つの場合に分かれる．

(I) ($c = 0$)　 $\mathfrak{so}(2) \ltimes \mathbb{R}^2$ (後者がイデアルとなる半直積)

$$X = \begin{pmatrix}0 & -1 & 0\\ 1 & 0 & 0\\ 0 & 0 & 0\end{pmatrix},\ Y = \begin{pmatrix}0 & 0 & 1\\ 0 & 0 & 0\\ 0 & 0 & 0\end{pmatrix},\ Z = \begin{pmatrix}0 & 0 & 0\\ 0 & 0 & 1\\ 0 & 0 & 0\end{pmatrix}.$$

(II) ($c = -1$)　 $\mathfrak{so}(1,2) := \{\,A \in \mathfrak{gl}(3,\mathbb{R}) \mid {}^tA\,J + J\,A = 0\,\}$

$$X = \begin{pmatrix} 0 & 0 & 0 \\ 0 & 0 & -1 \\ 0 & 1 & 0 \end{pmatrix},\ Y = \begin{pmatrix} 0 & 1 & 0 \\ 1 & 0 & 0 \\ 0 & 0 & 0 \end{pmatrix},\ Z = \begin{pmatrix} 0 & 0 & 1 \\ 0 & 0 & 0 \\ 1 & 0 & 0 \end{pmatrix}.$$

(III) $(c = 1)$　　$\mathfrak{so}(3) := \{ A \in \mathfrak{gl}(3, \mathbb{R}) \mid {}^t A + A = 0 \}$

$$X = \begin{pmatrix} 0 & -1 & 0 \\ 1 & 0 & 0 \\ 0 & 0 & 0 \end{pmatrix},\ Y = \begin{pmatrix} 0 & 0 & 0 \\ 0 & 0 & -1 \\ 0 & 1 & 0 \end{pmatrix},\ Z = \begin{pmatrix} 0 & 0 & -1 \\ 0 & 0 & 0 \\ 1 & 0 & 0 \end{pmatrix}.$$

以上で群 G の Lie 環 $\mathfrak{g}$ の分類は完成したが，群の決定についてはまだ問題が少し残っている．

随伴表現 $\mathrm{Ad} : G \to GL(\mathfrak{g})$ の像がなす線型群 $\mathrm{Ad}\,(G) \subset GL(\mathfrak{g})$ の単位成分 $\mathrm{Ad}\,(G)^0 = \mathrm{Ad}\,(G^0)$ は $\mathfrak{g}$ によって (同型を除いて) 唯一つ決まるが，さらに (一般論から) Ad の核 $\mathrm{Ker}\,\mathrm{Ad}$ は G の中心 C であり，多少の曖昧さが残っている．しかしすでに見たように，絶対幾何学においては，$K = Z_G(s_{\boldsymbol{o}}) \supset C$ だから，中心 C は平面には自明に働き，合同変換群としては連結随伴群 $\mathrm{Ad}\,(G^0)$ (一意的) を考えれば十分である．また，G の連結成分については別の考察が必要である．

まず (I) の場合は $\mathfrak{g}$ に対応する連結随伴群は $SO(2) \ltimes \mathbb{R}^2$(半直積) で 3 次行列群としては

$$G^0 = \left\{ \begin{pmatrix} A & \boldsymbol{v} \\ 0 & 1 \end{pmatrix} \in GL(3, \mathbb{R}) \,\middle|\, A \in GL(2, \mathbb{R}),\ \det A = 1,\ {}^t A\, A = 1_2,\ \boldsymbol{v} \in \mathbb{R}^2 \right\}$$

であることが容易に見てとれて，G^0 の中心は自明 (単位元のみ) である ($G = O(2) \ltimes \mathbb{R}^2$ でも同様)．K^0 については $K^0 = \{ \left(\begin{smallmatrix} A & 0 \\ 0 & 1 \end{smallmatrix}\right) \mid A \in SO(2) \}$ で，この群 $G \supset G^0$ は第 1 章で述べたユークリッドの合同群である．

次に (II) の場合，$\mathfrak{g} = \mathfrak{so}(1, 2)$ に対応する随伴群は $O(1, 2) := \{ g \in GL(3, \mathbb{R}) \mid {}^t g\, J\, g = J \}$ および単位成分 $SO_0(1, 2)$ を含む部分群である．この場合も $K^0 \simeq SO(2)$ であって，$G^0 = SO_0(1, 2)$ について $G^0/K^0 \simeq H$ (双曲面) である．$G^+ := O^+(1, 2)$ も H に作用し，$Z_G(s_{\boldsymbol{o}}) = K$ であることから，中心も K に含まれ H には恒等的に働くので問題はない．

最後に (III) の場合，対応する連結随伴群は 3 次回転群 $SO(3)$ である．ところが部分群でその Lie 環が $\mathfrak{k} = \mathbb{R} X$ であるようなものは

$$Z_G(s_{\boldsymbol{o}}) = \left\{ \begin{pmatrix} A & 0 \\ 0 & (\det A)^{-1} \end{pmatrix} \middle| A \in O(2) \right\}$$

$$\supset Z_G(s_{\boldsymbol{o}})^0 = \left\{ \begin{pmatrix} A & 0 \\ 0 & 1 \end{pmatrix} \middle| A \in SO(2) \right\} = K^0$$

の 2 つあり，$SO(3)/K^0 \simeq S$ が 2 次元球面を与えることは第 1 章で見た通りである．

実は，S は単連結で，商集合 $SO(3)/Z_G(s_{\boldsymbol{o}})$ は**実射影平面** $\mathbb{P}^2(\mathbb{R})$ というやはり "楕円幾何学" の変種を与えている．通常の構成と同一視すると次のようになる．$g \in SO(3)$ を $\mathbb{R}^3$ の (原点を通る) 直線 $\langle \boldsymbol{v} \rangle = \mathbb{R}\,\boldsymbol{v}$ ($\boldsymbol{v} \in \mathbb{R}^3 \setminus \{0\}$) に $g\,\langle \boldsymbol{v} \rangle = \mathbb{R}\,(g\,\boldsymbol{v})$ と働かせると，$\langle \boldsymbol{e}_3 \rangle$ の固定化部分群は $\{ g \in SO(3) \mid g\,\boldsymbol{e}_3 \in \mathbb{R}\,\boldsymbol{e}_3 \} = Z_G(s_{\boldsymbol{o}})$ となる．したがって，$g\,Z_G(s_{\boldsymbol{o}}) \mapsto g\,\langle \boldsymbol{e}_3 \rangle$ によって，同型

$$SO(3)/Z_G(s_{\boldsymbol{o}}) \xrightarrow{\sim} \mathbb{P}^2(\mathbb{R}) := \{ \langle \boldsymbol{v} \rangle \mid \boldsymbol{v} \in \mathbb{R}^3 \setminus \{0\} \}$$

が与えられる．

$K = Z_G(s_{\boldsymbol{o}})^0$ は $Z_g(s_{\boldsymbol{o}})$ の指数 2 の部分群だから，写像 $S \simeq SO(3)/K \to SO(3)/Z_G(s_{\boldsymbol{o}}) \xrightarrow{\sim} \mathbb{P}^2(\mathbb{R})$ は球面から実射影平面への 2 枚の被覆になっている．

以上で，点対称をもつ "平面" の分類がなされたことになる．この 3 種のうち，(I)，(II) が絶対幾何学で，(III) の球面は公準 1 はみたさないが，別種の類似の幾何学を与えていると見なせる．

第 3 章
曲面の微分幾何

前章までは，ユークリッド原論の公準を基に，主にそこに作用する変換群の方を中心に考察することによって，ユークリッド幾何学に類似する“平面”を決めた．これはいわゆる大域的アプローチによるもので，近代，Klein や Lie によってもたらされた視点である．

これは歴史的には逆転した見方であり，それ以前に“平面”を，むしろ一般的には“曲がった面”の特殊な場合とみて，曲面を局所的に考察する解析的な方法が確立されており，“曲率”概念によってやはり同じ結論が得られる (主に Gauss [G]).

この方法は，ずっと一般的な曲面，さらに次元の高い空間の研究を促し，Riemann およびそれに続く人々により現代的な微分幾何学の発展をもたらした実り多いものである．

この章では，微分幾何への入門もかねて主に 3 次元の空間の中の曲面の微分幾何を復習しよう．もちろん数多の参考書があり，随時それらも参照されたい ([小 1], [砂 2], [土壌] など).

3.1 基本形式と曲率

3 次元のユークリッド空間 E^3 は原点 O を定めると，3 次元実ベクトル空間 $\mathbb{R}^3$ に正値内積 $(\,\boldsymbol{x} \mid \boldsymbol{x}'\,) = xx' + yy' + zz'$ ($\boldsymbol{x} = (x, y, z)$, $\boldsymbol{x}' = (x', y', z') \in \mathbb{R}^3$) を備えたもので，点 P, Q 間の距離は $d(P, Q) = \|\overrightarrow{PQ}\|$ で与えられた．ここで，点 P, Q に対して原点 O を始点とするベクトルを $\boldsymbol{p} := \overrightarrow{OP}$, $\boldsymbol{q} := \overrightarrow{OQ}$ とかくとき，$\mathbb{R}^3$ の中では $\overrightarrow{PQ} = \overrightarrow{OQ} - \overrightarrow{OP} = \boldsymbol{q} - \boldsymbol{p}$ で，したがって $d(P, Q) = \|\boldsymbol{q} - \boldsymbol{p}\| = \sqrt{(\,\boldsymbol{q} - \boldsymbol{p} \mid \boldsymbol{q} - \boldsymbol{p}\,)}$ とかけるのであった．

以降，記号の簡略化も兼ねてユークリッド空間を単に内積ベクトル空間 $\mathbb{R}^3$ と同一視し，通常のベクトル解析の記法を用いる．(すなわち，E^3 の点 P における接空間を $\mathbb{R}^3$ と平行移動によって同一視する約束である．) また，混乱の恐れがない限り，行列演算が絡まないときは前章までは拘ったタテ・ベクトル表示 ${}^t(\cdots)$ は煩わしいので用いない．

さて，空間の中の (滑らかな) 曲線とは，連続微分可能なベクトル値関数 $c: I \to \mathbb{R}^3$ (I は $\mathbb{R}$ の閉区間 $[t_0, t_1]$，$c(t) = (x(t), y(t), z(t))$ と座標関数 $x(t)$, $y(t)$, $z(t)$ は t に関して連続微分可能で径数表示できるもの) である．このとき，$c(t)$ の長さは，

$$\int_{t_0}^{t_1} \|\dot{c}(t)\| dt \qquad \left(\dot{c}(t) = \frac{dc}{dt} = (\dot{x}(t),\, \dot{y}(t),\, \dot{z}(t)) \right)$$

である (定義と思ってよい)．ここで，

$$\|\dot{c}(t)\|^2 = \dot{x}^2 + \dot{y}^2 + \dot{z}^2 = \left(\frac{dx}{dt}\right)^2 + \left(\frac{dy}{dt}\right)^2 + \left(\frac{dz}{dt}\right)^2$$

であるが，形式的に

$$\|\dot{c}(t)\|\, dt = \sqrt{\left(\frac{dx}{dt}\right)^2 + \left(\frac{dy}{dt}\right)^2 + \left(\frac{dz}{dt}\right)^2}\, dt = \sqrt{dx^2 + dy^2 + dz^2}$$

と考えると，曲線の長さは

$$\int_{t_0}^{t_1} \|\dot{c}(t)\|\, dt = \int_{t_0}^{t_1} \sqrt{dx^2 + dy^2 + dz^2}$$

と表示できる．この被積分関数 (ではなくて，正式には 1 次形式，あるいは I 上の測度) を**線素**とよんで

$$ds = \sqrt{dx^2 + dy^2 + dz^2}, \quad ds^2 = dx^2 + dy^2 + dz^2$$

とかく伝統 (的習慣) がある．s とは何か？ 長さが $\displaystyle\int ds = \int \|\dot{c}(t)\|\, dt$ とかける曲線の径数と思うと，$\|\dot{c}(s)\| = 1$，すなわち，曲線の径数として長さをえらんだものと見なせる．"線素" という名前の由来であろう．(なお，このようにできるためには接線 $\dot{c}(t)$ は 0 になってはいけない，$\dot{c}(t) \neq 0$.)

さて，曲面の場合はどのように話を運ぶべきか？ 2 次元であるから，2 個の独立径数によって表そうとすると 2 次元平面 $\mathbb{R}^2$ の開集合 (極く小さいところ，すなわち局所的には円板や長方形の内部でよい) U の座標を (u, v) として，3 次元空間内の曲面 S は U 上のベクトル値関数

$$\boldsymbol{r} : U \longrightarrow S \subset \mathbb{R}^3$$

という連続微分可能関数 $\boldsymbol{r}(u, v) = (x(u,v), y(u,v), z(u,v))$ である．さらに，曲線の場合の条件 $\dot{c}(t) \neq 0$ に対応する，$\boldsymbol{r}$ は退化しないこと，すなわち U の各点の

0 でない接ベクトルは $\boldsymbol{r}$ の微分 $d\boldsymbol{r}$ で S 上の 0 でない接ベクトルに移ることも要請する (逆にいえば，S 上の諸データは径数表示 $\boldsymbol{r}$ によって忠実に U 上のそれに移されなければならない).

具体的には次のように述べられる．U 上の独立なベクトル場 $\partial_u := \frac{\partial}{\partial u}, \partial_v := \frac{\partial}{\partial v}$ (偏微分作用素) を $\boldsymbol{r}$ によって S 上に移したものは，$\mathbb{R}^3$ の中の S に沿ってのベクトル場として

$$\boldsymbol{r}_u := \frac{\partial \boldsymbol{r}}{\partial u} = (\partial_u x, \partial_u y, \partial_u z), \quad \boldsymbol{r}_v := \frac{\partial \boldsymbol{r}}{\partial v} = (\partial_v x, \partial_v y, \partial_v z)$$

とかけるから，S 上の各点で，$\boldsymbol{r}_u$ と $\boldsymbol{r}_v$ は独立な接ベクトルを与えていなければいけない．

形式的であるが，$\boldsymbol{r}$ の**微分** (differential) として

$$d\boldsymbol{r} = \boldsymbol{r}_u\, du + \boldsymbol{r}_v\, dv$$

とおく．ここで，記号 du, dv は U 上の 1 (微分) 形式であるが，とりあえず，ベクトル場の双対で，$du(\partial_u) = 1, du(\partial_v) = 0, dv(\partial_v) = 1, dv(\partial_u) = 0$ なるものと思っておいてよい (多様体論で厳密に定義される)．したがって，

$$d\boldsymbol{r}(\partial_u) = \boldsymbol{r}_u, \quad d\boldsymbol{r}(\partial_v) = \boldsymbol{r}_v$$

となり，これが U 上のベクトル場を "$\boldsymbol{r}$ によって移したもの" という表現を用いた理由である．

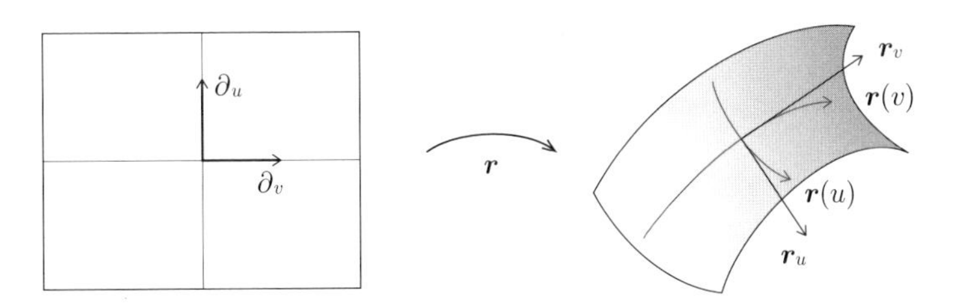

さて，曲面 S 上の曲線についてどうなるか考えてみよう．径数表示 $\boldsymbol{r} : U \to S \subset \mathbb{R}^3$ を経由して，U 上の曲線 $I \ni t \mapsto (u(t), v(t)) \mapsto \boldsymbol{r}(t) := \boldsymbol{r}(u(t), v(t)) \in S$ と表せるとしてよい．したがって，その長さは $\int \|\dot{\boldsymbol{r}}(t)\|\, dt$ と表せるが，$\dot{\boldsymbol{r}}(t) = \frac{d\boldsymbol{r}}{dt} = \boldsymbol{r}_u \frac{du}{dt} + \boldsymbol{r}_v \frac{dv}{dt}$ ゆえに，形式的な式 $\|\dot{\boldsymbol{r}}(t)\|\, dt = \|d\boldsymbol{r}(t)\|$ から

$$\int \|\dot{\boldsymbol{r}}(t)\|\, dt = \int \|d\boldsymbol{r}(t)\|$$

と記述される．ここで，

$$\|d\boldsymbol{r}\|^2 = (d\boldsymbol{r} \mid d\boldsymbol{r}) = \|\boldsymbol{r}_u\|^2 \, du^2 + 2\,(\boldsymbol{r}_u \mid \boldsymbol{r}_v)\, du\, dv + \|\boldsymbol{r}_v\|^2 \, dv^2$$

であり，曲面上の線素は

$$ds^2 = \|\boldsymbol{r}_u\|^2 \, du^2 + 2\,(\boldsymbol{r}_u \mid \boldsymbol{r}_v)\, du\, dv + \|\boldsymbol{r}_v\|^2 \, dv^2$$

という 2 次の対称形式と考えてよい．

伝統の記号で

$$E = \|\boldsymbol{r}_u\|^2, \; F = (\boldsymbol{r}_u \mid \boldsymbol{r}_v), \; G = \|\boldsymbol{r}_v\|^2$$

とかかれ，これらは S (あるいは U) 上の関数で，

$$g := E\, du^2 + 2\, F\, du\, dv + G\, dv^2$$

を S の**第 1 基本形式** (the first fundamental form) とよぶ．

一方，接ベクトル $a\,\partial_u + b\,\partial_v$ について $du\,(\partial_u) = 1$, $du\,(\partial_v) = 0, \ldots$ より，第 1 基本形式の値は

$$\begin{aligned} \|d\boldsymbol{r}\,(a\,\partial_u + b\,\partial_v)\|^2 &= E\,a^2 + 2\,F\,a\,b + G\,b^2 \\ &= (a,\, b) \begin{pmatrix} E & F \\ F & G \end{pmatrix} \begin{pmatrix} a \\ b \end{pmatrix} \end{aligned}$$

となり，これは接平面上の正値対称行列 $\left(\begin{smallmatrix} E & F \\ F & G \end{smallmatrix}\right)$ が与える正値 2 次形式として内積を定めている．(後述するが，ユークリッド空間 $\mathbb{R}^3$ から誘導された曲面 S 上の Riemann 計量である．)

次に，空間中の曲面に特有のもう一つの 2 次形式を導こう．曲面の径数表示 $\boldsymbol{r} : U \to S \subset \mathbb{R}^3$ において，$\boldsymbol{r}_u$, $\boldsymbol{r}_v$ は S 上の点の独立な接ベクトルとみなせるから，**ベクトル積** $\boldsymbol{r}_u \times \boldsymbol{r}_v$ は単位法線ベクトル $\boldsymbol{n}$ の $\|\boldsymbol{r}_u \times \boldsymbol{r}_v\|$ 倍である．すなわち，$g_0 := \|\boldsymbol{r}_u \times \boldsymbol{r}_v\|^2 = E\,G - F^2$ とおくと，

$$\boldsymbol{n} = \frac{\boldsymbol{r}_u \times \boldsymbol{r}_v}{\sqrt{g_0}}$$

である．

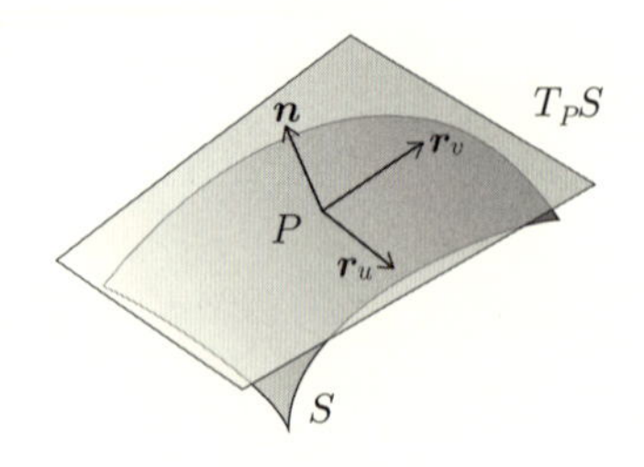

いま S 上の点 P を固定して，法線 $\boldsymbol{n}_P$ を含む $\mathbb{R}^3$ の平面 Π で S を切った曲線を $c(s)$ とする．(s は長さを測る径数，$\|\dot{c}(s)\| = 1$ とする．)

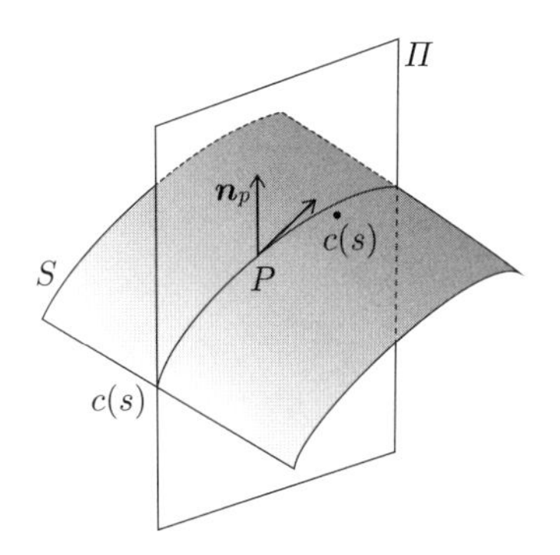

$c(s)$ は S 上の曲線ゆえ，$c(s) = \boldsymbol{r}(u(s), v(s))$ ($=: \boldsymbol{r}(s)$ とおく) とかくと，s についての微分は

$$\dot{c}(s) = \frac{dc}{ds} = \boldsymbol{r}_u \frac{du}{ds} + \boldsymbol{r}_v \frac{dv}{ds} \tag{$\star$}$$

で，$\boldsymbol{n}_P$, $\dot{c}(s)$ が P における平面 Π の正規直交基底である ($\dot{c}(s)$ は P における S の接線).

$c(s)$ を平面 Π の平面曲線とみたときの P における曲率 $\rho = \rho(s)$ を**法曲率**といい，次で表される．

$$\ddot{c}(s) = \frac{d^2c}{ds^2} = \rho(s)\,\boldsymbol{n}, \quad \text{すなわち}\ \rho(s) = (\,\boldsymbol{n} \mid \ddot{c}(s)\,).$$

したがって，$\dot{c}(s)$ の表示 ($\star$) より，

$$\ddot{c}(s) = \boldsymbol{r}_{uu}\left(\frac{du}{ds}\right)^2 + 2\,\boldsymbol{r}_{uv}\left(\frac{du}{ds}\right)\left(\frac{dv}{ds}\right) + \boldsymbol{r}_{vv}\left(\frac{dv}{ds}\right)^2 + \boldsymbol{r}_u\left(\frac{d^2u}{ds^2}\right) + \boldsymbol{r}_v\left(\frac{d^2v}{ds^2}\right)$$

であるが，$(\,\boldsymbol{n} \mid \boldsymbol{r}_u\,) = (\,\boldsymbol{n} \mid \boldsymbol{r}_v\,) = 0$ だから，

$$\rho(s) = (\,\boldsymbol{n} \mid \ddot{c}(s)) = L\left(\frac{du}{ds}\right)^2 + 2\,M\left(\frac{du}{ds}\right)\left(\frac{dv}{ds}\right) + N\left(\frac{dv}{ds}\right)^2. \tag{$\star\star$}$$

ただし，$L := (\,\boldsymbol{n} \mid \boldsymbol{r}_{uu}\,)$, $M := (\,\boldsymbol{n} \mid \boldsymbol{r}_{uv}\,)$, $N := (\,\boldsymbol{n} \mid \boldsymbol{r}_{vv}\,)$ とおいた．

ここで，形式的に ($\star\star$) の “分子” を

$$h := L\,du^2 + 2\,M\,du\,dv + N\,dv^2$$

とおくと，S の接空間上の 2 次形式と見なせる．これを**第 2 基本形式** (the second fundamental form) とよび，空間中の曲面を特徴付けることが分かる．法曲率は

$$\rho = \frac{h}{ds^2} = \frac{h}{g}$$

とかける．ここで，最初の等号は $(\star\star)$ の書き替えにすぎず，2 番目の等号は第 1 基本形式 g を線素 $ds^2 = g$ と見なしたときのいささかの記号の濫用である．実際，ρ は曲線の接ベクトル方向 $\dot{c}$ による．

閑話　ほとんどすべての教科書で，第 1 基本形式の係数は E, F, G と記されていて，これは Gauss の原典 [G] からの伝統であろう．しかし，第 2 の L, M, N は Gauss には見当たらなかった．D, D', D'' などが使われている．Gauss の E, F, G にもとくに深い意味は感じられなく，先行する記号 $A, B, C, a, b, c, \ldots$ からの流れのように見える．"聖書研究" は休題．

さて，曲線 c の方向 $\dot{c}$ (あるいは法線を含む S を切る平面 Π) を変化させたとき，法曲率 ρ が最大・最小 (極値) をとる方向を**主方向**といい，その値を**主曲率**という．主曲率は高々 2 個ある．

考え方を簡単にすると，S の P における接ベクトル $\boldsymbol{x} \in T_PS$ (P の接空間) で長さが 1 ($\|\boldsymbol{x}\|^2 = g(\boldsymbol{x}, \boldsymbol{x}) = 1$) になるものに対して，$T_PS$ 上の 2 次形式 $h = \left(\begin{smallmatrix} L & M \\ M & N \end{smallmatrix}\right)$ の値 $h(\boldsymbol{x}, \boldsymbol{x}) := {}^t\boldsymbol{x}\, h\, \boldsymbol{x}$ の極値を求める問題である．言い替えると，$h(\boldsymbol{x}, \boldsymbol{x})/g(\boldsymbol{x}, \boldsymbol{x})$ の極値問題である．

受験問題風 (Lagrange の未定係数法？) に解いてみよう．

ベクトル $\boldsymbol{x} = (x_1, x_2)$ に対して，$k = \frac{x_1}{x_2} (= \frac{du}{dv})$ とおくと，

$$\rho = \frac{L\,k^2 + 2\,M\,k + N}{E\,k^2 + 2\,F\,k + G} = \frac{h(k)}{g(k)} \quad (k \text{ を変数とする極値問題}).$$

そこで $g(k)\,\rho(k) = h(k)$ を k で微分すると，$g'(k)\,\rho(k) + g(k)\,\rho'(k) = h'(k)$．ゆえに，$2\,(E\,k + F)\rho + g\,\rho' = 2\,(L\,k + M)$．$\rho'(k) = 0$ とすると，$(E\,k + F)\,\rho = L\,k + M$．ゆえに，

$$(E\,\rho - L)\,k + (F\,\rho - M) = 0. \tag{1}$$

また，$g\,\rho = h$ より

$$(E\,\rho - L)\,k^2 + 2\,(F\,\rho - M)\,k + (G\,\rho - N) = 0. \tag{2}$$

(1) $\times\, k -$ (2) より，

$$-(F\,\rho - M)k - (G\,\rho - N) = 0. \tag{3}$$

(1) $\times\, (F\,\rho - M) +$ (3) $\times\, (E\,\rho - L)$ より，

$$(F\,\rho - M)^2 - (E\,\rho - L)(G\,\rho - N) = 0.$$

ゆえに,

$$(E\,G - F^2)\,\rho^2 + (2\,F\,M - G\,L - E\,N)\,\rho + (L\,N - M^2) = 0. \qquad (\sharp)$$

すなわち, $\rho'(k) = 0$ のとき (k が極値をとるとき), 極値 ρ は ρ に関する 2 次方程式 ($\sharp$) をみたす.

この 2 根 ρ_1, ρ_2 が主曲率である. 主曲率に対して,

$$K := \rho_1\,\rho_2 = \frac{L\,N - M^2}{E\,G - F^2} = \frac{h_0}{g_0} \quad (\,h_0 := \det h,\ g_0 := \det g\,)$$

$$H := \frac{1}{2}(\rho_1 + \rho_2) = \frac{G\,L + E\,N - 2\,F\,M}{E\,G - F^2}$$

とおいて, K を **(Gauss の) 全曲率**, H を **(Germain の) 平均曲率**とよぶ. 全曲率 (total curvature) は高次元の場合, 別の意味で用いられるので, 以降曲面の場合, Gauss の全曲率を単に **Gauss 曲率**と言おう.

注意 ρ の 2 次方程式 ($\sharp$) は, g, h を 2 次対称行列と思ったとき,

$$\det(g\,\rho - h) = 0$$

に等しい.

上の議論を線型代数的に言い替えてみよう. 2 次対称行列 g, h が定義する双線型形式も同じ記号で $g(\boldsymbol{x}, \boldsymbol{x}') = {}^t\boldsymbol{x}\,g\,\boldsymbol{x}'$, $h(\boldsymbol{x}, \boldsymbol{x}') = {}^t\boldsymbol{x}\,h\,\boldsymbol{x}'$ とかいておくと, g は非退化正値だから, $h(\boldsymbol{x}, \boldsymbol{x}') = g(A\,\boldsymbol{x}, \boldsymbol{x}')$ となる 2 次行列 A が存在する (**形行列** (shape matrix) という). このとき行列として $h = {}^tA\,g$ かつ h, g は対称だから, $A = {}^{tt}A = {}^t(h\,g^{-1}) = g^{-1}\,h$ である (A は対称とは限らない).

我々の問題は, $g(\boldsymbol{x}, \boldsymbol{x}) = {}^t\boldsymbol{x}\,g\,\boldsymbol{x} = 1$ のときの $h(\boldsymbol{x}, \boldsymbol{x}) = {}^t(A\,\boldsymbol{x})\,g\,\boldsymbol{x} = {}^t\boldsymbol{x}\,({}^tA\,g)\boldsymbol{x}$ の極値問題である.

g は正値対称ゆえ, $g = (\sqrt{g})^2$ となる正値対称行列 $\sqrt{g}$ がある. これにより, $g(\boldsymbol{x}, \boldsymbol{x}) = \|\sqrt{g}\,\boldsymbol{x}\|^2 = 1$ のときの ${}^t(\sqrt{g}\,\boldsymbol{x})(\sqrt{g}^{-1}\,{}^tA\,\sqrt{g})(\sqrt{g}\,\boldsymbol{x})$ の極値問題と言い替えられ, $\boldsymbol{y} = \sqrt{g}\,\boldsymbol{x}$ とおくと, $\|\boldsymbol{y}\|^2 = 1$ のときの ${}^t\boldsymbol{y}\,(\sqrt{g}^{-1}\,{}^tA\,\sqrt{g})\,\boldsymbol{y}$ の極値問題に帰着する. (必ずしも必要ではないが, 行列 A は "内積 g に関して" 自己随伴であり, したがって対角化可能である.)

ここで A の特性行列について, $\det(\rho\,1_2 - A) = \det(\rho\,1_2 - g^{-1}h) = (\det g)^{-1}\det(g\,\rho - h)$ であるが, これは $\sqrt{g}^{-1}\,{}^tA\,\sqrt{g}$ の特性行列でもあり, これら A, ${}^tA$, $\sqrt{g}^{-1}\,{}^tA\,\sqrt{g}$ の固有値が主曲率 ρ_1, ρ_2 で, 極値問題の解を与える.

例 1　ユークリッド平面：$S = E^2 \subset E^3$, $\boldsymbol{r}(u, v) = (u, v, 0)$ とすると，$E = G = 1$, $F = 0$, $L = M = N = 0$ となり，$K = H = 0$.

例 2　球面：$\boldsymbol{r}(\theta, \varphi) = (\cos\theta, \cos\varphi\sin\theta, \sin\varphi\sin\theta) \in S \simeq \{\boldsymbol{x} \in \mathbb{R}^3 \mid \|\boldsymbol{x}\| = 1\}$ と係数表示する．このとき，$g = d\theta^2 + \sin^2\theta\, d\varphi^2$, $h = -g$ となり，$K = 1$, $H = -2$. ($\boldsymbol{n} = -\boldsymbol{r}$ ととった．)

例 3　定義から，ρ_1, ρ_2 をある点における主曲率とするとき

$$K = 0 \Longleftrightarrow \rho_1, \rho_2 \text{ のいずれかが } 0,$$
$$K > 0 \Longleftrightarrow \rho_1, \rho_2 \text{ は同符号},$$
$$K < 0 \Longleftrightarrow \rho_1, \rho_2 \text{ は異符号}$$

であるから，その点における曲面の様子は大体次のように描ける．

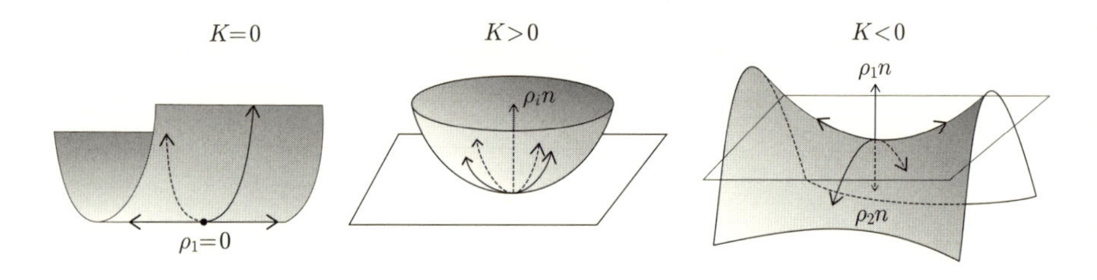

3.2　Gauss の定理 (Theorema egregium)

設定，記号は前節 3.1 のとおりとする．すなわち，第 1，第 2 基本形式を

$$g = E\,du^2 + 2\,F\,du\,dv + G\,dv^2,$$
$$h = L\,du^2 + 2\,M\,du\,dv + N\,dv^2,$$

Gauss 曲率を

$$K = (L\,N - M^2)\,g_0^{-1} \quad (g_0 = E\,G - F^2)$$

とする．

Gauss[G] は，$K\,g_0^2$ を $E, F, G, E_u, F_u, G_u, E_v, F_v, G_v, E_{vv}, F_{uv}, G_{uu}$ (E, F, G の 2 階以下の偏微分，E_{uu}, G_{vv} はない) の多項式で表すことに成功した．これは曲率 K が第 1 基本形式のみによって決まり，第 2 基本形式にはよらないことを主張しており，自身 **"Theorema egregium"** とよんだ．(手元にあるラテン英語辞書によると egregium は remarkable, distinguished などと訳されている．「驚くべき」とか「驚異の」(surprising?) とかの言葉は見つからなかった．私信か日

記にそれらしい言葉があるのだろうか？)

その具体形は次の長い式で，この節ではそれを証明する．

$$\boxed{\begin{aligned}&4\,(E\,G-F^2)^2\,K=E\,(E_vG_v-2\,F_uG_v+G_u^2)\\&\quad+F\,(E_uG_v-E_vG_u-2\,E_vF_v+4\,F_uF_v-2\,F_uG_u)\\&\quad+G\,(E_uG_u-2\,E_uF_v+E_v^2)-2\,(E\,G-F^2)(E_{vv}-2\,F_{uv}+G_{uu})\end{aligned}} \tag{♠}$$

(Gauss [G; p.20] の記号では，変数は $u=p,\ v=q$，曲率は $K=k$ と記されている．)

さて，$\boldsymbol{n}=\boldsymbol{r}_u\times\boldsymbol{r}_v/\sqrt{g_0}$ であったから，

$$\begin{aligned}L\,N-M^2&=(\,\boldsymbol{n}\mid\boldsymbol{r}_{uu}\,)(\,\boldsymbol{n}\mid\boldsymbol{r}_{vv}\,)-(\,\boldsymbol{n}\mid\boldsymbol{r}_{uv}\,)^2\\&=\{(\,\boldsymbol{r}_u\times\boldsymbol{r}_v\mid\boldsymbol{r}_{uu}\,)(\,\boldsymbol{r}_u\times\boldsymbol{r}_v\mid\boldsymbol{r}_{vv}\,)-(\,\boldsymbol{r}_u\times\boldsymbol{r}_v\mid\boldsymbol{r}_{uv}\,)^2\}/g_0.\end{aligned}$$

3 次元ベクトル $\boldsymbol{a},\boldsymbol{b},\boldsymbol{c}$ に関する内･外積行列式の公式 $(\,\boldsymbol{a}\mid\boldsymbol{b}\times\boldsymbol{c}\,)=\det(\boldsymbol{a}\,\boldsymbol{b}\,\boldsymbol{c})=:|\,\boldsymbol{a}\,\boldsymbol{b}\,\boldsymbol{c}\,|$ を用いて行列式に直すと，次を得る．

$$g_0(L\,N-M^2)=|\,\boldsymbol{r}_{uu}\,\boldsymbol{r}_u\,\boldsymbol{r}_v\,|\,|\,\boldsymbol{r}_{vv}\,\boldsymbol{r}_u\,\boldsymbol{r}_v\,|-|\,\boldsymbol{r}_{uv}\,\boldsymbol{r}_u\,\boldsymbol{r}_v\,|^2.$$

ここで Gram の公式

$$|\,\boldsymbol{a}\,\boldsymbol{b}\,\boldsymbol{c}\,|\,|\,\boldsymbol{a}'\,\boldsymbol{b}'\,\boldsymbol{c}'\,|=\begin{vmatrix}(\,\boldsymbol{a}\mid\boldsymbol{a}'\,)&(\,\boldsymbol{a}\mid\boldsymbol{b}'\,)&(\,\boldsymbol{a}\mid\boldsymbol{c}'\,)\\(\,\boldsymbol{b}\mid\boldsymbol{a}'\,)&(\,\boldsymbol{b}\mid\boldsymbol{b}'\,)&(\,\boldsymbol{b}\mid\boldsymbol{c}'\,)\\(\,\boldsymbol{c}\mid\boldsymbol{a}'\,)&(\,\boldsymbol{c}\mid\boldsymbol{b}'\,)&(\,\boldsymbol{c}\mid\boldsymbol{c}'\,)\end{vmatrix}$$

を用いて，右辺を書き直し第 1 行目について展開すると，

$$\begin{vmatrix}(\,\boldsymbol{r}_{uu}\mid\boldsymbol{r}_{vv}\,)&(\,\boldsymbol{r}_{uu}\mid\boldsymbol{r}_u\,)&(\,\boldsymbol{r}_{uu}\mid\boldsymbol{r}_v\,)\\(\,\boldsymbol{r}_u\mid\boldsymbol{r}_{vv}\,)&(\,\boldsymbol{r}_u\mid\boldsymbol{r}_u\,)&(\,\boldsymbol{r}_u\mid\boldsymbol{r}_v\,)\\(\,\boldsymbol{r}_v\mid\boldsymbol{r}_{vv}\,)&(\,\boldsymbol{r}_v\mid\boldsymbol{r}_u\,)&(\,\boldsymbol{r}_v\mid\boldsymbol{r}_v\,)\end{vmatrix}$$

$$-\begin{vmatrix}(\,\boldsymbol{r}_{uv}\mid\boldsymbol{r}_{uv}\,)&(\,\boldsymbol{r}_{uv}\mid\boldsymbol{r}_u\,)&(\,\boldsymbol{r}_{uv}\mid\boldsymbol{r}_v\,)\\(\,\boldsymbol{r}_u\mid\boldsymbol{r}_{uv}\,)&(\,\boldsymbol{r}_u\mid\boldsymbol{r}_u\,)&(\,\boldsymbol{r}_u\mid\boldsymbol{r}_v\,)\\(\,\boldsymbol{r}_v\mid\boldsymbol{r}_{uv}\,)&(\,\boldsymbol{r}_v\mid\boldsymbol{r}_u\,)&(\,\boldsymbol{r}_v\mid\boldsymbol{r}_v\,)\end{vmatrix}$$

$$
= \begin{vmatrix} (\boldsymbol{r}_{uu} \mid \boldsymbol{r}_{vv}) & * & * \\ 0 & E & F \\ 0 & F & G \end{vmatrix} + \begin{vmatrix} 0 & (\boldsymbol{r}_{uu} \mid \boldsymbol{r}_u) & (\boldsymbol{r}_{uu} \mid \boldsymbol{r}_v) \\ (\boldsymbol{r}_u \mid \boldsymbol{r}_{uv}) & E & F \\ (\boldsymbol{r}_v \mid \boldsymbol{r}_{vv}) & F & G \end{vmatrix}
$$

$$
- \begin{vmatrix} (\boldsymbol{r}_{uv} \mid \boldsymbol{r}_{uv}) & * & * \\ 0 & E & F \\ 0 & F & G \end{vmatrix} - \begin{vmatrix} 0 & (\boldsymbol{r}_{uv} \mid \boldsymbol{r}_u) & (\boldsymbol{r}_{uv} \mid \boldsymbol{r}_v) \\ (\boldsymbol{r}_u \mid \boldsymbol{r}_{uv}) & E & F \\ (\boldsymbol{r}_v \mid \boldsymbol{r}_{uv}) & F & G \end{vmatrix}.
$$

よって，上式の第 2 項を (2)，第 4 項を (4) とおくと，これは

$$
(EG - F^2)\{(\boldsymbol{r}_{uu} \mid \boldsymbol{r}_{vv}) - (\boldsymbol{r}_{uv} \mid \boldsymbol{r}_{uv})\} + (2) - (4) \qquad (\clubsuit)
$$

となる．

ここで，E, F, G によって表せない成分については，次の内積に関する偏導関数を準備する．∂_u, ∂_v を変数 u, v に関する偏微分作用素とする．

$$
\begin{aligned}
&\partial_u(\boldsymbol{r}_u \mid \boldsymbol{r}_u) = 2(\boldsymbol{r}_{uu} \mid \boldsymbol{r}_u), \quad \partial_v(\boldsymbol{r}_u \mid \boldsymbol{r}_u) = 2(\boldsymbol{r}_{uv} \mid \boldsymbol{r}_u), \\
&\partial_u(\boldsymbol{r}_v \mid \boldsymbol{r}_v) = 2(\boldsymbol{r}_{uv} \mid \boldsymbol{r}_v), \quad \partial_v(\boldsymbol{r}_v \mid \boldsymbol{r}_v) = 2(\boldsymbol{r}_{vv} \mid \boldsymbol{r}_v), \\
&\partial_u(\boldsymbol{r}_u \mid \boldsymbol{r}_v) = (\boldsymbol{r}_{uu} \mid \boldsymbol{r}_v) + (\boldsymbol{r}_u \mid \boldsymbol{r}_{uv}) = (\boldsymbol{r}_{uu} \mid \boldsymbol{r}_v) + \frac{1}{2}\partial_u(\boldsymbol{r}_u \mid \boldsymbol{r}_u), \\
&\partial_v(\boldsymbol{r}_u \mid \boldsymbol{r}_v) = (\boldsymbol{r}_{vv} \mid \boldsymbol{r}_u) + (\boldsymbol{r}_v \mid \boldsymbol{r}_{uv}) = (\boldsymbol{r}_{vv} \mid \boldsymbol{r}_v) + \frac{1}{2}\partial_u(\boldsymbol{r}_v \mid \boldsymbol{r}_v)
\end{aligned}
$$

より，$E_u := \partial_u E$ などと書いたから，

$$
(\boldsymbol{r}_{uu} \mid \boldsymbol{r}_u) = \frac{1}{2}E_u,\ (\boldsymbol{r}_{uv} \mid \boldsymbol{r}_u) = \frac{1}{2}E_v,\ (\boldsymbol{r}_{uv} \mid \boldsymbol{r}_v) = \frac{1}{2}G_u,\ (\boldsymbol{r}_{vv} \mid \boldsymbol{r}_v) = \frac{1}{2}G_v,
$$

$$
(\boldsymbol{r}_{uu} \mid \boldsymbol{r}_v) = F_u - \frac{1}{2}E_v,\ (\boldsymbol{r}_{vv} \mid \boldsymbol{r}_u) = F_v - \frac{1}{2}G_u
$$

を得る．さらに，

$$
\begin{aligned}
(\boldsymbol{r}_{uu} \mid \boldsymbol{r}_{vv}) - (\boldsymbol{r}_{uv} \mid \boldsymbol{r}_{uv}) &= \partial_v(\boldsymbol{r}_{uu} \mid \boldsymbol{r}_v) - \partial_u(\boldsymbol{r}_{uv} \mid \boldsymbol{r}_v) \\
&= (F_u - \frac{1}{2}E_v)_v - \frac{1}{2}G_{uu} = F_{uv} - \frac{1}{2}E_{vv} - \frac{1}{2}G_{uu}
\end{aligned}
$$

であるから，結局，$(EG - F^2)(LN - M^2)$ を行列式で表した (♣) は $E, F, G, E_u, F_u, G_u, E_v, F_v, G_v, E_{vv}, F_{uv}, G_{uu}$ で表せることが示された．

節の冒頭に述べた Gauss の長い式 (♠) は，(♣) の行列式を展開すれば得られるが，行列式のまま整理した形の次式も有名である．(♣) からの導出は容易であろう．

Brioschi の行列式公式

$$(EG-F^2)^2K = \begin{vmatrix} -\frac{1}{2}E_{vv}+F_{uv}-\frac{1}{2}G_{uu} & \frac{1}{2}E_u & F_u-\frac{1}{2}E_v \\ F_v-\frac{1}{2}G_u & E & F \\ \frac{1}{2}G_v & F & G \end{vmatrix} - \begin{vmatrix} 0 & \frac{1}{2}E_v & \frac{1}{2}G_u \\ \frac{1}{2}E_v & E & F \\ \frac{1}{2}G_u & F & G \end{vmatrix}.$$

こうして，Gauss 曲率 K は，第 1 基本形式の係数 E, F, G とその 2 階までの偏微分係数によって明示的に表されるので次の定理が明言される．

定理 (Gauss の Theorema egregium) 3 次元ユークリッド空間内の曲面の曲率は，その上の曲線の長さを与える計量である第 1 基本形式のみにより決まり，空間への埋め込まれ方 (を規定する第 2 基本形式) によらない．

Gauss 自身は定理を次のように述べている．

『曲面が他の曲面に “展開” されるならば，その曲がり方の度合い (曲率) は各点で不変である．
また，曲面の有界な部分は他の曲面に “展開” したとき同じ全曲率をもつ．』

いささか曖昧な言い方も含んでいるが，いまの言葉で述べると，曲率は局所的な等長変換で不変である，ということであろう．

特殊な場合をあげておく．

系 (1) $F=0$, $E=G$ (等温座標という) ならば，

$$K=-\frac{1}{2E}(\,\partial_u^2\log E+\partial_v^2\log E\,).$$

(2) $F=0$, $E=1$ (測地座標という) ならば，

$$K=\frac{1}{4G^2}(\,G_u^2-2\,G_{uu}\,G\,).$$

例 系 (2) をみたす線素として，双曲面の場合，$ds^2=dt^2+\sinh^2 t\,d\theta^2$ があった．$u=t, v=\theta$ として (2) を適用すると $K=-1$，すなわち，負の定曲率曲面である．

なお，この (Riemann) 計量は，$\mathbb{R}^3$ の Lorentz 計量 $-dx^2+dy^2+dz^2$ を H に制限したもので，この節での設定と異なるが，曲面上では Riemann 計量となって負曲率を与えるのである．この点については，後に再び詳述する．

演習問題として，双曲面 $H : x^2 - y^2 - z^2 = 1$ に $\mathbb{R}^3$ のユークリッド計量 $ds^2 = dx^2 + dy^2 + dz^2$ から誘導した第 1 基本形式を求め曲率を計算してみよ．それは，非負 (正) の定値ではない関数になり，この図形の直感には合う．

注意　Gauss の定理から，曲面が等長変換に関して等質，すなわち，任意の 2 点 p, q に対して $g\,p = q$ となる等長変換があれば，任意の点において曲率は一定である．すなわち，定曲率である．第 1 章であげた例はすべて等質で，したがって定曲率曲面である．なお，高次元の場合は，曲率の概念が拡張されるが，例えば "切断曲率" に関してこれは言えない．

3.3　"直線" は測地線である

前節で，曲面の Gauss 曲率はその第 1 基本形式

$$g = E\,du^2 + 2\,F\,du\,dv + G\,dv^2$$

のみによって定まることを証明した．ここに，第 1 基本形式は曲面上の曲線 $c(t)$ $(0 \leq t \leq a)$ の長さ

$$\begin{aligned} L(c) &= \int_0^a \|\dot{c}(t)\|\,dt \\ &= \int_0^a \sqrt{E\,\dot{u}^2 + 2\,F\,\dot{u}\,\dot{v} + G\,\dot{v}^2}\,dt \quad \left(c(t) = \boldsymbol{r}(u(t), v(t)),\ \dot{c}(t) = \frac{d}{dt}c(t) \right) \end{aligned}$$

を与える基本となるものであった．

ところで，第 1, 2 章で我々は一般平面 (球面や双曲面) での "直線" というものをその線分が距離を与えるものと見なした議論をしてきた．この章で採り上げている微分幾何的な方法では，このような性質をもつ "直線" はどのようなものかを見てみよう．

そのために，この辺で一般次元にも通用する "テンソル解析" とよばれる古典的記法を導入しよう．以下の議論でも分かるように，曲面に限る u, v, E, F, G を使っていると相当煩わしい式の羅列になるからでもある．

径数 u, v を u^1, u^2 とかき，第 1 基本形式の係数を $E = g_{11}$, $F = g_{12} = g_{21}$, $G = g_{22}$ とかく (これらは u^1, u^2 の関数である)．したがって第 1 基本形式は

$$g = \sum_{1 \leq i,j \leq 2} g_{ij}\,du^i\,du^j$$

とかくことになる．通常，添字 i, j などが走る範囲は次元までであるので，$1 \leq$

$i, j \leq 2$ などは略し $\sum_{i,j}$ で済ます．それどころか，考えている式が和 $\sum$ を取ったものか，項単独を表しているかが文脈から明らかなときは，$\sum_{i,j}$ も略してしまい，単に

$$g_{ij}\, du^i\, du^j$$

とかいてしまうこともある．これで i, j に関する和を取ったものを表すやり方は，“Einstein の規約” とよばれて流布してきた．(エライ人の名をつけると権威がでる；総和記号 $\sum$ を「とって」(略して) も和を「取った」(採用した) ことにするサボリである．)

この記法についてもう一つの (厳重な) 注意は，$\sum$ を略したときには，添字は上下同じについていなければいけない，すなわち，上下同じ添字についてのみ和をとるという点である．この規則を守るために，“テンソル解析” の出発にあたっては座標関数は上付き添字 u^i で始めるのが一般的である．古くからの解析では，$u_1, u_2, \ldots; x_1, x_2, \ldots$ と下付きで表す習慣の方が行き渡ってきたようであるし，また，代数的な式で冪乗を x_i^2, $x_1^{n_1} x_2^{n_2} \cdots$ などと記すことも多いので，上付き添字で表すと混乱をもたらす恐れが大であるが仕方がない．(下付き添字と混用している書物もあるので注意を要する．どうしてもというときは，場所場所で宣言するしかない．)

しばらくは，その道の達人には煩わしいだろうが Einstein に背いて，誤解を避けるために和記号を付けておこう．閑話休題．

さて，点 p, q を結ぶ曲線 $c(t) = (\, u^i(t)\,)$ $(\, 1 \leq i \leq 2,\ c(0) = p,\ c(a) = q\,)$ の長さは

$$L(c) = \int_0^a dt\, \|\dot{c}(t)\| = \int_0^a dt\, \sqrt{\sum_{i,j} g_{ij} \dot{u}^i\, \dot{u}^j} \qquad (\, \dot{u}^i = \frac{du^i}{dt}\,)$$

であった．

いま

$$f(t) = (f^i(t)) \qquad (\, f^i(0) = f^i(a) = 0\,)$$

なる関数に対して，c の変動

$$c_\varepsilon := c(t) + \varepsilon\, f(t) \qquad (\, 0 \leq t \leq a,\ \varepsilon \text{ は小}\,)$$

を考える．以下の式を簡略化するために，ここで $\|\dot{c}(t)\| = 1$ (速度 1，c の長さは

径数 t で計る；$\int_0^t dt\,\|\dot{c}(t)\| = 1)$ と t をとり直しておく．

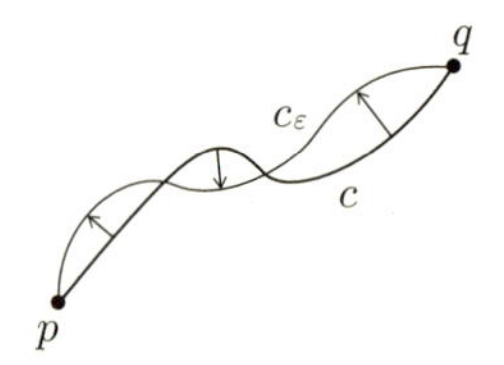

さて，c の長さ $L(c)$ が最小であるならば，微小変動 c_ε に対して，その長さについて $L(c_\varepsilon) \geq L(c)$ でなければいけない．よって，$L(c_\varepsilon)$ は $\varepsilon = 0$ のとき極小値 $L(c)$ を取らねばならない．したがって，$L(c_\varepsilon)$ を ε で微分して $\varepsilon = 0$ とおいた値は任意の f について

$$\frac{d}{d\varepsilon} L(c_\varepsilon)\,|_{\varepsilon=0} = 0$$

をみたす．これを計算してみる．定義によって

$$\begin{aligned} L(c_\varepsilon) &= \int_0^a dt\,(\sum_{i,j} g_{ij}(c_\varepsilon(t))\,\dot{c}_\varepsilon^i\,\dot{c}_\varepsilon^j)^{\frac{1}{2}} \\ &= \int_0^a dt\,(\sum_{i,j} g_{ij}(c_\varepsilon(t))\,(\dot{u}^i + \varepsilon\,\dot{f}^i)\,(\dot{u}^j + \varepsilon\,\dot{f}^j))^{\frac{1}{2}}. \end{aligned}$$

ゆえに，

$$\frac{d}{d\varepsilon} L(c_\varepsilon)\,|_{\varepsilon=0} = \frac{1}{2}\int_0^a dt\,\{\sum_{i,j}(\sum_k g_{ij,k}\,\dot{u}^i\,\dot{u}^j\,f^k + 2\,g_{ij}\,\dot{u}^j\,\dot{f}^i)\}. \qquad (\star)$$

ここで $g_{ij,k} := \frac{\partial}{\partial u^k} g_{ij}$ と記し，規格化 $\|\dot{c}(t)\| = 1$ を用いた．

部分積分を用いて，$(\star)$ の中身の $\dot{f}^i$ を消したいので，次式に注意する．

$$\frac{d}{dt}(\sum_{i,j} g_{ij}\,f^i\,\dot{u}^j) = \sum_{i,j}(\sum_k g_{ij,k}\dot{u}^k\dot{u}^j f^i + g_{ij}\dot{f}^i\dot{u}^j + g_{ij}f^i\ddot{u}^j).$$

$f^i(0) = f^i(a) = 0$ としたから，左辺の $\int_0^a dt = 0$．ゆえに

$$\int dt(\sum_{i,j} g_{ij}\dot{f}^i\dot{u}^j) = -\int_0^a dt\,\{\sum_{i,j}(\sum_k g_{ij,k}\dot{u}^k\dot{u}^j f^i + g_{ij}f^i\ddot{u}^j)\}.$$

これを $(\star)$ の第 2 項に代入すると，$(\star)$ は

$$\begin{aligned}&\frac{1}{2}\int_0^a dt\,\{\sum_{i,j}(\sum_k g_{ij,k}\,\dot{u}^i\,\dot{u}^j\,f^k)\} - \int_0^a dt\,\{\sum_{i,j}(\sum_k g_{ij,k}\dot{u}^k\dot{u}^j f^i + g_{ij}f^i\ddot{u}^j)\}\\ &= \frac{1}{2}\int_0^a dt\,\{\sum_{i,j,k} g_{ij,k}\,\dot{u}^i\,\dot{u}^j\,f^k - 2\sum_{i,j,k} g_{ij,k}\dot{u}^k\dot{u}^j f^i - 2\sum_{i,j} g_{ij}\ddot{u}^j f^i\}\\ &= -\int_0^a dt\,[\sum_k\{\sum_j g_{kj}\ddot{u}^j + \sum_{i,j}(g_{kj,i}\dot{u}^i\dot{u}^j - \frac{1}{2}g_{ij,k}\dot{u}^i\dot{u}^j)\}f^k].\end{aligned}$$

ここで，第 2 式から第 3 式へは，$\frac{1}{2}$ を中に入れて負符号にし，添字を第 2 項で i と k を入換え，第 3 項の i を k とかいて，全体を f^k で括りだした．

目的であった任意の f について $(\star)$ が 0 であるためには，第 3 式の積分の中身の f^k の係数が $k=1,2$ について 0 でなければならない．よって次の t についての連立常微分方程式系を得る．

$$\sum_{1\le j\le 2} g_{kj}\ddot{u}^j + \sum_{1\le i,j\le 2}\left(g_{kj,i} - \frac{1}{2}g_{ij,k}\right)\dot{u}^i\dot{u}^j = 0 \quad (k=1,\,2). \qquad (\diamondsuit)$$

この方程式系 $(\diamondsuit)$ を**測地線の方程式 (系)** といい，その解を**測地線** (geodesic) という．実際，常微分方程式論の一般論から，初期値 $u^i(0)$, $\dot{u}(0)$ を与えれば，少なくとも局所的には ($|t|$ が小さい範囲で) 測地線は唯一つ存在する．

方程式系 $(\diamondsuit)$ は，長さ最小の曲線がみたすべき必要条件であって十分条件とは限らないが，局所的には，2 点をつなぐ最小の長さを与えることが証明されており，実際その範囲で 2 点の距離を与える (このことについてはまた後で述べる)．

しかし，一般の 2 点をつなぐ最小の長さを与える曲線は存在するとは限らず，存在しても測地線とは限らないことに注意しておく (穴がある場合など)．

例 1 (ユークリッド平面)　$\mathbb{R}^2$ においては $g=(du^1)^2+(du^2)^2$ であるから，$g_{11}=g_{22}=1$, $g_{12}=g_{21}=0$. $(\diamondsuit)$ は単に $\ddot{u}^1=\ddot{u}^2=0$ となり，一般解は $c(t)=(\,a_1t+b_1,\,a_2t+b_2\,)$，すなわち $\mathbb{R}^2$ 内の直線で，規格化 $\|\dot{c}(t)\|=1$ は $a_1^2+a_2^2=1$.

例 2 (球面)　径数表示 $(\,\cos\theta,\,\cos\varphi\sin\theta,\,\sin\varphi\sin\theta\,)$ によって，$g=d\theta^2+\sin^2\theta\,d\varphi^2$ であった．$\theta=u^1$, $\varphi=u^2$ として，$g_{11}=1$, $g_{22}=\sin^2\theta$, $g_{12}=g_{21}=0$ ゆえ，$(\diamondsuit)$ は

$$\ddot{\theta}-(\sin\theta\cos\theta)\,\dot{\varphi}^2=0,\ (\sin^2\theta)\,\ddot{\varphi}+2\,(\sin\theta\cos\theta)\,\dot{\theta}\,\dot{\varphi}=0.$$

ここで，特別の場合であるが，φ が定数 α のときは $\dot{\varphi}=0$ でり，$\ddot{\theta}=0$ でなければならない．すると θ は t の 1 次式で $\theta=t+\beta$ である ($\|\dot{c}\|=1$ も考慮)．すなわち，α, β を定数として

$$c(t) = (\cos(t+\beta),\ \cos\alpha\sin(t+\beta),\ \sin\alpha\sin(t+\beta))$$

は測地線である．

これは，一方，球面 $x^2+y^2+z^2=1$ と原点を通る平面 $(\sin\alpha)\,y=(\cos\alpha)\,z$ との交線であり，この場合 x 軸を含む平面との交線であるから，$(1,0,0)$ を北極とする子午線である．

一般の測地線は，この特別の子午線 ($\alpha=\beta=0$ としてよい) を回転群 $SO(3)$ の元で移したもので与えられる (ここで，球面の基本形式が $SO(3)$ で不変であるという "ズル" をした)．

なお，第 1, 2 章で述べた球面距離が内積の逆 cosine で与えられるという式も，測地線の長さが径数 t であることから導かれる．

例 3 (双曲面)　球面の場合と同様に，双曲面 $x^2-y^2-z^2=1$ の極座標表示 $(\cosh t,\ \cos\theta\sinh t,\ \sin\theta\sinh t)$ の元で第 1 基本形式は，前節の例の如く

$$g = dt^2 + \sinh^2 t\, d\theta^2$$

である．$t=u^1, \theta=u^2$ とすると，$g_{11}=1,\ g_{22}=\sinh^2 u^1,\ g_{12}=g_{21}=0$ で，測地線の (連立) 方程式は次のようになる．

$$\begin{cases} \ddot{u}^1 - (\sinh u^1 \cosh u^1)\,(\dot{u}^2)^2 = 0, \\ (\sinh^2 u^1)\,\ddot{u}^2 + 2\,(\sinh u^1\ \cosh u^1)\,\dot{u}^1\dot{u}^2 = 0. \end{cases}$$

ここで通常のように，t を測地線 $c(t)=(u^1(t),\ u^2(t))$ の径数と記したので，最初の極座標表示の径数 t は $u^1(t)$ とみなしていることに注意しておく．ここでも球面の場合と同様に，これら基本概念が Lorentz 群 $SO_0(1,2)$ で不変であることを念頭においてズルをする．

$\dot{u}^2=0$ のとき，すなわち $u^2=\alpha$ (定数) とすると，$\ddot{u}^1=0$，すなわち u^1 は 1 次式 $u^1=t+\beta$ でなければならない．実際，

$$c(t) = (\cosh(t+\beta),\ \cos\alpha\sinh(t+\beta),\ \sin\alpha\sinh(t+\beta))$$

は測地線である．これは，基本の測地線 $c(t)=(\cosh t, \sinh t, 0)$ の径数を $-\beta$ ずらし，x 軸に関して α 回転したものである．

一般の測地線はこれを Lorentz 変換 $g\in SO_0(1,2)$ で移したものである．具体的に径数表示したければ，第 1 章で述べた $SO_0(1,2)$ の元の極 (Cartan) 分解を用いればよい．このように，双曲面の場合も第 1 章で "直線" と定義したものが正に測地線であり，距離を定義する要素になっていることが分かった．

双曲面のモデルについては他にも種々あり，次節で詳述することにする．

測地線の方程式 ($\diamondsuit$) については，形式的に少し変形したものが流布しており，“接続” の考え方の導入にあたって利用されるのでそれについて注意しておこう．

第 1 基本形式の係数 g_{ij} は正値対称行列 (g_{ij}) の成分であり，したがって逆行列 $(g^{kl}) := (g_{ij})^{-1}$ をもつ．逆行列の成分を上付き g^{kl} で表すのはテンソル解析の算法 (上下同添字は和をとる) に合わせるためである．

方程式系 ($\diamondsuit$) は添字 k が亘る範囲だけの連立 (いまのところ次元の 2 個) だから，($\diamondsuit$) に g^{lk} を乗じて k について和をとると，(Einstein 記法を使って)

$$g^{lk}\,g_{kj}\ddot{u}^j + g^{lk}\Big(g_{kj,i} - \frac{1}{2}\,g_{ij,k}\Big)\,\dot{u}^i\,\dot{u}^j = 0$$

(l は固定し，i, j, k について和)．

$g^{lk}g_{kj} = \delta^l_j$ (Kronecker の δ) より，

$$\ddot{u}^l + g^{lk}\Big(g_{kj,i} - \frac{1}{2}\,g_{ij,k}\Big)\,\dot{u}^i\,\dot{u}^j = 0 \quad (l \text{ は固定}).$$

ここで, $\dot{u}^i\,\dot{u}^j = \dot{u}^j\,\dot{u}^i$ の係数の第 1 項は (g^{lk} は略して) $g_{kj,i}\,\dot{u}^i\,\dot{u}^j (= \frac{1}{2}(2\,g_{kj,i})\dot{u}^i\,\dot{u}^j)$ と $g_{ki,j}\,\dot{u}^j\,\dot{u}^i (= \frac{1}{2}(2\,g_{ki,j})\dot{u}^j\,\dot{u}^i)$ がでてくるので，$\dot{u}^i\,\dot{u}^j$ の係数は

$$\frac{1}{2}\,(g_{ki,j} + g_{kj,i} - g_{ij,k})$$

とかける．したがって，

$$\Gamma^l_{ij} := \frac{1}{2}\,g^{lk}\,(g_{ki,j} + g_{kj,i} - g_{ij,k})$$

とおくと，測地線の方程式は

$$\boxed{\ddot{u}^l + \Gamma^l_{ij}\,\dot{u}^i\,\dot{u}^j = 0 \quad (l = 1, 2, \ldots)} \qquad (\diamondsuit\diamondsuit)$$

と書き直せる．ここでもちろん Einstein 規約により，添字 i, j について和をとっている．

定義式より $\Gamma^l_{ij} = \Gamma^l_{ji}$ で，これは記号上は 3 つの添字をもち (1, 2) 型のテンソルみたいに見えるが，“テンソル場” ではない (古典的注意，これらの用語も後述する)．これは**接続係数**とよばれ，昔の文献では $\left\{ {l \atop ij} \right\}$ とも書かれ **Christoffel の記号**とよばれている．

3.4 非ユークリッド平面のモデルいろいろ

Poincaré の円板

いままで非ユークリッド平面のモデルとして 2 葉双曲面の片割れ $H = \{\,(x, y, z) \in \mathbb{R}^3 \mid x^2 - y^2 - z^2 = 1,\ x \geq 1\}$ を扱ってきたが，他の形のモデルも考えてみよう．

まず，双曲面から写しやすいものとして，**Poincaré の円板**をつくる．

いま，y-z 平面に半径 1 の円板 $D := \{\,(y,\ z) \mid y^2 + z^2 < 1\}$ をおいて，双曲面 $H : x^2 - y^2 - z^2 = 1\ (x \geq 1)$ の点 P と x 軸上の点 $Q = (\,-1, 0, 0)$ を結ぶ直線 PQ を引き，y-z 平面との交点を R とすると，R は D の点を定める．

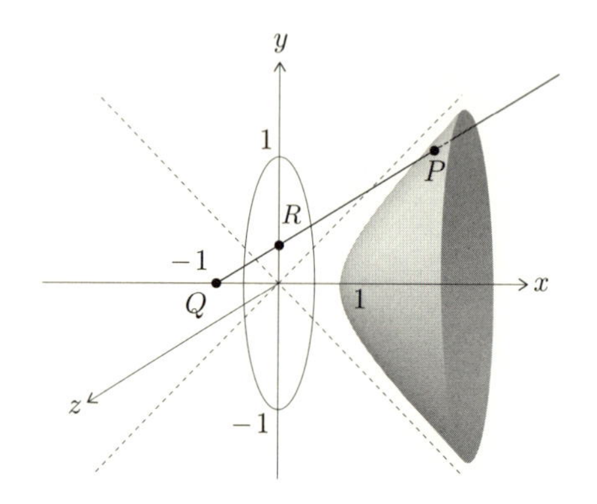

図はとくに P として，双曲線 $x^2 - y^2 = 1$ の点 $(\cosh t,\ \sinh t,\ 0)$ をとった場合で，このときは R は直線 $x = 0$ (y 軸) と QP の交点だから，P の (x, y) 座標を $(\cosh t,\ \sinh t, 0)$ とすると，原点 O との距離は

$$r(t) := \frac{\sinh t}{\cosh t + 1} = \tanh \frac{t}{2}$$

となる．

双曲面 H の一般点は．点 R を x 軸に関して θ 回転した $(\cosh t,\ \cos\theta \sinh t,\ \sin\theta \sinh t)$ とかけるから，円板内の対応する交点は y-z 平面内の円板を原点 O を中心として θ 回転した $(\,r(t) \cos\theta,\ r(t) \sin\theta\,)$ となる．

この対応を写像 $f : H \to D$ と記し，さらに記号の便法で y-z 平面を複素 (Gauss) 平面と考えてその座標を複素数 $w = \eta + i\zeta \in \mathbb{C}$ で表すことにすると，

$$f(\cosh t,\ \cos\theta \sinh t,\ \sin\theta \sinh t\,) = r(t)\, e^{i\theta} = \eta + i\zeta = w.$$

実は，この複素数表示は単なる便法ではなく豊かな稔りをもたらすことになるのだが，その話は追々述べることになる．

写像 f は，$t \geq 0,\ 0 \leq \theta < 2\pi$ の範囲で全単射であることは図から明らかであろうが，具体的な式をかいておく．$(x, y, z) \in H$ に対して

$$\eta = \frac{y}{x+1},\ \zeta = \frac{z}{x+1}$$

より，$y^2 + z^2 = x^2 - 1$ を用いて，$1 - |w|^2 = 1 - (\eta^2 + \zeta^2) = \frac{2}{x+1}$.

したがって，

$$x = \frac{2}{1-|w|^2} - 1 = \frac{1+|w|^2}{1-|w|^2}, \qquad (*)$$

$$y = (x+1)\,\eta = \frac{2\,\Re w}{1-|w|^2},$$

$$z = \frac{2\,\Im w}{1-|w|^2} \quad (\,\Re w := \eta,\ \Im w := \zeta\,).$$

さて，H の第 1 基本形式は，$dt^2 + \sinh^2 t\,d\theta^2$ であったが，これを写像 f で単位円板 D に移してみよう．$w = r\,e^{i\theta}$ より，極座標表示では $dw = e^{i\theta}\,dr + i\,r\,e^{i\theta}\,d\theta = e^{i\theta}(dr + i\,r\,d\theta)$．ところで $r(t) = \sinh t/(\cosh t + 1)$ であったから，$\dot{r} := \frac{dr}{dt} = (\cosh^2 t + \cosh t - \sinh^2 t)/(\cosh t + 1)^2 = (\cosh t + 1)^{-1}$．ゆえに，$dw = e^{i\theta}(\dot{r}\,dt + i\,r\,d\theta) = e^{i\theta}(\cosh t + 1)^{-1}(dt + i\sinh t\,d\theta)$．よって，$|dw|^2 := dw\,d\bar{w} = (\cosh t + 1)^{-2}(\,dt^2 + \sinh^2 t\,d\theta\,)$.

ところが，上の式 $(*)$ より $\cosh t + 1 = 2\,(1 - |w|^2)^{-1}$ であったから，

$$dt^2 + \sinh^2 t\,d\theta^2 = (\cosh t + 1)^2 |dw|^2 = \frac{4\,|dw|^2}{(1-|w|^2)^2} \qquad (\sharp)$$

となる．

これが，複素単位円板 $D : |w| < 1$ を非ユークリッドモデルとみなしたときの第 1 基本形式であり，**Poincaré 計量**ともよばれ，この計量を備えた円板 D を **Poincaré の円板**という．

さて，双曲面の幾何を考える際，我々はその運動群である Lorentz 群 $O(1,2)$，とくにその単位成分 $SO_0(1,2)$ をいろんな局面で活用 (ズル) してきた．

写像 $f : H \to D$ によって，H の運動群は D のそれに移るわけだから，まずそれを確定しよう．

いささか天下り的だが，複素係数の線型群で次のように定義されるものがある．

$$SU(1,1) := \left\{ g \in GL(2, \mathbb{C}) \;\middle|\; g \begin{pmatrix} 1 & 0 \\ 0 & -1 \end{pmatrix} {}^t\bar{g} = \begin{pmatrix} 1 & 0 \\ 0 & -1 \end{pmatrix},\ \det g = 1 \right\}.$$

成分でかくと，

$$SU(1,1) = \left\{ \begin{pmatrix} \alpha & \beta \\ \bar{\beta} & \bar{\alpha} \end{pmatrix} \middle| \ |\alpha|^2 - |\beta|^2 = 1,\ \alpha,\, \beta \in \mathbb{C} \right\}$$

であることが容易に分かる．

一般に，2 次複素行列 $\left(\begin{smallmatrix} \alpha & \beta \\ \gamma & \delta \end{smallmatrix}\right) \in GL(2,\mathbb{C})$ は複素平面に 1 次分数変換

$$\begin{pmatrix} \alpha & \beta \\ \gamma & \delta \end{pmatrix} . w = \frac{\alpha w + \beta}{\gamma w + \delta} \quad (w \in \mathbb{C})$$

によって働くが ($\gamma w + \delta \neq 0$ のとき)，Riemann 球面 (複素射影直線) $\mathbb{P}^1(\mathbb{C}) = \mathbb{C} \cup \{\infty\}$ にまで拡張して考えると，これは $\gamma w + \delta = 0$ のときも込めて $\mathbb{P}^1(\mathbb{C})$ の**代数的**な (代数多様体としての) 同型を与えている．しかも，解析的 (正則 $\Leftarrow$ 代数的) な同型は 1 次分数変換に限ることが関数論で証明されている．1 次分数変換においては，スカラー行列 $c\,1_2$ ($c \in \mathbb{C}^\times$) は自明に働くから，正確には $\mathbb{P}^1(\mathbb{C})$ の解析的同型群は，剰余群 $PGL(2,\mathbb{C}) := GL(2,\mathbb{C})/\mathbb{C}^\times 1_2 \simeq SL(2,\mathbb{C})/\{\pm 1_2\} =: PSL(2,\mathbb{C})$ である．

以下，$g \in GL(2,\mathbb{C})$ の $w \in \mathbb{C}$ への 1 次分数変換を間に “ドット” を打って $g.w$ とかく．簡単な計算によって，$g \in SU(1,1)$, $|w| < 1$ ならば $|g.w| < 1$，すなわち $g.D = D$ が成り立つことが分かり，$SU(1,1)$ の元は 1 次分数変換によって単位円板 D の解析的変換を与えている．実は逆も成り立つことが関数論で証明されており，したがって D の解析的同型群は $SU(1,1)/\{\pm 1_2\}$ であることも分かる．

この $SU(1,1)$ の D への作用を同型な写像 $f : H \xrightarrow{\sim} D$ によって H へ引き戻したものが H 上の連結 Lorentz 群 $SO_0(1,2)$ になっている．しばらく，計算によってそれを確かめよう．このことが出来れば，群の準同型 $SU(1,1) \to SO_0(1,2)$ が明示されるわけであるが，素手で立ち向かうと結構複雑で挫折の恐れがあるので，ここでも随伴表現からのアイデアを借用する．

このような線型群の場合は，随伴表現といっても Lie 環や作用が具体的に次のようにかけるから，未だ一般論はほとんど不要である．$SU(1,1)$ の Lie 環は $\mathfrak{g} = \mathfrak{su}(1,1) = \{\, X \in \mathfrak{gl}(2,\mathbb{C}) \mid X\left(\begin{smallmatrix} 1 & 0 \\ 0 & -1 \end{smallmatrix}\right) + \left(\begin{smallmatrix} 1 & 0 \\ 0 & -1 \end{smallmatrix}\right){}^t\bar{X} = 0,\ \mathrm{Trace}\, X = 0 \}$ であるから，

$$\mathfrak{g} = \left\{ X = \begin{pmatrix} i\,x & \xi \\ \bar{\xi} & -i\,x \end{pmatrix} \middle| \ x \in \mathbb{R},\ \xi \in \mathbb{C} \right\}$$

となり，$g \in SU(1,1)$ の随伴表現は $\mathrm{Ad}\,(g) = g\,X\,g^{-1}$ で与えられる．

$g = \left(\begin{smallmatrix}\alpha & \beta \\ \bar\beta & \bar\alpha\end{smallmatrix}\right)$ の逆元は $g^{-1} = \left(\begin{smallmatrix}\bar\alpha & -\beta \\ -\bar\beta & \alpha\end{smallmatrix}\right)$ ゆえ

$$g\,X\,g^{-1} = \begin{pmatrix} i\,x(g) & \xi(g) \\ \overline{\xi(g)} & -i\,x(g) \end{pmatrix}$$

とおくと，この成分は計算によって

$$\begin{cases} x(g) = (|\alpha|^2 + |\beta|^2)\,x + 2\,\Im\,(\bar\alpha\beta\,\bar\xi) \\ \xi(g) = |\alpha|^2\xi - |\beta|^2\bar\xi - 2\,i\,\alpha\beta\,x \end{cases} \tag{1}$$

を得る．

ところが，行列式をとると $\det X = \det(gXg^{-1})$ ゆえ

$$x^2 - |\xi|^2 = x(g)^2 - |\xi(g)|^2.$$

したがって，$\xi = y + i\,z$ とかくと，X への $\mathrm{Ad}\,(g)$ 作用は 2 次形式 $x^2 - |\xi|^2 = x^2 - y^2 - z^2$ を不変にしており，とくに双曲面 H への $SO_0(1,2)$ と同値な作用を与えている．($SU(1,1)$ は連結ゆえ，H への作用も連結性を保つ．)

さて，写像 $f : H \to D$ は $f(x,y,z) = (y + i\,z)/(x+1)$ で与えられていたから，上の $SU(1,1)$ 作用を f で移すと D へどのように作用するかは計算できる．f で移した作用は，定義に従って (1) より次の表示をもつ．

$$\frac{\xi(g)}{x(g)+1} = \frac{\alpha^2\xi - \beta^2\bar\xi - 2\,i\,\alpha\beta\,x}{(|\alpha|^2 + |\beta|^2)\,x + 2\,\Im\,(\bar\alpha\beta\,\bar\xi) + 1}. \tag{2}$$

これが本質的に $w = \xi/(x+1)$ への 1 次分数変換と一致することを見たいのだが，とりあえず $g = \left(\begin{smallmatrix}\alpha & \beta \\ \bar\beta & \bar\alpha\end{smallmatrix}\right)$ の w への作用をかいてみると，

$$\begin{aligned} \frac{\alpha\,w + \beta}{\bar\beta\,w + \bar\alpha} &= \frac{\alpha\,\xi + \beta(x+1)}{\bar\beta\,\xi + \bar\alpha(x+1)} \\ &= \frac{\alpha^2\xi + \beta^2\bar\xi + 2\,\alpha\beta\,x}{(|\alpha|^2 + |\beta|^2)x + 2\,\Re(\alpha\bar\beta\xi) + 1} \end{aligned} \tag{3}$$

を得る．(分母を有理化し，$|\xi|^2 = x^2 - 1$, $|\alpha|^2 - |\beta|^2 = 1$ などを用いると，$x+1$ が約される．)

(2) と (3) は酷似している．実際，(3) で β を $i\beta$ とおき替えると (2) の式になる．ここで，

$$\begin{pmatrix} \alpha & i\,\beta \\ -i\,\bar\beta & \bar\alpha \end{pmatrix} = \gamma \begin{pmatrix} \alpha & \beta \\ \bar\beta & \bar\alpha \end{pmatrix} \gamma^{-1} \qquad \left(\gamma = \begin{pmatrix} j & 0 \\ 0 & j^{-1} \end{pmatrix},\ j := e^{\frac{\pi}{4}i}\right)$$

に注意すると，$\gamma \in SU(1,1)$ ($\frac{\pi}{4}$ 回転) ゆえ，$i\beta$ におき替えた元も単なる $SU(1,1)$

の内部自己同型にすぎず，これが円板 D での 1 次分数変換に対応している．

これによって，群の準同型 $\pi: SU(1,1) \to SO_0(1,2)$,

$$\pi(g) = \pi \begin{pmatrix} \alpha & \beta \\ \bar{\beta} & \bar{\alpha} \end{pmatrix} = [(x,\, \xi) \mapsto (\, x(g),\, \xi(g)\,)] \in SO_0(1,2)$$

が得られた．右辺は $g = \left(\begin{smallmatrix} \alpha & \beta \\ \bar{\beta} & \bar{\alpha} \end{smallmatrix}\right)$ が随伴作用でひき起こす H への作用である (ここで，内部自己同型は無視したがどちらでもよい)．実際に $x(g), \xi(g)$ を (1) に従ってかき直せば，$SO_0(1,2)$ の元として明示することができる．

注意すべきは，π の核は D への作用でも明らかなように $\{\pm 1_2\}$ となり非自明である．このことを準同型 $\pi: SU(1,1) \to SO_0(1,2)$ は 2 重の被覆であると言う．

次に，Poincaré の円板 D 内の測地線を調べてみよう．D 上の線素 (Poincaré 計量) は (♯) により $ds^2 = 4\,|dw|^2/(1-|w|^2)^2 = 4(du^2+dv^2)/(1-u^2-v^2)^2$ $(w = u + i\,v)$ であったから，測地線の方程式は $E = G = 4/(1-u^2-v^2)^2$, $F = 0$ で，3.3 節 (◇) より，

$$\begin{aligned} E\ddot{u} + \frac{1}{2}E_u(\dot{u}^2 - \dot{v}^2) + E_v\dot{u}\dot{v} = 0 \\ E\ddot{v} + \frac{1}{2}E_v(\dot{v}^2 - \dot{u}^2) + E_u\dot{u}\dot{v} = 0 \end{aligned} \tag{$*$}$$

である．$E_u = 16\,(1-u^2-v^2)^{-3}u = 2\,E^{3/2}u$, $E_v = 2\,E^{3/2}v$ より，$(*)$ は E で割って

$$\begin{aligned} \ddot{u} + E^{1/2}u(\dot{u}^2 - \dot{v}^2) + 2\,E^{1/2}v\dot{u}\dot{v} = 0 \\ \ddot{v} + E^{1/2}v(\dot{v}^2 - \dot{u}^2) + 2\,E^{1/2}u\dot{u}\dot{v} = 0 \end{aligned} \tag{$**$}$$

とかける．

例によって，特殊解 $v = 0$ を考えてみる．このとき方程式は

$$\ddot{u} + 2\,u\,(1-u^2)^{-1}\dot{u}^2 = 0$$

と簡単になり，$u(t) = \tanh t/2$ が 1 つの解になることが計算によって確かめられる．これは正に D の極座標表示に用いた半径部分 $r(t) = \tanh t/2$ である．

このようにして，たまたま 1 本の測地線を得たが，始点と方向を与えれば常微分方程式系の解の一意性により，$r(t)$ は原点 O を始点，u 軸 (実軸) 方向に向かう唯一つの測地線である．

一般の場合は，すでに我々は D の運動群 $SU(1,1)$ を求めているので，この元で変換すればよい．元 $g = \left(\begin{smallmatrix} \alpha & \beta \\ \bar{\beta} & \bar{\alpha} \end{smallmatrix}\right)$ で変換した測地線を

$$c_{\alpha,\beta}(t) := \frac{\alpha\, r(t) + \beta}{\bar{\beta}\, r(t) + \bar{\alpha}} = \frac{\alpha \tanh t/2 + \beta}{\bar{\beta} \tanh t/2 + \bar{\alpha}}$$

とおく $(c_{1,0}(t) = r(t))$.

D の境界 $|w| = 1$ がこの円板の無限遠であるから，$t \to \pm\infty$ の挙動を見てみると $\lim_{t\to\pm\infty} \tanh t/2 = \pm 1$ より

$$\lim_{t\to\pm\infty} c_{\alpha,\beta}(t) = \pm \frac{\alpha \pm \beta}{\overline{\alpha \pm \beta}}$$

である.

ここに D を複素円板と考え，1 次分数変換など複素関数論の世界に入り込んだ魔法が現れる．すなわち，1 次分数変換は複素平面，あるいは拡張した Riemann 球面において，**円は円**に移し，正則関数として**等角写像**である．したがって，基本の測地線 $c_{1,0}(t)$ は $\mathbb{C}$ において直線 (の 1 部) ゆえ，$c_{\alpha,\beta}(t)$ は円 (の 1 部) に移り，さらに $c_{1,0}(t)$ は $t = \pm\infty$ において単位円 $|w| = 1$ と直交するから，$c_{\alpha,\beta}(t)$ も $t = \pm\infty$ において境界 $|w| = 1$ と直交しなければならない．(境界 $|w| = 1$ は $g \in SU(1,1)$ によってそれ自身に移る．)

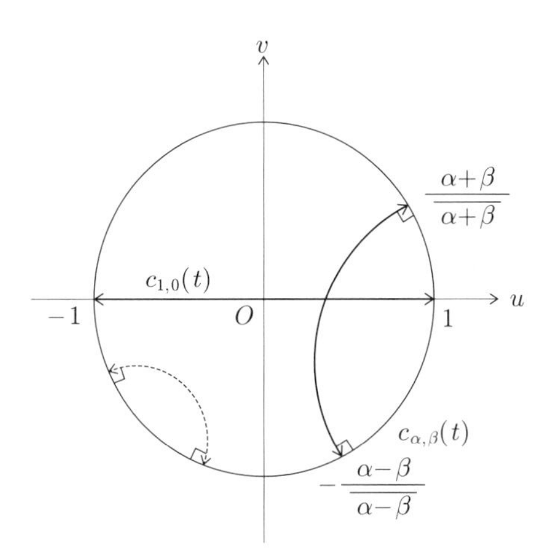

円板上の測地線

このモデルでは，単位円板の内部だけが宇宙であり，円周 $|w| = 1$ は決して届かない無限の彼方にあるから，与えられた測地線に交わらない測地線で，定められた点を通るものは無数にあることが図視できる (上図の破線など).

ポエム：円板は遠くにある別の銀河系のように見える．その世界では “境界” が

あるとして，そこに近づくにつれ長さは縮んでゆく

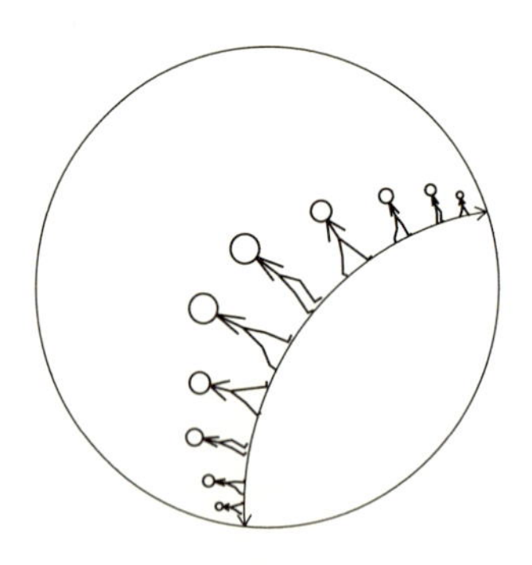

"直線" ＝測地線上を歩く人

上半平面

単位円板を適当な 1 次分数変換で写したモデルに (複素) 上半平面がある．変換

$$z = i\,\frac{1-w}{1+w} \tag{イ}$$

を考えると，

$$2\,\Im z = \frac{1-|w|^2}{|1+w|^2} \tag{ロ}$$

であるから，$|w| < 1 \Longleftrightarrow \Im z > 0$．逆変換は

$$w = \frac{i-z}{i+z} \tag{ハ}$$

で与えられるから，これによって正則な同型

$$D \xrightarrow{\sim} \mathfrak{H} := \{\, z \in \mathbb{C} \mid \Im z > 0 \,\} \quad (w \mapsto z)$$

が得られる．

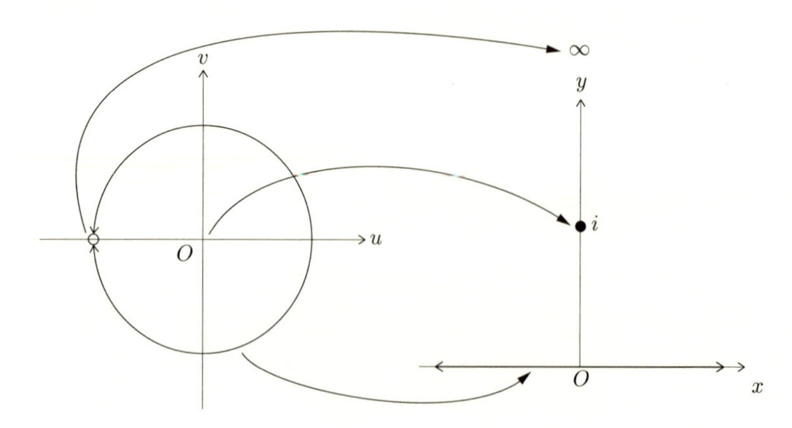

上半平面 $\mathfrak{H}$ はいまはラテン文字 H で表すことが多いが，この文脈では双曲面に H を使ってしまったので，それを引きずってドイツ文字で記した．古い文献ではこの文字も使用されているだろう．

当然，円板上のいろんなデータは $\mathfrak{H}$ に移されるからそれを実行しておこう．

まず Poincaré 計量であるが，(ハ) を微分して $dw = -2\,i\,(z+i)^{-2}dz$ より，

$$|dw|^2 = 4\,|z+i|^{-4}\,|dz|^2. \tag{ニ}$$

したがって D 上の計量に関して (ロ)，(ニ) より

$$\begin{aligned} ds^2 &= \frac{4\,|dw|^2}{(1-|w|^2)^2} = \frac{4\,|dw|^2}{(\Im z)^2\,|1+w|^4} \\ &= \frac{16\,|dz|^2}{(\Im z)^2\,|1+w|^4|z+i|^4}. \end{aligned}$$

(ハ) より分母の因子について $|1+w|^4|z+i|^4 = |z+i+i-z| = |2\,i|^4 = 16$．すなわち，上半平面 $\mathfrak{H}$ 上の計量は

$$ds^2 = \frac{|dz|^2}{(\Im z)^2} = \frac{dx^2+dy^2}{y^2} \quad (\,z = x+i\,y\,)$$

で与えられる (これも Poincaré 計量とよばれる)．

次に，$\mathfrak{H}$ の運動群を決めよう．まず，(イ) より D を $\mathfrak{H}$ に写す 1 次分数変換の行列は

$$\gamma = \begin{pmatrix} -i & i \\ 1 & 1 \end{pmatrix}$$

で与えられ，その逆行列は

$$\gamma^{-1} = \frac{1}{2}\begin{pmatrix} i & 1 \\ -i & 1 \end{pmatrix}$$

である．g を $\mathfrak{H}$ を保つ 1 次分数変換とすると，ある g の変換 $h \in SU(1,1)$ があって，$g = \gamma\,h\,\gamma^{-1}$ と合成されている筈だから，$\gamma^{-1}\,g\,\gamma = h \in SU(1,1)$ でなければいけない．

そこで，$\left(\begin{smallmatrix} a & b \\ c & d \end{smallmatrix}\right)$ と成分表示して条件 $\gamma^{-1}\,g\,\gamma = \left(\begin{smallmatrix} \alpha & \beta \\ \bar\beta & \bar\alpha \end{smallmatrix}\right) \in SU(1,1)$ を書き下すと，

$$\begin{cases} 2\,\alpha = (a+d)+(b-c)\,i, \quad 2\,\beta = (d-a)+(b+c)\,i \\ 2\,\bar\alpha = (a+d)-(b-c)\,i, \quad 2\,\bar\beta = (d-a)-(b+c)\,i \end{cases}$$

となる．ここで，a, b, c, d は複素数と仮定しているが，上式の 1 行目の複素共役

は 2 行目に等しくなければいけないから，

$$\begin{cases} (a+d)+(b-c)\,i = \overline{(a+d)} + \overline{(b-c)}\,i, \\ (d-a)+(b+c)\,i = \overline{(d-a)} + \overline{(b+c)}\,i \end{cases}$$

が成り立つ．ゆえに，1 番目の式から，

$$(a+d) - \overline{(a+d)} = \{\overline{(b-c)} - (b-c)\}\,i$$

より，左辺は純虚数，右辺は実数でなければならず，$a+d$, $b-c$ ともに実数であることが導かれる．同様に 2 番目の式から，$d-a$, $b+c$ も実数でなければならず，したがって，成分 a, b, c, d はすべて実数となる．

よって，g は実行列で，かつ $\det g = 1$ も $\gamma^{-1}\,g\,\gamma \in SU(1,1)$ より明らかなので，

$$g \in SL(2,\mathbb{R}) := \{\, g \in GL(2,\mathbb{R}) \mid \det g = 1 \,\}$$

が得られた．このとき，$\gamma^{-1}\,g\,\gamma \in SU(1,1)$ も定義から簡単に示されるので．結局 $GL(2,\mathbb{C})$ の部分群として

$$SL(2,\mathbb{R}) = \gamma\, SU(1,1)\, \gamma^{-1}$$

が分かった．

我々は話の発端を双曲面から始めたので，変換群としては Lorentz 群 $SO(1,2)$，円板の運動群としては $SU(1,1)$ という初学者にとってはいささか馴染みがたい群が顔を出してきたのだが，上半平面に至って極めて親しみ深い実特殊線型群 $SL(2,\mathbb{R})$ が登場した．

念のため，いままでに分かったデータを書き出しておく．上半平面 $\mathfrak{H} = \{\, z = x + i\,y \in \mathbb{C} \mid y > 0 \,\}$ には $SL(2,\mathbb{R})$ が 1 次分数変換

$$g.\,z = \frac{a\,z+b}{c\,z+d} \qquad \left(g = \begin{pmatrix} a & b \\ c & d \end{pmatrix},\ a,b,c,d \in \mathbb{R},\ a\,d - b\,c = 1 \right)$$

として働き，$\mathfrak{H}$ 上の Poincaré 計量

$$ds^2 = \frac{1}{y^2}\,(dx^2 + dy^2)$$

を不変にする．円板のときと同様に，中心の元 -1_2 は自明に働くから，$\mathfrak{H}$ の正則等長変換群は $PSL(2,\mathbb{R}) := SL(2,\mathbb{R})/\{\pm 1_2\}$ である．

測地線についても，円板の測地線 $c_{1,0}(t) = \tanh t/2$ を同型 (イ) で移すと

$$i\,\frac{1 - \tanh t/2}{1 + \tanh t/2} = e^{-t}\,i \quad (\,t \in \mathbb{R}\,)$$

となりその軌道は虚軸 $y\,i\ (y.0)$ と一致する．一般の測地線はこれを $g \in SL(2,\mathbb{R})$ で移した $g.(e^{-t}\,i)$ であるが，この中にはもちろん径数をとり直した $e^{t}\,i$ も含まれる ($z \mapsto -z^{-1}$ による)．これは円円対応で等角だから，一般の測地線を図示すると次のようになる．

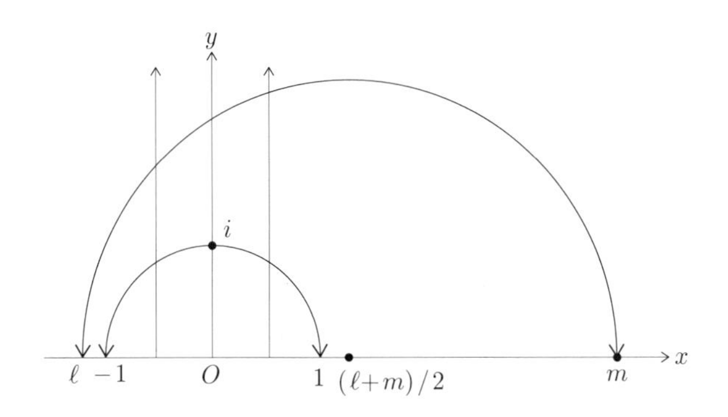

すなわち，測地線は実軸と直交する半円か，または y 軸に平行な半直線である．これは，実軸に ∞ を付け加えて $\mathbb{R}\cup\{\infty\}$ を $\mathfrak{H}$ の境界がなす円周と思えばよい．(なお，測地線の径数 t は長さとしてあるから，例えば線分 $[i,\, e^{t}\,i]$ の長さが $t = \log e^{t}$ である．)

また，上図のような半円は，実軸と交わる点の x 座標を ℓ, m とすると，$(\ell + m)/2$ を中心とする円を描けばよいので円板モデルと比べても作図が簡単である．以下とくに必要としないが，測地線の方程式もかいておく．x, y 座標を用いて，$E = G = y^{-2}$, $F = 0$ ゆえ

$$\begin{cases} \ddot{x} - 2\,y^{-1}\dot{x}\,\dot{y} = 0 \\ \ddot{y} - 2\,y^{-1}(\,\dot{y}^{2} - \dot{x}^{2}\,) = 0 \end{cases}$$

(直接解法は [小 1; p. 110])

最後に，上半平面と $SL(2,\mathbb{R})$ で定式化した場合，見通しのよい群の分解式を与えておこう．$G = SL(2,\mathbb{R})$ を 1 次分数変換によって $\mathfrak{H}$ に働かせたとき，虚数単位 $i \in \mathfrak{H}$ の固定化部分群 K は平面の回転群

$$K = \left\{ k(\theta) := \begin{pmatrix} \cos\theta & -\sin\theta \\ \sin\theta & \cos\theta \end{pmatrix} \,\middle|\, \theta \in \mathbb{R} \right\}$$

である (容易)．したがって，等質空間の同型

$$G/K \xrightarrow{\sim} \mathfrak{H} \quad (gK \mapsto g.i)$$

がひき起こされる．次に，

$$a(y) := \begin{pmatrix} y^{1/2} & 0 \\ 0 & y^{-1/2} \end{pmatrix} \ (y > 0), \quad n(x) := \begin{pmatrix} 1 & x \\ 0 & 1 \end{pmatrix} \ (x \in \mathbb{R})$$

とおくと，$a(y).i = y\,i$ で，$n(x).(y\,i) = x + y\,i \in \mathfrak{H}$ となる．ゆえに，$g \in G$ に対して，$g.i = x + y\,i$ とすると，$(a(y)^{-1}n(x)^{-1}g).i = i$ となり，$a(y)^{-1}n(x)^{-1}g = k(\theta)$ となる θ が定まる．すなわち，これは

$$g = n(x)\,a(y)\,k(\theta) \quad (x, \theta \in \mathbb{R},\ y.0)$$

という群 G の元の分解を与えている．ここで x, y, $k(\theta)$ は一意的に定まる．この分解は一般の非コンパクト実半単純 Lie 群に拡張され，**岩澤分解**とよばれている．

ちなみに，$\mathfrak{H}$ における変換 $z \mapsto -\bar{z}$ は y 軸に関する鏡映で，等長変換であるが正則ではない．H の等長変換で，単位成分 $SO_0(1,2)$ に属さないものに対応しており，$O^+(1,2)$ を生成することにも注意しておこう．

コメント　以上，双曲面，円板，上半平面という順に非ユークリッド平面のモデルを見てきたが，歴史的順序に拘らなければ，最後の上半平面がもっとも素直で取り扱いやすいと感じられるかもしれない．実際，関数論や，とくに保型関数など運動群の部分群について様々な詳細を研究する際，まずは特殊線型群 $SL(2,\mathbb{R})$ が技術的にも簡明で，見やすいからでもあろう．数論研究で大切なモジュラー形式の入門書などでは大半この道を選んでいる．それはまた，非ユークリッド幾何との関連を強くは意識しないでもたらされた Euler を始めとする 18 世紀からの関数の膨大な集積とも自然に繋がってもいる．

しかし，数学的には円板も上半平面も同値な存在であって，例えば種々の解析的議論，とくに調和解析やユニタリ表現論などでは，問題によっては円板やその境界である円周が直感的に認識されるからか円板上でことを行うこともしばしばある (とくに，岡本 [岡] など表現論系)．

円板をモデルにするもので，Poincaré 以外に第 2 章で少し触れた Klein の射影モデルというものもあって，これは測地線がユークリッド平面の直線で表されるという利点はあるものの (したがって，平行線が無数にあることは直感的に分かった) 角を保存せず，複素関数論の舞台になり得ないので省略した．もちろん Riemann 計量は計算できるので興味ある方は [小 2], [深] などを参照されたい．

擬球

さてここで，時代的な順序は逆になるが，Poincaré モデルより前に発見された Beltrami の**擬球** (pseudo-sphere) というものを紹介しておこう (名付け親は Liouville という [Co]).

双曲面モデルにおいては，その計量 (第 1 基本形式) は 3 次元ユークリッド空間のそれ $dx^2+dy^2+dz^2$ ではなく，Minkowsky 計量 $-dx^2+dy^2+dz^2$ の制限から得られ，それが Gauss 曲率を -1 (負定曲率) にすることを見た．当然，Riemann が提唱した多様体を埋め込みから解放するという思想が生まれる前の 19 世紀前半の空気の中では，ユークリッド空間の中の曲面としてモデルが実現できないかという要求があった筈である．実際，**全** (完備単連結) 非ユークリッド平面を 3 次元のユークリッド空間には実現できないことが後に分かったのだが，その前にその**部分**を実現した例が擬球である．

いまとなっては，単なる歴史的興味しかもたれない演習問題で，非ユークリッド幾何の研究には本質的には役に立たないかもしれないが (と Coxeter [Co] は言っている)，面白くなくもないので，この章の最後の話題にしよう．

$$h(y) := \int_1^y \frac{\sqrt{y^2-1}}{y^2}\,dy \quad (y \geq 1)$$

とおいて，上半平面のさらに上半分 $\mathfrak{H}_1 := \{\, z = x + y\,i \mid y \geq 1 \,\}$ から $\mathbb{R}^3$ への写像 $f : \mathfrak{H}_1 \to \mathbb{R}^3$ を

$$f(z) := (\, y^{-1}\cos x,\, y^{-1}\sin x,\, h(y)\,) \tag{い}$$

で定義する．

$\mathbb{R}^3$ のユークリッド計量をこの f で $\mathfrak{H}_1$ に引き戻したものを求めてみよう．

$$\begin{cases} f_x = \dfrac{\partial f}{\partial x} = (\, -y^{-1}\sin x,\, y^{-1}\cos x, 0\,) \\ f_y = \dfrac{\partial f}{\partial y} = (\, -y^{-2}\cos x,\, -y^{-2}\sin x,\, \dfrac{\sqrt{y^2-1}}{y^2}\,) \end{cases}$$

より，$E = \|f_x\|^2 = y^{-2}$, $F = (\, f_x \mid f_y\,) = 0$, $G = \|f_y\|^2 = y^{-2}$ だから，$\mathfrak{H}_1$ 上の計量は

$$ds^2 = E\,dx^2 + 2\,F\,dx\,dy + G\,dy^2 = y^{-2}(\, dx^2 + dy^2\,) \tag{ろ}$$

となり，これは $\mathfrak{H}$ 上の Poincaré 計量と一致する．

別の見方をすれば，$\mathbb{R}^3$ の中の曲面 $f(\mathfrak{H}_1)$ の第 1 基本形式が (ろ) で与えられていることになり，これは負の定曲率 -1 の曲面であることを示している．すなわち，$y \geq 1$ の範囲に限り，(い) で径数表示される 3 次元ユークリッド空間の中の

曲面は -1 の定曲率をもつことをいっている.

ちなみに, 曲面 $f(\mathfrak{H}_1)$ の第 2 基本形式を計算してみると, 法線ベクトルが

$$\boldsymbol{n} = \frac{f_x \times f_y}{\|f_x \times f_y\|} = (\cos x\sqrt{1-y^{-2}},\ \sin x\sqrt{1-y^{-2}},\ y^{-1})$$

だから

$$L = (\boldsymbol{n} \mid f_{xx}) = -y^{-1}\sqrt{1-y^{-2}}, \quad M = (\boldsymbol{n} \mid f_{xy}) = 0,$$
$$N = (\boldsymbol{n} \mid f_{yy}) = (y^3\sqrt{1-y^{-2}})^{-1}$$

を得る. これからも Gauss 曲率が $K = (LN - M^2)/(EG - F^2) = LN(EG)^{-1} = -y^{-4}/y^{-4} = -1$ となることが分かる. なお平均曲率は $H = (EN + GL - 2FM)/2(EG - F^2) = -\frac{1}{2}\sqrt{y^2-1}$ である.

曲面 $f(\mathfrak{H}_1)$ を擬球とよぶのであるが, その概型を図示してみよう. これは, $y \geq 1$ で定義された曲線 $y^{-1}, h(y)$ を第 2 座標軸 (y 軸とかきたいところだが, パラメーター y と混同しないよう) の回りに回転した曲面である.

見やすいように, $t = y^{-1}$ $(0 < t \leq 1)$ と変換して $(t, h(t^{-1}))$ を考えよう. 置換積分によって

$$h(t^{-1}) = \int_1^y \frac{\sqrt{1-y^{-2}}}{y}\,dy = \int_t^1 \frac{\sqrt{1-t^2}}{t}\,dt \quad (0 < t \leq 1)$$

で右辺の積分は次で与えられる ([公; I, p.116]).

$$h(t^{-1}) = \log|t^{-1}(1+\sqrt{1-t^2})| - \sqrt{1-t^2} \quad (0 < t \leq 1).$$

曲線 $(t, h(t^{-1}))$ と擬球である回転面 $(t\cos\theta, t\sin\theta, h(t^{-1}))$ の概型は以下の図のようになる. ちなみにこの曲線は tractrix (いやがる犬を引きずる軌跡) とよばれる.

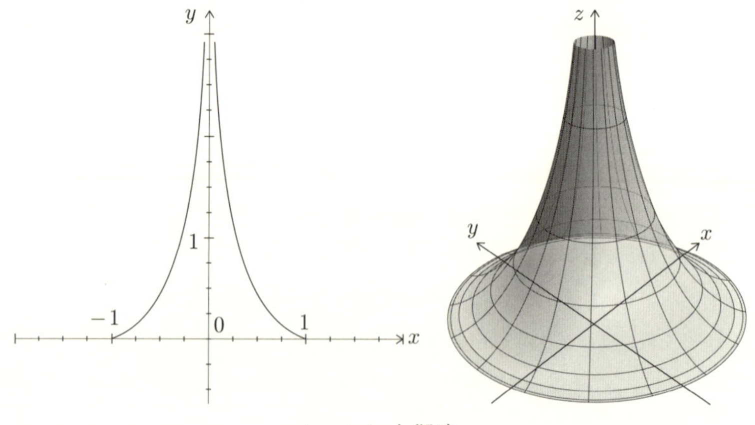

tractrix と擬球

注意 径数取りを $t = \operatorname{sech} u$ とおき換えると，$e^u = (1+\sqrt{1-t^2})/t$ より，$h(t^{-1}) = \log|(1+\sqrt{1-t^2})/t| - \sqrt{1-t^2} = u - \tanh u$ となり，擬球は曲線 $(\operatorname{sech} u,\, u - \tanh u)$ の回転面になる．この表示式も通常よく現れるようである ([Co; p.182] など).

コメント すでに Gauss は私的ノートに擬球の式を書き付けており，負の定曲率をもつことが分かっていたが，あえて非ユークリッド幾何との関連を示唆する記述は見つからないという ([寺; p. 104]).

我々が導入したように，写像 $f : \mathfrak{H}_1 \to f(\mathfrak{H}_1) \subset \mathbb{R}^3$ は同型ではなく，$z = x + y\,i \in \mathfrak{H}_1$ の変数 x に関して 2π の周期で重なっている．したがってこの写像は次のように分解される．

$$\mathfrak{H}_1 \longrightarrow \mathfrak{H}_1/2\pi\mathbb{Z} \xrightarrow{\sim} f(\mathfrak{H}_1) \subset \mathbb{R}^3.$$

ここで，$\mathfrak{H}_1/2\pi\mathbb{Z}$ は $\mathfrak{H}_1$ を同値関係 $x + y\,i \sim (x + 2\pi n) + y\,i\ (n \in \mathbb{Z})$ で剰余した商空間で，円筒形をしている．この円筒をさらに上部をすぼめながら $\mathbb{R}^3$ に埋め込んだのが f である．

このことを擬球 $f(\mathfrak{H}_1)$ の普遍被覆面が $\mathfrak{H}_1$ であるという．

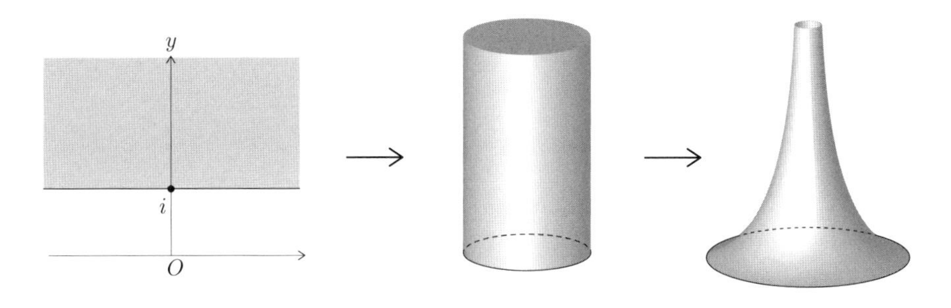

第 4 章
微分可能多様体と付随する概念

いままで Gauss の曲面論を手本として 3 次元ユークリッド空間内の曲面を考えてきた．しかしすでに折々触れてきたように，埋め込まれた曲面ではなく独立してそれ自身 2 次元の計量をもった面として取り出され，さらにそのようなものは一般次元の空間 (= 多様体) として考察しうることが Riemann [R] によって提唱された．もちろんこのきっかけは，曲率が第 1 基本形式にしかよらないという Gauss の大定理 (Theorema egregium) にあったのである．

Riemann は，いわゆる Riemann 空間を考えたのであるが，その基礎となる多様体の初歩について復習を兼ねて整理しておこう．したがって，これまでの "ベクトル解析的" な言語がやや現代化されて再導入されることになる．

この章は読者の便宜のため基本事項の要約の意図で書かれている．詳しい議論は，適当な多様体および微分幾何などの基礎的な教科書を参考にされたい ([松島 2], [村 2,3], [岩], 小林・野水 [KN], [今] 等々)．

4.1　多様体

Hausdorff 位相空間が局所的にユークリッド空間に同相なとき**位相多様体** (topological manifold) という．すなわち，Hausdorff 空間 M の各点が，ユークリッド空間 $\mathbb{R}^m$ の開集合に同相な開近傍をもつときである．(固定された) ユークリッド空間 $\mathbb{R}^m$ の次元 m を M の次元という．位相空間では，その開集合 U 上の実数値連続関数の環 $C^0(U)$ が定義されている．(この本の範囲ではとくに必要になるわけではないが，$U \mapsto C^0(U)$ という対応 (関手) は**層** (sheaf) になるということは知っていると得になることもある，代数多様体の導入などのときに．)

ユークリッド空間は単に位相空間であるのみならず微積分を始めとして古来解析の舞台であった．そこで，その豊富な成果を取り込むために，単に位相構造だけでなく，"微分可能" 構造を考えたい．そのためには，連続関数をさらに強めた微分可能関数がまず定義されなければなるまい．

位相多様体 M の開集合 U は，また同じ次元の位相多様体であり，U を十分小さくとればユークリッド空間 $\mathbb{R}^m$ の開集合 V と同相である．V $(\subset \mathbb{R}^m)$ 上には，r 階連続微分可能な実数値関数の環 $C^r(V)$ が定義されているから，これを U に引き戻して部分関数環 $C^r(U) \subset C^0(U)$ が定められるだろう．

しかし，ここで注意しなければいけない．U と同相な V とは別の $V' \subset \mathbb{R}^m$ をとったとき，それを引き戻した $C^0(U)$ の部分環が V による $C^r(U) \subset C^0(U)$ と異なるようでは困る．つまり，well-defined にならなければいけない．これらのことにかんがみて，微分可能多様体の定義は次のようになる．

位相多様体 M が $\boldsymbol{C^r}$ **級 (微分可能) 多様体** (differentiable manifold) であるとは，M の開被覆 $\{U_\alpha\}_{\alpha\in A}$ と，同相写像 $\varphi_\alpha : U_\alpha \xrightarrow{\sim} V_\alpha \subset \mathbb{R}^m$ で次の性質をみたすものが存在するときをいう：$U_\alpha \cap U_\beta \neq \emptyset$ のとき，

$$\varphi_{\alpha\beta} := \varphi_\alpha \circ \varphi_\beta^{-1}|\varphi_\beta(U_\beta \cap U_\alpha) : \varphi_\beta(U_\beta \cap U_\alpha) \longrightarrow \varphi_\alpha(U_\alpha \cap U_\beta)$$

が C^r 級である．

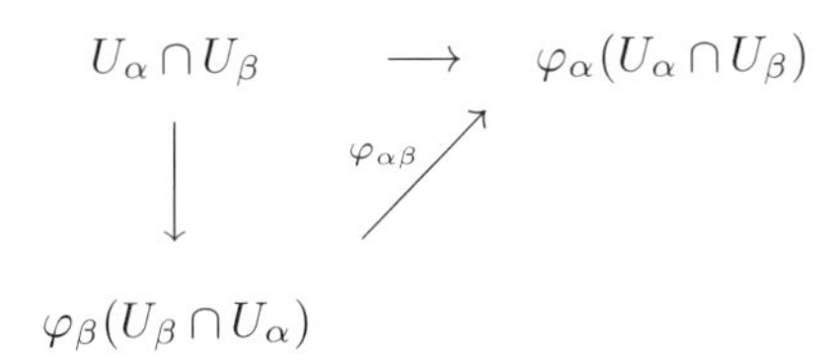

なお，$\mathbb{R}^m$ の開集合 V, V' について，写像 $\phi : V \to V'$ が C^r 級であるというのは，ϕ を m 個の成分で表したときの V 上の関数が r 階連続微分可能，すなわち，引き戻し ϕ^* で $\phi^*(C^r(V')) \subset C^r(V)$ となることである．

以上の定義をみたすとき，M の任意の開集合 U 上の関数 f について C^r 級であるとは，$f\,|\,U \cap U_\alpha$ が任意の U_α に対して C^r 級であるときと定義すればよい．これで，部分環 $C^r(U) \subset C^0(U)$ が任意の開集合 U に対して矛盾なく定義される．

通常，微分幾何的な考察では，C^∞ 級多様体をを単に微分可能多様体，または**滑らかな** (smooth) 多様体とよんでその範囲で議論を行うが，もちろん問題によっては C^1 級などの場合微妙な話をするときもある．本書では通常に従う，すなわち，C^∞ 級微分可能多様体を単に多様体という．

さらに強く，$\mathbb{R}^m$ 上では実解析的関数が定義されるので，上記の C^r をすべて実解析的カテゴリー (C^ω) におき替えて，**実解析的** (real analytic) 多様体を考えることもできる．とくに，本書の主題である Lie 群，対称空間は実は実解析的に

なることが証明されている．

さらに先走ると，実数空間 $\mathbb{R}^m$ の替わりに複素数空間 $\mathbb{C}^m$ を考え，関数のカテゴリーをすべて複素解析的 (正則) 関数におき替えると**複素** (complex) 多様体が定義される．(代数多様体の場合は，上述のような貼り合わせ定義では十分ではないことに注意しておく．)

さて，$\mathbb{R}^m$ の開集合 V_α 上には，$\mathbb{R}^m$ が定める座標系 $(x^i)_{1\leq i\leq m}$ が定義されているので，同型 φ_α^* によって U_α 上の C^r 級関数 $\varphi_\alpha^* x^i := x^i \circ \varphi_\alpha$ が定義されている．したがって，多様体 M の任意の点は，十分小さい開近傍 U をとれば座標関数 x^i が定義される ($U \subset U_\alpha$ となる U_α をえらび，$\varphi_\alpha^* x^i$ を x^i と略記した)．このような組 $(U, (x^i))$ を**(局所) 座標系** ((local) coordinate system) とよび，その上では $\mathbb{R}^m$ の開集合上と同様な解析が実行できるわけである．

コメント　ここで定義された多様体は，いわゆる特異点も境界ももたない多様体である．問題によっては，これらをもつものも考えなければいけないこともある．例えば，前章で扱った円板に円周 (境界) まで込めたものや，擬球に縁の円周まで込めたものである．また，2 曲面が交わったものや，1 次元の場合でも特異点が考えられることはままある (本書では扱わない筈であるが)．

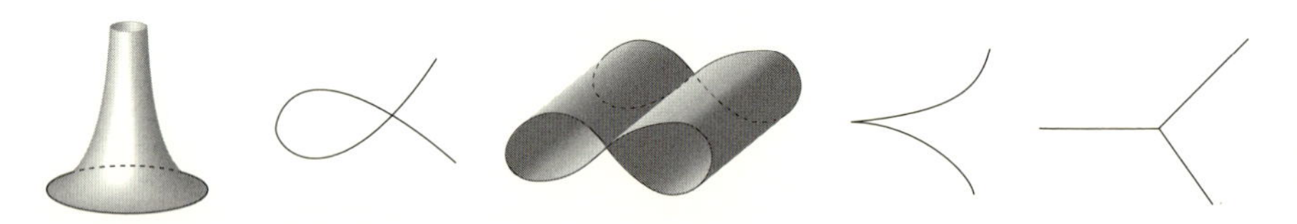

境界あり
(フチ込み)　　特異点あり

2 つの多様体の間の写像 $f : N \to M$ が C^∞ 級であるとき，すなわち，任意の点 $p \in N$ に対し，$f(p) \in U \subset M$ と $p \in U' \subset f^{-1}(U) \subset N$ なる N の局所座標系 U' がとれて，$f|U' : U' \to U$ が C^∞ 級になるとき，f を多様体の**射**であるともいう．とくに，f が全単射で逆写像 f^{-1} もまた C^∞ ならば，f は**同型**，または**微分同相射** (diffeomorphism) といい，N と M は**同型**，または**微分同相** (diffeomorphic) であるという．

また，M の部分集合 N について，任意の点 $p \in N$ に対して，$p \in U \overset{\sim}{\to} V \subset \mathbb{R}^m$ となる M の座標系 $(V, (x^i))$ で，$N \cap U = \varphi^{-1}(\{ (x^i)_{1\leq i\leq m} \in V \mid x^j = 0\,(j > n)\})$ となるものがとれるとき，N を**(正規) 部分多様体** ((regular) submanifold)

という．ここで，$\varphi : U \xrightarrow{\sim} V$ の下で，$\varphi|N\cap U : N\cap U \xrightarrow{\sim} \{\,(x^i)_{1\leq i\leq m} \in V \mid x^j = 0\,(j > n)\} \subset \mathbb{R}^n \subset \mathbb{R}^m$ が N の局所座標系になる．なお，部分多様体の定義にはもっと緩い条件のものがあり，それと区別するときは “正規” と形容する．(単射 $f : N \to M$ の微分 df が単射．この場合，N の位相は M の部分位相とは限らない．Lie 部分群の定義はこれに従う．)

以降，あまりに巨大な位相空間は排除して，多様体は σ コンパクト (コンパクト部分集合の可算和になるもの，パラコンパクトとも同値) な位相空間であるものを考える．

4.2　ベクトル場

M を m 次元多様体，$C^\infty(M)$ を M 上の C^∞ 級実関数のなす環とする．$\mathbb{R}$ 線型写像 $X : C^\infty(M) \to C^\infty(M)$ が次をみたすとき，X を M 上の**ベクトル場** (vector field) という．

$$X(fg) = f\,X(g) + g\,X(f) \quad (\,f, g \in C^\infty(M)\,) \tag{1}$$

$X(1) = X(1^2) = 2\,X(1)$ ゆえ，$X(1) = 0$，したがって，定数 $c \in \mathbb{R}$ に対して $X(c) = c\,X(1) = 0$ である．

ベクトル場 X は**局所的**な作用素，すなわち，任意の開集合 $U \subset M$ に関して，$f|U = g|U$ ならば $X(f)|U = X(g)|U$ $(\,f, g \in C^\infty\,)$ であることに注意しよう．これには $f|U = 0$ ならば $X(f)|U = 0$ を示せばよい．U が十分小さいときに示せばよいので，必要ならば任意の点 p に対して $p \in V \subset \bar{V} \subsetneq U$ なる開近傍をとって，$\varphi|V = 0$, $\varphi|U^c = 1$ となる $\varphi \in C^\infty(M)$ をえらべば $f = \varphi f$ だから，$X(f)|V = X(\varphi\,f)|V = (\,\varphi\,X(f) + f\,X(\varphi)\,)|V = 0$ となり，U を V と思えば成り立つ．上で，$\bar{V}$ は V の閉包，U^c は U の補集合である．(一般の開集合についても，各点の小さい近傍で成り立つから正しい．)

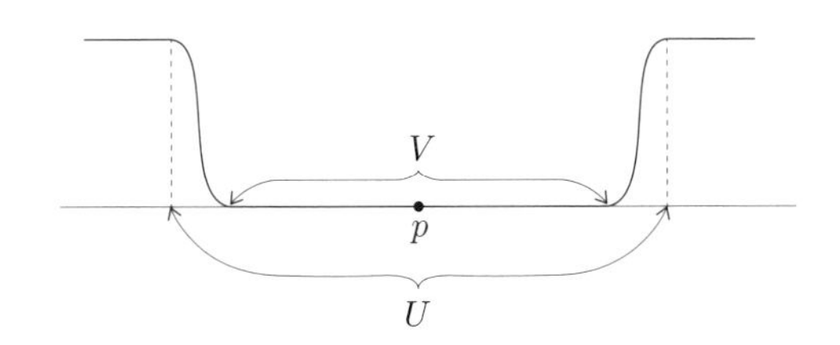

したがって，M の任意の開集合 U に関してベクトル場 X の制限 $X_U : C^\infty(U) \to$

$C^\infty(U)$ が得られる．$f_U \in C^\infty(U)$ に対して延長 $\tilde{f} \in C^\infty(M)$ を $\tilde{f}|U = f_U$ とえらべば，$X_U(f_U) := X(\tilde{f}|U)$ が $\tilde{f}$ の取り方によらないからである．

次に，局所座標系 $(U, (x^i)_{1\le i\le m})$ をえらんで U 上での表示を求めると，ベクトル場の局所性から貼り合わせて全体像が得られる．

いま，各座標関数 $x^i \in C^\infty(U)$ について，$X(x^i) = a^i \in C^\infty(U)$ とおくと，U 上では，

$$X_U = \sum_{i=1}^m a^i \partial_i \quad \left(\partial_i := \frac{\partial}{\partial x^i} \right) \tag{2}$$

となることが容易に分かる (U の点での 2 次の項までの Taylor–Maclaurin 展開を用いよ)．このように，ベクトル場は 1 階の微分作用素であるが，局所表示したときに (関数を乗ずる) 定数項をもたないことに注意しておこう．

表示 (2) で関数 a^i の点 $p \in U$ における値 $a^i(p)$ を代入すると，点 p における**接ベクトル** (tangent vector)

$$X_p = \sum_{i=1}^m a^i(p)\, \partial_i$$

が定まる．座標系によらない定義では (1) と同様に，接ベクトルは $X_p : C^\infty(M) \to \mathbb{R}$ なる $\mathbb{R}$ 線型写像で，

$$X_p(f\,g) = f(p)\,X_p(g) + g(p)\,X_p(f) \quad (\,f,\, g \in C^\infty(M)\,)$$

をみたすものである．p における接ベクトル全体は m 次元実ベクトル空間をなし，$T_p(M)$ と記す (文脈から明らかなときは M を略すこともある)．局所表示 (2) を用いると，その 1 つの基底は $(\,\partial_i\,)$ で与えられる．接ベクトルはその点における導関数を与えるもので，ベクトル場は各点に接ベクトル (C^∞ 級，$a^i \in C^\infty(U)$) を与える場である．

M 上のベクトル場全体を $\mathfrak{X}(M)$ と記すと，これは環 $C^\infty(M)$ 上の左加群になっており，各点 p に関して，接ベクトルを与える写像 $\mathfrak{X}(M) \to T_p(M)$ ($X \mapsto X_p$) が定義されている．

2 つのベクトル場 $X, Y \in \mathfrak{X}(M)$ に対して結合 $X\,Y$ は (2 階の微分作用素で) もはやベクトル場にはならないが，**交換子積** (Lie bracket ともいう) $[X, Y] := X\,Y - Y\,X$ は再びベクトル場である ($[X,Y](fg)$ を計算せよ)．このことを $\mathfrak{X}(M)$ は (体 $\mathbb{R}$ 上の) **Lie 環** (Lie algebra) をなすという．

接束

多様体 M がユークリッド空間 $\mathbb{R}^3$ 内の曲面などの場合は，接空間 T_p は $\mathbb{R}^3$ 内の p における接平面を考えたのであるが，M を独立した空間と思うときは，"接するベクトル" という概念をその方向に (偏) 微分する作用とみるのである．このとき，すべての接ベクトル，すなわち，接空間の和集合 $T(M) := \bigsqcup_{p\in M} T_p(M)$ (集合としての直和) を具合よくつなぎ合わせて**接束** (tangent bundle) というものが構成できる．各点の近傍での局所座標系 $(U, (x^i))$ をえらべば，$p \in U$ における接ベクトルは $\sum_{i=1}^{m} a^i(p)\,\partial_i$ $(a^i \in C^\infty(U))$ と表されたので，

$$T(U) := \bigsqcup_{p\in U} T_p \xrightarrow{\sim} U \times \mathbb{R}^m \quad \Bigl(\,(p, \sum_i a^i(p)\,\partial_i\,) \mapsto (\,p, (a^i(p))_{0\le i\le m}\,)\Bigr)$$

という全単射が存在する．この写像 $T(U) \xrightarrow{\sim} U \times \mathbb{R}^m$ によって，$T(U)$ には微分可能多様体の構造が入る．

一般にも，射影 $\pi : T(M) \to M$ を $\pi(X_p) = p$ $(X_p \in T_p)$ と定義すると，$\pi^{-1}(U) = T(U) \simeq U \times \mathbb{R}^m$ が微分同相になるように $T(M)$ に多様体構造を入れることができる．このためには，局所座標系 $(U, (x^i))$, $(V, (y^i))$ をえらんだとき，$\pi^{-1}(U \cap V)$ の構造が U, V どちらから誘導されたものとも一致することを見なければいけない．

$U \cap V \neq \emptyset$ のとき，$p \in U \cap V$ について同じ接ベクトルの座標表示が，$\sum_i a^i(p)\,\frac{\partial}{\partial x^i} = \sum_i b^i(p)\,\frac{\partial}{\partial y^i}$ であるとする．このとき，$U \cap V$ 上では

$$\frac{\partial}{\partial x^i} = \sum_j \frac{\partial y^j}{\partial x^i}\frac{\partial}{\partial y^j}$$

であるから，

$$\sum_{i,j} a^i(p)\,\frac{\partial y^j}{\partial x^i}\frac{\partial}{\partial y^j} = \sum_j \Bigl(\sum_i a^i(p)\,\frac{\partial y^j}{\partial x^i}\Bigr)\frac{\partial}{\partial y^j},$$

すなわち，$b^j(p) = \sum_i a^i(p)\,\frac{\partial y^j}{\partial x^i}$．($J(y/x) := (\frac{\partial y^j}{\partial x^i})$ を Jacobi 行列とすると，$(b^j) = J(y/x)\,(a^i)$．)

したがって，

$$\begin{array}{ccc} \pi^{-1}(U\cap V) & \xrightarrow{(x)} & (U\cap V)\times\mathbb{R}^m \\ {\scriptstyle (y)}\downarrow & \swarrow{\scriptstyle J(y/x)} & \\ (U\cap V)\times\mathbb{R}^m & & \end{array}$$

の構造は，$p \in U\cap V$ において，ベクトル空間 $\mathbb{R}^m$ の Jacobi 行列による線型同型 $J(y/x)(p)$ によって与えられている．すなわち，U, V どちらからの誘導も微分同相で，しかも接空間 T_p 上では Jacobi 行列によってひき起こされている．

このように定義された多様体の組 $\pi : T(M) \twoheadrightarrow M$ を M の接束という．重要なポイントを繰り返しておく．π は全射で，局所的には直積多様体の射影 $\pi^{-1}(U) \simeq U\times\mathbb{R}^m \twoheadrightarrow U$ になっており，さらに π のファイバー $\pi^{-1}(p) = T_p$ は m 次元ベクトル空間で，座標変換を行うと Jacobi 行列で変換される．

接束の言葉を用いると，ベクトル場は $\pi : T(M) \to M$ の**切断** (section) である．すなわち，$X : M \to T(M)$ という C^∞ 写像で $\pi\circ X = \mathrm{Id}_M$ をみたすものということになる．局所座標をとれば定義より明らかであろう．

接束の役割

多様体の射 (C^∞ 写像) $f : N \to M$ があるとき，$X_p \in T_p(N)$ に対して，$((df)_p(X_p))(g) = X_p(g\circ f)$ ($g\in C^\infty(M)$) とおくと $(df)_p(X_p) \in T_{f(p)}(M)$ である．$(df)_p : T_p(N) \to T_{f(p)}(M)$ は線型写像であり，接束の射 $df : T(N) \to T(M)$ ($\pi_M\circ df = \pi_N$) を与える．

陰関数定理は次のように言える．

定理　全射 $f : N \twoheadrightarrow M$ に関して df も全射のとき (submersion という)，f のファイバー f^{-1} は N の (正規) 部分多様体である．

例　f が直積の射影 $f : N = M\times L \to M$，あるいはもっと一般的に局所的に直積射影のとき．

4.3　ベクトル束

接ベクトルおよびベクトル場を定義するのにあたって，接束を考えると具合が良いことが分かった．この概念をずっと一般的にしたものにベクトル束がある．この節ではそれを説明しよう．

多様体の射 $\pi : E \to M$ が次をみたすとき，**階数 r のベクトル束** (vector bundle of rank r) という．

(1) ファイバー $E_p := \pi^{-1}(p)$ $(p \in M)$ は r 次元実ベクトル空間である．

(2) E は M 上局所自明，すなわち，M の任意の点を含む十分小さな開集合をえらべば，多様体の同型 $\varphi_U : \pi^{-1}(U) \xrightarrow{\sim} U \times \mathbb{R}^r$ で，$\pi \,|\, \pi^{-1}(U) = \mathrm{pr}_U \circ \varphi_U$ なるものがある (pr_U は直積から U への射影)．

(3) (2) の局所自明化 φ_U に関して $\varphi_p := \mathrm{pr}_{\mathbb{R}^r} \circ \varphi_U \,|\, E_p \to \mathbb{R}^r$ はベクトル空間の同型である．

C^∞ 写像 $s : M \to E$ が $\pi \circ s = \mathrm{Id}_M$ をみたすとき，s を E の**切断** (section) という．$f \in C^\infty(M)$ に対して $(f\,s)(p) = f(p)\,s(p)$ とすると，fs も切断であり，切断の和はまた切断である．$\Gamma(E)$ を切断全体のなす集合とすると，$\Gamma(E)$ は $C^\infty(M)$ 加群である．

若干の注意事項を述べる．一般に (抽象) ベクトル空間 V から数ベクトル空間 $\mathbb{R}^r$ への線型同型写像 $V \xrightarrow{\sim} \mathbb{R}^r$ を与えることは V の基底を定めることである．($\boldsymbol{f} = (f_1, f_2, \ldots, f_r)$ を V の基底とするとき，同型 $\sum_{i=1}^{r} a^i f_i \mapsto (a^1, a^2, \ldots, a^r) \in \mathbb{R}^r$ を対応させる．) したがって，上記 (3) の局所自明化が与える線型同型 $\varphi_p : E_p \xrightarrow{\sim} \mathbb{R}^r$ は E_p の 1 つの基底であるとも見なせる ($\boldsymbol{f}_p := (\varphi_p^{-1}(\boldsymbol{e}_i)) \subset E_p$，$(\boldsymbol{e}_i)$ は $\mathbb{R}^r$ の自然基底)．したがって，$p \in U$ に対して，基底の族 $\{\boldsymbol{f}_p\}_{p \in U}$ は $\pi^{-1}(U) =: E_U$ 上でのベクトル空間の族 $\{E\}_{p \in U}$ の基底の族を与えている．さらに，$\boldsymbol{f}_p$ の元 $\varphi_p^{-1}(\boldsymbol{e}_i)$ は $p \in U$ について C^∞ 級であるから，U 上の E_U の切断を与えている．この状況を $\boldsymbol{f}_p$ $(p \in U)$ は U 上の E の**枠場** (frame field) であるという (frame=base)．

次に，別の局所自明化 $\psi_U : \pi^{-1}(U) \xrightarrow{\sim} U \times \mathbb{R}^r$ に対しては同型 $\psi_p : E_p \xrightarrow{\sim} \mathbb{R}^r$ は別の基底 $\boldsymbol{f}'_p = (\,\psi_p^{-1}(\boldsymbol{e}_i))$ を与える．基底の変換行列を $g(p) \in GL(r, \mathbb{R})$ とすると，$g(p)$ の成分は p に関して U 上の C^∞ 関数であることに注意しておこう ($g : U \to GL(r, \mathbb{R})$ が C^∞ 写像)．

ベクトル束の枠場は後に触れる主束の伏線でもあるので記憶に留めておきたい．

これらのことを踏まえると，局所的なデータからベクトル束を構成する方法が得られる．M の開被覆 $\{U_\alpha\}_\alpha$ と $GL(r, \mathbb{R})$ に値をもつ C^∞ 関数の族 $\{\,g_{\alpha\beta} : U_\alpha \cap U_\beta \to GL(r, \mathbb{R})\}$ $(\,g_{\alpha\alpha} = 1_r\,)$ が与えられていて，$p \in U_\alpha \cap U_\beta \cap U_\gamma$ に対

して $g_{\alpha\beta}(p)\,g_{\beta\gamma}(p) = g_{\alpha\gamma}(p)$ が成り立つとする．このとき，$\bigcup_{\alpha} U_\alpha \times \mathbb{R}^r$ を同値関係 $(p,\, v_\alpha) \sim (p,\, v_\beta) \Leftrightarrow v_\alpha = g_{\alpha\beta}(p)\, v_\beta$ $(\,(p, v_\alpha) \in U_\alpha \times \mathbb{R}^r,\ (p, v_\beta) \in U_\beta \times \mathbb{R}^r\,)$ によって張り合わせると階数 r の M 上のベクトル束が得られる．

以上で分かるように，ベクトル束の具体的な構造は**変換関数** (transition function) $g_{\alpha\beta} : U_\alpha \cap U_\beta \to GL(r, \mathbb{R})$ によって決まっている．

自明な例　直積 $\mathrm{pr}_M : M \times \mathbb{R}^r \to M$ を自明なベクトル束という．$r = 1$ の直線束 $\mathbf{1}_M = M \times \mathbb{R}$ の切断の空間は実関数の空間だから，$\Gamma(\mathbf{1}_M) = C^\infty(M)$ である．

例　接束 $\pi : T(M) \to M$ が階数 $m = \dim M$ のベクトル束であることはもはや明らかであろう．局所座標系 $(U,\, (x^i))$ による局所自明化 $\varphi_U : \pi^{-1}(U) \xrightarrow{\sim} U \times \mathbb{R}^m$ は，U 上のベクトル場 $\partial_i = \frac{\partial}{\partial x^i}$ による基底 (∂_i) を枠場とし，座標変換が与える変換関数が Jacobi 行列である．

ベクトル束の基本操作

(1) 引き戻し (pull-back)

$f : N \to M$ を多様体の射，$\pi : E \to M$ を M 上のベクトル束とするとき，$f^*E := E \times_M N := \{\,(p,\, v) \in N \times E \mid \pi(v) = f(p)\,\} \to N$ $((p, v) \mapsto p)$ は N 上のベクトル束であることは容易に分かる．f^*E を F による E の**引き戻し**という．

(2) ベクトル束の射 (bundle map)

M 上の 2 つのベクトル束 $\pi_E : E \to M$, $\pi_F : F \to M$ に関した，C^∞ 写像 $\tilde{f} : E \to F$ が π_E, π_F と可換 $(\pi_E = \pi_F \circ \tilde{f})$ であって，かつ各ファイバーでの写像 $\tilde{f}_p : E_p \to F_p$ が線型写像のとき，$\tilde{f}$ をベクトル束の射という．

さらに拡張して，$\pi_E : E \to N$, $\pi_F : F \to M$ がそれぞれベクトル束で，C^∞ 写像 $f : N \to M$ が与えられているとき，$\tilde{f} : E \to F$ が π_E, π_F と可換 $(\pi_F \circ \tilde{f} = f \circ \pi_E)$ で $\tilde{f}_p : E_p \to F_{f(p)}$ が線型写像のときもベクトル束の射という．

引き戻し (1) の言葉を用いると，後者は $\tilde{f}$ が与える写像 $E \to f^*F$ (共に N 上の束) が前者の意味での束射であるときである．

$f : N \to M$ の接束について，微分 $df : T(N) \to T(M)$ はベクトル束の射である．

(3) **双対ベクトル束** (dual vector bundle)

ベクトル束 $\pi : E \to M$ に対して，ベクトル束 $\pi^* : E^* \to M$ の各ファイバー E_p^* が E_p の双対ベクトル空間になっているとき，E^* を E の**双対 (ベクトル束)** という．このとき自然なカップリング $(\xi, v) \mapsto \langle \xi, v \rangle$ $(\xi \in E_p^*,\ v \in E_p)$ が存在する．

局所自明化 $\varphi_U : \pi^{-1}(U_\alpha) \xrightarrow{\sim} U_\alpha \times \mathbb{R}^r$ による枠場を $(\boldsymbol{e}_i(p))_{p \in U_\alpha}$ とするとき，その双対枠場 $(\boldsymbol{e}^i(p))_{p \in U_\alpha}$ をとり (各点 p で双対基底)，直積束 $U_\alpha \times \mathbb{R}^r$ の変換関数を ${}^t g_{\alpha\beta}(p)^{-1} \in GL(r, \mathbb{R})$ にとり替えたベクトル束が双対 E^* を与える ($g_{\alpha\beta}$ が E の $\{U_\alpha\}_\alpha$ に関する変換関数).

(4) **直和，テンソル積**

同様に，ベクトル空間での操作がベクトル束に拡張されることを注意しておく．

E, F を共に M 上のベクトル束とするとき，$E \times_M F := \{ (u, v) \in E \times F \mid \pi_E(u) = \pi_F(v) \}$ の $p \in M$ におけるファイバーは (集合としては) 直積 $E_p \times F_p$ であるが，これはベクトル空間の直和 $E_p \oplus F_p$ と見なせる．これをベクトル束 E, F の**直和**といい，$E \oplus F$ と記す．変換関数は，それぞれの直和 (GL の元として対角形に並べたもの) である．

次に，各点 $p \in M$ のファイバーのテンソル積 $E_p \otimes F_p$ をファイバーにするベクトル束も自然に考えられる．変換関数として，行列 (写像) のテンソル積 (Kronecker 積) $g_E(p) \otimes g_F(p) \in GL(r_E r_F, \mathbb{R})$ をとればよい．これをベクトル束の**テンソル積**といい，$E \otimes F$ と記す．

4.4 微分形式

始めに線型代数を少し．$\mathbb{R}$ 上のベクトル空間 V の k 重のテンソル積 ($\otimes = \underset{\mathbb{R}}{\otimes}$, $\mathbb{R}$ 上の) $V^{\otimes k} := \overbrace{V \otimes \cdots \otimes V}^{k}$ の直和を

$$T(V) := \bigoplus_{k=0}^{\infty} V^{\otimes k} \qquad (V^{\otimes 0} := \mathbb{R}1 \text{とおく})$$

とかくと，乗法

$$V^{\otimes k} \otimes V^{\otimes l} \longrightarrow V^{\otimes (k+l)} \quad (u \times v \mapsto u \otimes v\, (u \in V^{\otimes k},\, v \in V^{\otimes l}))$$

によって，$T(V)$ は次数付き $\mathbb{R}$ 代数になる ($V^{\otimes k}$ の 0 でない元の次数が k である)．これを V 上の**テンソル代数**という．(ユークリッド空間としての V 上の接

束と同じ記号を用いるが混同の恐れはあるまい．)

いま $v \otimes v$ ($v \in V$) の形の元で生成される $T(V)$ の両側イデアル $I := \langle v \otimes v \mid v \in V \rangle$ による剰余環を **Grassmann 代数**とよび，$\bigwedge V := T(V)/I$ とかく．割るイデアルも次数付きであるから，$\bigwedge V$ も次数付きである．すなわち，$T(V)$ の k 次部分 $V^{\otimes k}$ の像を $\overset{k}{\wedge} V$ とかくと，

$$\bigwedge V = \bigoplus_{k=0}^{\infty} \overset{k}{\wedge} V \quad (\overset{0}{\wedge} V = \mathbb{R}\,1,\ \overset{1}{\wedge} V = V, \ldots).$$

$\bigwedge V$ での元の乗法を $u \wedge v$ とかくと 1 次の元 $u, v \in V$ に対しては，$u \wedge v = -v \wedge u$ であることに注意しよう．実際，$I \ni (u+v) \otimes (u+v) = u \otimes u + u \otimes v + v \otimes u + v \otimes v$ ゆえ，$u \otimes v + v \otimes u \in I$．したがって，$u \wedge v + v \wedge u = 0$．$\dim V = m$ とし，V の基底 $(e_i)_{1 \leq i \leq m}$ をえらぶと $e_i \wedge e_j = -e_j \wedge e_i$ だから，$\overset{k}{\wedge} V$ の基底として $e_{i_1} \wedge e_{i_2} \wedge \cdots \wedge e_{i_k}$ ($i_1 < i_2 < \cdots < i_k$) がとれて $\dim \overset{k}{\wedge} V = \binom{m}{k}$，$\overset{k}{\wedge} V = 0$ ($k > m$), $\dim \bigwedge V = 2^m$，$u \wedge v = (-1)^{kl}\, v \wedge u$ ($u \in \overset{k}{\wedge} V, v \in \overset{l}{\wedge} V$) などが成り立つ．

微分可能多様体 M に戻る．ベクトル場 $\sum_i a^i \partial_i$ に対応 (双対) するもので (1 次の) 微分形式 $\sum_i a_i\, dx^i$ なるものが古来考えられてきた．これは関数 f の "微分" (微係数や導関数ではない) $df = \sum_i (\partial_i f)\, dx^i$ を考えると，少なくとも形式的には都合の良いことがいろいろあったからである．これらのものを多様体上で "厳密に" 定義すると以下のようになる．

M の接束 $T = T(M)$ (テンソル代数ではありません) の切断 $X \in \Gamma(T) = \mathfrak{X}(M)$ がベクトル場で，これは関数の積に $X(fg) = X(f)\, g + f\, X(g)$ と作用するものとしても定義された．そして M の局所座標系をとると，微分作用素として局所的には $X \mid U = \sum_i a^i \partial_i$ ($a^i \in C^\infty(U)$, $\partial_i = \frac{\partial}{\partial x^i}$) と表されたのであった．

そこで，接束の双対束 $T^* = T(M)^*$ を考え，その切断 $\omega \in \Gamma(T^*)$ を (1 次の) **微分形式** (differential form) あるいは単に **1 形式** (1-form) とよぶことにする．ω は任意のベクトル場 X に対して，双対カップリング $\omega(X) \in C^\infty(M)$ をもち，これは $C^\infty(M)$ 加群として双線型である ($\omega(f\,X) = f\,\omega(X)$ ($f \in C^\infty(M)$))．

いま，関数 $f \in C^\infty(M)$ に対して **(外) 微分** (exterior differential) df を $df(X) = X(f)$ ($X \in \mathfrak{X}(M)$) と定義すると，$df \in \Gamma(T^*)$ すなわち 1 次の微分形式を与える．局所座標系 $(U, (x^i))$ をとり，座標関数 x^i の微分 dx^i について

$dx^i(\partial_j) = \delta^i_j$ ((dx^i) は (∂_i) の双対基底) ゆえ，$df = \sum_i (\partial_i f)\, dx^i$ が成り立つ．

T^* を M の**余接束** (cotangent bundle) とよぶが，拡張してその Grassmann 束 (各点のファイバーが Grassmann 代数 $\bigwedge T^*_p$) を $\bigwedge T^* = \bigoplus_{k=0}^{m} \overset{k}{\wedge} T^*$ ($m = \dim M$) と記すとき，$\overset{k}{\wedge} T^*$ の切断を k **次微分形式**あるいは単に k **形式** (k-form) といい，その空間を

$$\Omega^k(M) = \overset{k}{\wedge}\, \Omega^1(M) = \Gamma(\overset{k}{\wedge} T^*)$$

などで表す．(1 形式の空間 Ω^1 を単に Ω とかくことも多い．)

この記法では，$\Gamma(\mathbf{1}_M) = C^\infty(M) = \Omega^0(M)$ と定義すると，関数の微分をとる操作は $d : \Omega^0 \to \Omega^1$ とかける (M が連結のとき $\operatorname{Ker} d = \mathbb{R}$(定数関数))．

微分作用を一般の k 形式に延長して**外微分作用素** (exteiror differential operator) $d : \Omega^k \to \Omega^{k+1}$ が定義される．まず素朴に考える．局所座標系 $(U, (x^i))$ をえらんでおくと, U 上では Ω^k の $C^\infty(U)$ 加群としての基底を $(\,dx^{i_1} \wedge dx^{i_2} \wedge \cdots \wedge dx^{i_k}\ (i_1 < i_2 < \cdots < i_k\,))$ ととれ, $\Omega^k(U)$ の元 (U 上の k 形式) は $\omega = f_{i_1 i_2 \cdots i_k} dx^{i_1} \wedge dx^{i_2} \wedge \cdots \wedge dx^{i_k}$ $(\,f_{i_1 i_2 \cdots i_k} \in C^\infty(U)\,)$ の和にかける．そこで関数の場合を安直に真似て

$$d\,\omega = \sum_{j=1}^{m} (\partial_j f_{i_1 i_2 \cdots i_k}) dx^j \wedge dx^{i_1} \wedge dx^{i_2} \wedge \cdots \wedge dx^{i_k} \in \Omega^{k+1}(U) \qquad (\star)$$

とおいてみる．すると，$\partial_l \partial_j f = \partial_j \partial_l f$, $dx^l \wedge dx^j = -dx^j \wedge dx^l$ などから容易に

$$d^2 = d \circ d = 0$$

が分かる．しかし，局所的に定義した $(\star)$ がちゃんと大域的に $\Omega^\bullet(M)$ などで well-defined になっているかチェックするのはいささか複雑な計算になる．

そこで，始めから大域的な定義を与えておこう．

定義　$\omega \in \Omega^k(M)$ とする．微分作用素 $d : \Omega^k(M) \to \Omega^{k+1}(M)$ を任意の $X_1, X_2, \ldots, X_{k+1} \in \mathfrak{X}(M)$ に対して，

$$\begin{aligned} & d\omega\,(X_1, X_2, \ldots, X_{k+1}) \\ = & \sum_{i=1}^{k+1} (-1)^{i+1} X_i(\omega(X_1, \ldots, \widehat{X_i}, \ldots, X_{k+1})) \\ & + \sum_{i<j} (-1)^{i+j} \omega(\,[X_i, X_j], X_1, \ldots, \widehat{X_i}, \ldots, \widehat{X_j}, \ldots, X_{k+1}) \end{aligned}$$

と定義する．ここで，$[X, Y] = XY - YX$ はベクトル場の交換子積，$\widehat{X_i}$ などは X_i を抜くことを意味する．

この定義が局所的な前記の定義 $(\star)$ と一致することの証明は読者に任せることにして，後に類似の状況を考えるので $k=1$ の場合だけチェックしておこう．

$$d\omega\,(X,\,Y) = X(\omega(Y)) - Y(\omega(X)) - \omega([X,\,Y])$$

である．$d^2 f = d(df) = 0$ は容易にチェックでき，また $X = \partial_i,\, Y = \partial_j$ とすると，$\omega = g\,dx^i$ のとき $d\omega = \sum_{1 \le j \le m} (\partial_j g)\, dx^j \wedge dx^i$ となることも明らかであろう．

多様体の射 $f : N \to M$ に対して，微分形式の引き戻し $f^* : \Omega^k(M) \to \Omega^k(N)$ が定義される．関数空間 Ω^0 のときは明らかであるので，$k \ge 1$ とする．$p \in N$, $X_i \in \mathfrak{X}(N)$ に対して，$f^*(\omega)_p((X_1)_p, \ldots, (X_k)_p) = \omega_{f(p)}(df_p(X_1), \ldots, df_p(X_k))$ と N の各点で決めればよい．f^* は Grassmann 積 $\wedge$ を保ち，外微分作用素 d と可換 $(f^* \circ d = d \circ f^*)$ であることが証明できる．

このような高次の微分形式を導入する利点をいくつか述べておこう．

連結な m 次元多様体 M において，最高次の余接束の交代積 $\overset{m}{\wedge} T^*(M)$ が自明な直線束 (階数 1) であるとき，すなわち，0 にならない切断 ω をもつとき M は**向き付け可能** (orientable) という．このとき，$M \times \mathbb{R} \xrightarrow{\sim} \overset{m}{\wedge} T^*$ ($(p,\,a) \mapsto a\,\omega_p \in \overset{m}{\wedge} T_p^*$) が束の自明化を 1 つ与える．

いま，そのような ω を 1 つ固定するとき，$f\omega$ ($f(p) > 0$ $(p \in M)$) が与える自明化を**正の向き**といい，$-f\omega$ が与えるものを**負の向き**ということにする．これは，局所座標系 $(U,\,(x^i))$ を $\omega\,|\,U = dx_1 \wedge dx_2 \wedge \cdots \wedge dx_m$ となるようえらんだとき，座標関数の順列 $(x^1, x^2, \ldots, x^m)$ の正負と決めることに等しい．すなわち，m 次の置換 σ の符号 $\operatorname{sgn}\sigma$ の正負に従って，$(x^{\sigma(1)}, x^{\sigma(2)}, \ldots, x^{\sigma(m)})$ の向きの正負が決まる．向き付け可能とは，このことが大域的に決められるということである．

m 形式 $\omega_p \neq 0$ $(p \in M)$ によって向き付けられた多様体上では，コンパクト台をもつ連続関数 $f \in C_0(M)$ の積分 $\displaystyle\int_M f\omega$ が定義できる．(パラコンパクト性によって，"1 の分解" が存在し，局所的な積分の和として定義される．なお，向き付け不可能な場合も m 形式の "絶対値" $|\omega|$ (volume element) を定義して積分はできる．)

さらに一般次数の場合にも同様のことが行われる，$i : N \hookrightarrow M$ を M の n 次元部分多様体で N の境界 ∂N が $n-1$ 次元コンパクト部分多様体とする ($N \cup \partial N$ はコンパクトな "境界付き" 多様体)．このとき，$\omega \in \Omega^{n-1}(M)$ に対して，

$$\int_N d\omega := \int_N i^*(d\omega) = \int_{\partial N} i^*\omega =: \int_{\partial N} \omega$$

が成り立つ (いわゆる Stokes の定理). N およびそれから定まる ∂N の向き付けの基に定義される. また $N, \partial N$ が多様体という条件はもっと弱い位相幾何的な輪体などに弱められる.

さて前に戻って

$$(\Omega^\bullet, d) : 0 \to \Omega^0 \xrightarrow{d} \Omega^1 \xrightarrow{d} \cdots \xrightarrow{d} \Omega^m \to 0$$

を M の **de Rham 複体** (complex) という. $d^2 = 0$ より $\operatorname{Im} d \subset \operatorname{Ker} d$ だから, 各次数 k の所で剰余群

$$H^k(M) := \frac{\operatorname{Ker} d : \Omega^k \to \Omega^{k+1}}{\operatorname{Im} d : \Omega^{k-1} \to \Omega^k}$$

が $\mathbb{R}$ ベクトル空間として定義される (d は $C^\infty(M)$ 線型ではなく $\mathbb{R}$ 線型にすぎないことに注意). これを M の **de Rham コホモロジー群**という.

Stokes の定理をとおして, あるいは層係数コホモロジー論などから, $H^k(M)$ は位相幾何で定義される (単体的複体, または特異) $\mathbb{R}$ 係数コホモロジー群に同型である. とくに, M がコンパクトならば de Rham コホモロジー群はホモロジー群 $H_k(M, \mathbb{R})$ に自然に双対になる (輪体 (サイクル) 上の積分を通して).

4.5 被覆空間と基本群

以下の議論は, 多様体のみならず一般の弧状連結な位相空間などでも成り立つが, ここでは簡単のために本書で扱う連結多様体とする. (詳しい参考書としては, [Po], [Ch], [ST] など.)

連結多様体 M の p を始点とする**道** (path) とは, 連続写像 $c : [0,1] \to M$ ($c(0) = p$) のことである. とくに, $c(1) = p$ のとき, **閉じた道 (ループ)** (loop) といい, これは円周 $S^1 \simeq [0,1]/(0 \sim 1)$ から M への連続写像である. 道 c に対して, $\bar{c}(t) = c(1-t)$ は終点 $c(1)$ を始点とする道で, これを c の**逆道**という. c, c' ($c(1) = c'(0)$) に対し, 道 $c \cdot c'$ を

$$c \cdot c'(t) = \begin{cases} c(2t) & (0 \leq t \leq \frac{1}{2}) \\ c'(2t-1) & (\frac{1}{2} \leq t \leq 1) \end{cases}$$

で定義し, c と c' の**積**という. これは c の終点と c' の終点をつないだ道である.

連続写像 $C : [0,1]^2 \to M$ で $C(\tau; 0) = c(0) = c'(0)$, $C(\tau; 1) = c(1) = c'(1)$, $C(0; t) = c(t)$, $C(1; t) = c'(t)$ なるものが存在するとき (始点と終点を共有する) c と c' は**ホモトープ** (homotop) であるといい, $c \simeq c'$ とかき, その同値類 (**ホモトピー類** (homotopy class)) を $[c]$ とかく.

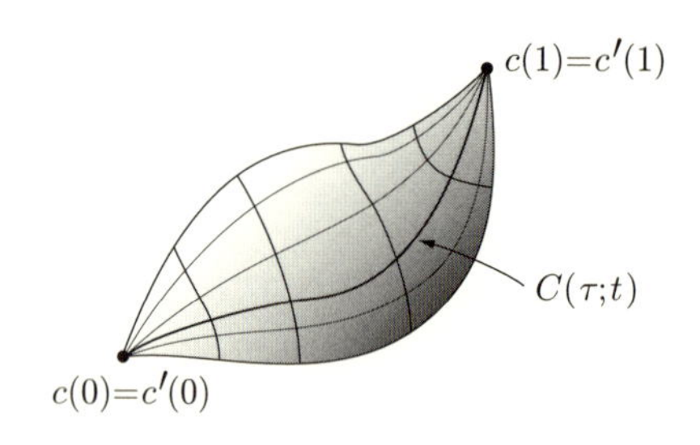

ループの始点 (＝終点) を**基点** (base point) とよぶと，基点 p を定めたループのホモトピー類について，$[c\cdot c] = [c]\cdot[c']$ が well-defined で，e を基点から動かない (静止) ループ $e(t) = p$ とすると，$[c]\cdot[\bar{c}] = [e]$ である．すなわち，基点 p を定めたループのホモトピー類は $[e]$ を単位元とし，$[c]$ の逆元をその逆道のホモトピー類 $[\bar{c}]$ とする群をなす．この群を M の p を基点とする**基本群** (fundamental group)(または **Poincaré 群**) といい，$\pi_1(M,p)$ と記す．

基点 q を別にとったときは，p と q を結ぶ道のホモトピー類が 1 つの群同型 $\pi_1(M,p) \overset{\sim}{\to} \pi_1(M,q)$ を与える．

$\pi_1(M,p)$ が単位群のとき，すなわち，任意のループが 1 点写像 e にホモトープなとき，M を**単連結** (simply connected) という．

次に，連結な多様体 N から M への局所同型な全射 $\phi: N \to M$ で，M の任意の点に関して開近傍 U を十分小さくとれば，$\phi^{-1}(U)$ の各連結成分が ϕ を制限した写像によって同相写像を与えるとき，N を M の**被覆空間** (covering space)，ϕ を**被覆写像**という．

とくに，N が単連結のとき，$N = \widetilde{M}$，$\pi : \widetilde{M} \to M$ とかいて，$\widetilde{M}$ を**普遍** (universal) 被覆空間という．この意味は，任意の被覆 $\phi: N \to M$ に対して，被覆 $\varpi: \widetilde{M} \to N$ で $\pi = \phi\circ\varpi$ をみたすものが存在するからである．

$$\begin{array}{ccc} \widetilde{M} & \overset{\varpi}{\longrightarrow} & N \\ {\scriptstyle\pi}\downarrow & \swarrow{\scriptstyle\phi} & \\ M & & \end{array}$$

(普遍被覆空間 $\widetilde{M}$ の構成は始点を p とする道のホモトピー類全体を考えることによってなされる．)

この普遍性は体の Galois 理論に類似している．$\widetilde{M}$ には基本群 $\pi_1(M)$ が働いていて，商空間との同型 $\widetilde{M}/\pi_1(M) \stackrel{\sim}{\to} M$ が存在し，また N の基本群 $\pi_1(N)$ は $\pi_1(M)$ の部分群と見なせ，$\widetilde{M}/\pi_1(N) \stackrel{\sim}{\to} N$ でもある (基点は適当にとる)．すなわち，$\pi_1(M)$ は $\boldsymbol{M}$ **上の** $\widetilde{M}$ の同型群とみなせ $\pi_1(N)$ は $\boldsymbol{N}$ **上の** $\widetilde{M}$ の同型群とみなせる．さらに，$\pi_1(N)$ が $\pi_1(M)$ の正規部分群のとき，M 上の N の同型群は $\pi_1(M)/\pi_1(N)$ となり，これは N の M 上の "Galois 群" ともみなせ，$\mathrm{Gal}(N/M)$ とかき，$N \to M$ を **Galois 被覆**ともいう．

例いろいろ　(1) $\mathbb{R}^n$, $n > 1$ ならば S^n などは単連結．$\mathbb{R}^n$ は可縮 ($\Rightarrow$ 単連結)．なお，ユークリッド公準 1, 2, 3 は $n > 1$ ならば可縮を導く．

(2) 複素 n 次元射影空間は単連結，実 n 次元射影空間 $(n > 1)$ の普遍被覆空間は n 次元球面 S^n，基本群は位数 2 の群．

(3) n 次元トーラス $T^n = (S^1)^n \simeq \mathbb{R}^n/\mathbb{Z}^n$ の基本群は $\pi_1(T) = \mathbb{Z}^n$.

(4) もっとも簡単な空間で基本群が非可換な例．$M_n = \mathbb{R}^2 \setminus \{n$ 個の点 $\}$ の基本群は $\pi_1(M_n) \simeq F_n$ (階数 n (生成元の個数) の自由群)．

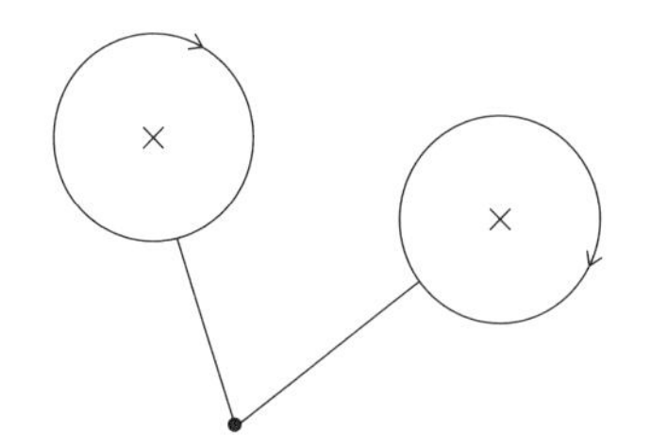

コメント　実 2 次元の単連結多様体はユークリッド平面か球面に位相同型であること，さらに 1 次元複素多様体としては Riemann 球面 ($\mathbb{P}^1(\mathbb{C})$)，複素平面 $\mathbb{C}$，上半平面 $\mathfrak{H}$ に同型であることが関数論によって知られている．しかし，このような一般論ではなく，具体的に複素解析的な普遍被覆空間を求めることは古典解析学が強く興味を持った問題であった ("一意化" という)．一つの例として複素面 $M_2 = \mathbb{C} \setminus \{0, 1\}$ を考えよう．

M_2 は $\boldsymbol{\lambda}$ **関数**で一意化される．λ は上半平面 $\mathfrak{H} = \{\, z \in \mathbb{C} \mid \Im z > 0 \,\}$ 上の保型関数．$PSL(2,\mathbb{Z}) \subset PSL(2,\mathbb{R})$ は $\mathfrak{H}$ 上に 1 次分数変換で働いた．$\Gamma(2) := \{\gamma \in SL(2,\mathbb{Z}) \mid \gamma \equiv 1_2 \bmod 2\}$ とおき，$\overline{\Gamma}(2) = \Gamma(2)/\{\pm 1_2\} \subset PSL(2,\mathbb{Z})$ を $\mathfrak{H}$ に働かせる．この作用は固定点をもたず，その 1 つの基本領域は下図の如くである，

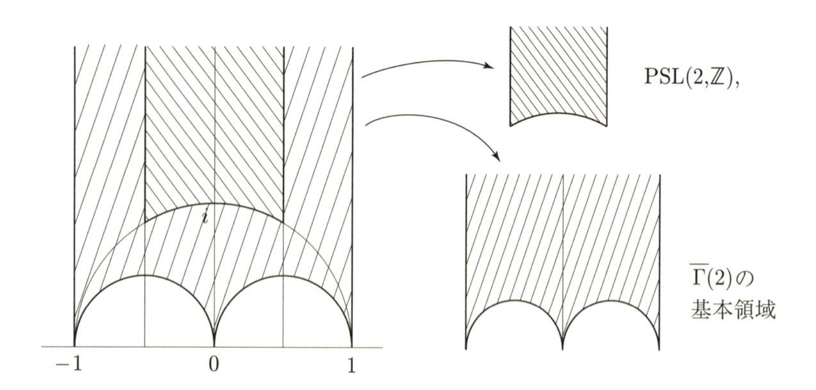

$\overline{\Gamma}(2)$ は $\begin{pmatrix} 1 & 2 \\ 0 & 1 \end{pmatrix}$, $\begin{pmatrix} 1 & 0 \\ 2 & 1 \end{pmatrix}$ で生成され，自由群 F_2 に同型である．$\mathfrak{H}/\overline{\Gamma}(2)$ は $[0]$, $[1] = [-1]$, $[\infty]$ ($[\cdot]$ は $\overline{\Gamma}(2)$ 軌道) を境界にもつ多様体であることは容易に見られるが，一意化関数 $\lambda : \mathfrak{H} \to M_2$ ($\pi : \widetilde{M_2} = \mathfrak{H} \to M_2$ である) が楕円モジュラー関数で与えられることが知られている (Jacobi, [吉]).

$\theta_i(v|\tau)$ $(1 \le i \le 4)$ $(q = e^{\pi i \tau})$ を Jacobi のテータ関数として，$\theta_i(0|\tau)$ (テータ零) を用いて

$$\lambda(\tau) \left(= \frac{e_1 - e_2}{e_1 - e_3} \right) = \left(\frac{\theta_2(0|\tau)}{\theta_3(0|\tau)} \right)^4 = 16\, q \prod_{n=1}^{\infty} \left(\frac{1 + q^{2n}}{1 + q^{2n-1}} \right)^8 \quad (\tau \in \mathfrak{H})$$

で与えられる ([HTF; vol. 2, p. 374], [公; III, p. 53; 誤植；4 乗を 2 乗に] など).

λ は楕円曲線 $E_\lambda : y^2 = x\,(x-1)\,(x-\lambda)$ $(\lambda \neq 0,\, 1)$ の 2 等分点を固定した fine moduli を与えている．($(\mathbb{Z}/2\mathbb{Z})^2 \hookrightarrow E$) の moduli が $\mathfrak{H}/\overline{\Gamma}(2)$ で与えられるのである．

ここで，$PSL(2,\mathbb{Z})/\overline{\Gamma}(2) \simeq PSL(2,\mathbb{F}_2) \simeq S_3$ が $\mathfrak{H}/\overline{\Gamma}(2)$ に働き，$\mathfrak{H}/PSL(2,\mathbb{Z}) \simeq (\mathfrak{H}/\overline{\Gamma}(2))/S_3$ が楕円曲線の coarse moduli を与えている．$PSL(2,\mathbb{Z})$ の $\mathfrak{H}$ への作用は自由ではない (自明でない元で固定点をもつものがある) から $\mathfrak{H} \to \mathfrak{H}/PSL(2,\mathbb{Z})$ は被覆写像ではない．実際，$\mathfrak{H}/PSL(2,\mathbb{Z}) \simeq \mathbb{C}$ で $j : \mathfrak{H} \to \mathfrak{H}/PSL(2,\mathbb{Z}) = \mathbb{C}$ はモジュラー関数

$$j(\tau) = \frac{4\,(\lambda^2 - \lambda + 1)^3}{27\,\lambda^2(\lambda - 1)^2} = \frac{g_2^3}{g_2^3 - 27\,g_3^2}$$

で表される．ここで，g_2, g_3 は楕円曲線 E_λ を Weirstrass の標準形 $y^2 = 4x^3 - g_2\,x - g_3$ と表したときの係数である．q で展開すると，$j(\tau) = \frac{1}{1728}(q^{-2} + 744 + 19688\,q^2 + O(q^4))$ となることが知られている．

第 5 章

Lie 群と Lie 環

5.1　基本事項

後の章でさらに詳しい議論も行うことになるが，ここでは Lie 群についてごく基本的な事柄をまとめておく．基本的な文献は [Ch], [Po], [Pr], [岩], [佐 1, 2, 3], [松島 1, 2], [村 1], [伊], [杉], [He], [Se1, 2], [Bou1, 2] などである．

群 G が同時に微分可能多様体の構造をもっており，群を定める 2 つの写像

$$\mu : G \times G \longrightarrow G \quad (\,\mu\,(x, y) := xy\,)$$
$$\iota : G \longrightarrow G \quad (\,\iota\,(x) := x^{-1}\,)$$

が共に C^∞ 写像 (多様体の "射") であるとき，G を **Lie 群**という．

G の元 g を固定するとき，写像 $l_g : G \to G$ を $l_g(x) := g\,x = \mu(g, x)$ $(x \in G)$ とかくと，l_g は G の微分同型射である $((l_g)^{-1} = l_{g^{-1}}$ が逆写像)．l_g を $g \in G$ による**左移動**という．同様に**右移動** $r_g(x) := x\,g$ が定義される．

G の単位元 e の連結成分を G^0 とかくと，G^0 は G の正規部分群になる．実際，連結積多様体 $G^0 \times G^0$ の μ による像 $\mu(G^0 \times G^0)$ は G の連結部分集合で $e = \mu(e, e)$ を含むから $\mu(G^0 \times G^0) \subset G^0$ (実際 $=$) ゆえ乗法 μ で閉じており，逆元をとる写像 ι についても同様の理由で $\iota(G^0) = G^0$ がいえる．さらに，$g \in G$ による内部自己同型 $i_g(x) := g\,x\,g^{-1} = l_g \circ r_{g^{-1}}(x)$ も群同型であると同時に，微分同型射であり，$i_g(G^0) \ni e$ ゆえ $i_g(G^0) = G^0$ となり，G^0 は内部自己同型射で保たれている．G^0 を G の**単位成分** (identity component) という．

G^0 による G の剰余分解 $\bigsqcup_{g:\text{代表}} l_g(G^0)$ において，g は剰余群 G/G^0 の代表元をとる．多様体は σ コンパクトと仮定しているので，G/G^0 は可算離散群と考えられ，多様体として連結成分は同型 $l_g : G^0 \xrightarrow{\sim} g\,G^0$ によって定められている．

豆知識 ([Se2; LG 4.3])　Lie 群の定義で，μ が射であることから，逆元写像 ι も射であることが導かれる (p 進 Lie 群，代数群でも同様)．射 $\theta(x, y) := (x, xy)$ が

多様体 $G \times G$ の微分同相射になることが，G の滑らかさと，$d\theta$ が同型 (étale) であることから分かる．

注意 ここでは Lie 群の定義として多様体のカテゴリーを C^∞ としたが，実はさらに強く，Lie 群 G は (一意的に) 実解析多様体の構造をもち，μ, ι も実解析的であることが証明できる ([Po])．したがって，Chevalley [Ch] や Helgason [He] が行っているように，最初から定義を実解析的なカテゴリーで行っても得られるものは同じである．

Lie 群 G 上のベクトル場のなす ($\mathbb{R}$ 上の) ベクトル空間に次のように左移動 l_g $(g \in G)$ を働かせる．まず，関数空間 $C^\infty(G)$ に $(l_g f)(x) := f(gx)$ $(f \in C^\infty(G), x \in G)$ と働き，次にベクトル場 $X \in \mathfrak{X}(G)$ には，

$$((l_g)_* X)(f) = l_{g^{-1}}(X(l_g f)) \quad (f \in C^\infty(G))$$

として働かせる．$(l_g)_* X = l_{g-1} \circ X \circ l_g$ で，$(l_{gh})_* = (l_g)_*(l_h)_*$ $(g, h \in G)$ となる ($l_{gh} = l_h l_g$ に注意)．

任意の左移動 $(l_g)_*$ で不変なベクトル場を**左不変ベクトル場**といい，

$$\mathfrak{X}(G)^l := \{ X \in \mathfrak{X}(G) \mid (l_g)_* X = X \ (g \in G) \}$$

とかくと，これは $\mathfrak{X}(G)$ の部分ベクトル空間である．

ベクトル場 X の単位元 $e \in G$ における値 $v_e(X) := X_e \in T_e(G)$ は e における接ベクトルであるが，いま写像

$$v_e : \mathfrak{X}(G)^l \longrightarrow T_e(G)$$

を考えると，v_e はベクトル空間の同型になる．

実際，X_g を X の $g \in G$ における値とすると，不変性から $X_g = ((l_g)_* X)_e = v_e((l_g)_* X) = v_e(X)$ であるから，$v_e(X) = 0$ ならば $X_g = 0$，すなわち $X = 0$，すなわち $\operatorname{Ker} v_e = 0$．また，$dl_g : T_e(G) \xrightarrow{\sim} T_g(G)$ を左移動 l_g の微分とするとき，接ベクトル $\xi \in T_e(G)$ に対して，$X_g = dl_g \circ \xi \circ l_{g^{-1}}$ と定義する．すると，接束の切断として $X \in \Gamma(T(G)) = \mathfrak{X}(G)$, $v_e(X) = \xi = X_e$ となり v_e は全射である．よって，v_e は線型同型を与える．

言い替えれば，左不変ベクトル場は単位元の値である接ベクトルによって一意的に定まる．

これらの議論は，Lie 群 G の接束 $T(G)$ が左移動の微分 dl_g で自明な束 $G \times T_e(G)$ との同型を与えていることも示している．また，左不変の定義において

$(l_g)_*X = X$ は関数空間 $C^\infty(G)$ への作用素として X は l_g と可換であることと同値である．

次に，ベクトル場 $\mathfrak{X}(G)$ は交換子積 $[X, Y] = XY - YX$ $(X, Y \in \mathfrak{X}(G))$ によって閉じており，Lie 環をなしていることはすでに注意した．したがってその G による不変元である部分空間 $\mathfrak{X}(G)^l$ については，

$$
\begin{aligned}
(l_g)_*([X, Y]) &= ((l_g)_*X)((l_g)_*Y) - ((l_g)_*Y)((l_g)_*X) = [(l_g)_*X, (l_g)_*Y] \\
&= [X, Y] \quad (X, Y \in \mathfrak{X}(G)^l)
\end{aligned}
$$

すなわち，$[X, Y] \in \mathfrak{X}(G)^l$ $(X, Y \in \mathfrak{X}(G)^l)$ が成り立ち．$\mathfrak{X}(G)^l$ は $\mathfrak{X}(G)$ の部分 Lie 環をなす．

Lie 群の接空間である $T_e(G)$ 自身は単にベクトル空間であるだけで環構造はもたないが，上記の線型同型 $v_e : \mathfrak{X}(G)^l \xrightarrow{\sim} T_e(G)$ によって $T_e(G)$ に Lie 環の構造が入る．

このようにして得られた $\mathfrak{X}(G)^l$ または $T_e(G)$ がなす Lie 環を **Lie 群 $\boldsymbol{G}$ の Lie 環**といい，

$$
\mathfrak{g} = \operatorname{Lie} G \ (= \mathfrak{X}(G)^l \xrightarrow{\sim} T_e(G))
$$

などで表す．これは G の次元と等しい有限次元 Lie 環である $(\dim \mathfrak{g} = \dim T_e(G) = \dim G)$.

コメント 左移動 l_g の替わりに右移動 r_g から始めてもまったく同様の話になる．

注意 G の単位成分を G^0 とすると，左不変ベクトル場の G^0 への制限は同型 $\mathfrak{g} = \mathfrak{X}(G)^l \xrightarrow{\sim} \mathfrak{X}(G^0)$ ゆえ，Lie 環 $\mathfrak{g}$ は単位成分 G^0 のみによって決まる．

注意 Lie 環という代数系をはっきりした定義なしに用いてきたが，正確には次のようになる．

体 k (あるいは可換環でもよい) 上の Lie 環 $\mathfrak{g}$ とは，k 上の加群であって双線型乗法 $(x, y) \mapsto [x, y]$ が定められており，次をみたすものである．

(1) (交代性) $[x, x] = 0$.

(2) (Jacobi 律) $[x, [y, z]] + [y, [z, x]] + [z, [x, y]] = 0$.

若干の注意をしておく．(1) を $x + y$ に適用すると $[x, y] = -[y, x]$ が導かれ，逆に k の標数が 2 でなければ，これは (1) と同値である．したがって，自分の世界に標数 2 が存在しない人にとっては，(1) の替わりに "反可換律" $[x, y] = -[y, x]$ をおいてもよい (実際，本書では標数 0，とくに $\mathbb{R}, \mathbb{C}$ を扱う)．

(2) は書き替えると,

$$[x,[y,z]] = [[x,y],z] + [y,[x,z]]$$

となり, いま $\mathrm{ad}: \mathfrak{g} \to \mathrm{End}_k(\mathfrak{g})$ を $(\mathrm{ad}\, x)(y) := [x,y]$ と定義すると,

$$(\mathrm{ad}\, x)\,[y,z] = [(\mathrm{ad}\, x)y, z] + [y, (\mathrm{ad}\, x)z]$$

となる. これは, 線型写像 $\mathrm{ad}\, x \in \mathrm{End}_k(\mathfrak{g})$ が乗法 $[\,,\,]$ に関して**導分** (derivation) になっていることを表している. $\mathrm{End}_k(\mathfrak{g})$ に交換子積 $[X,Y] = XY - YX$ によって Lie 環の構造を入れておくと, (2) はしたがって $\mathrm{ad}: \mathfrak{g} \to \mathrm{End}_k(\mathfrak{g})$ が $\mathrm{ad}\,[x,y] = [\mathrm{ad}\, x, \mathrm{ad}\, y]$ をみたすこと, すなわち, ad は Lie 環の準同型を与えていることを意味する. この準同型 ad を $\mathfrak{g}$ の $\mathfrak{g}$ 上での**随伴表現** (adjoint representation) という.

次に, Lie 群にその Lie 環を対応させる対応 $G \mapsto \mathrm{Lie}\, G$ が Lie 群の圏から Lie 環の圏への関手になっていることに注意しておこう.

群準同型 $\varphi: G \to G'$ が Lie 群としての準同型 (射) であるとは, φ が多様体としての射 (C^∞ 写像) であるときをいい, Lie 環の準同型 $\psi: \mathfrak{g} \to \mathfrak{g}'$ とは (すでに上でこの言葉は使ったが), $\mathbb{R}$ 線型で, Lie 積を保つ ($\psi([X,Y]) = [\psi(X), \psi(Y)]$) ことをいう.

Lie 群の準同型 $\varphi: G \to G'$ に関して, 単位元 e の接空間の写像である微分 $d\varphi_e: T_e(G) \to T_e(G')$ は, それぞれの Lie 環の線型写像をひき起こす. このとき, 次が成り立つ.

定理 $T_e(G) \simeq \mathrm{Lie}\, G$, $T_e(G') \simeq \mathrm{Lie}\, G'$ をそれぞれの Lie 環とみなしたとき, 接空間の写像 $d\varphi_e$ は Lie 環の準同型 $\mathrm{Lie}\,(\varphi) := d\varphi_e: \mathrm{Lie}\, G \to \mathrm{Lie}\, G'$ を与える.

証明は次の補題による.

補題 多様体の C^∞ 写像 $f: N \to M$ に関して, ベクトル場 $X \in \mathfrak{X}(N)$, $Y \in \mathfrak{X}(M)$ が任意の $p \in N$ に対して, $(df)_p(X_p) = Y_{f(p)}$ をみたすとき, X と Y は ***f* 関連**であるという. ($X_p \in T_p(N)$, $Y_{f(p)} \in T_{f(p)}(M)$ はそれぞれの点におけるベクトル場の値.) $X, X' \in \mathfrak{X}(N)$, $Y, Y' \in \mathfrak{X}(M)$ について, X と Y, X' と Y' がそれぞれ f 関連であるとき, $[X, X']$ と $[Y, Y']$ は f 関連である.

補題の証明 p と $f(p)$ の回りの局所座標系 (x^i), (y^j) をとり, $X = \sum_i a^i(x) \frac{\partial}{\partial x^i}$,

$Y = \sum_j b^j(y) \frac{\partial}{\partial y^j}$ とすると，$b^j(f(x)) = \sum_i a^i(x) \frac{\partial y^j}{\partial x^i}$．同様に，$X' = \sum_i \acute{a}^i(x) \frac{\partial}{\partial x^i}$，$Y' = \sum_j \acute{b}^j(y) \frac{\partial}{\partial y^j}$ について，$\acute{b}^j(f(x)) = \sum_i \acute{a}^i(x) \frac{\partial y^j}{\partial x^i}$．したがって，計算により，

$$\sum_j \left(b^j \frac{\partial \acute{b}^k}{\partial y^j} - \acute{b}^j \frac{\partial b^k}{\partial y^j} \right) = \sum_{i,l} \left(a^i \frac{\partial \acute{a}^l}{\partial x^i} - \acute{a}^i \frac{\partial a^l}{\partial x^i} \right) \frac{\partial y^k}{\partial x^l}$$

が分かる．これは，$[X, X']$ と $[Y, Y']$ が f 関連であることを示している． □

定理の証明 $X \in T_e(G) = \mathrm{Lie}\, G \simeq \mathfrak{X}(G)^l$ を左不変ベクトル場とみなすと，$X_g = dl_g \circ X_e \circ l_{g^{-1}}$ である．同様に，接ベクトル $Y = d\varphi_e(X) \in T_e(G') \simeq \mathfrak{X}(G')^l$ を G' 上の左不変ベクトル場とみなすと，$\varphi(G) \subset G'$ 上の値を考えることによって，X と Y とは φ 関連である．X' についても同じことがいえて補題より $[X, X']$ と $[Y, Y']$ も φ 関連である．これは $\mathrm{Lie}\,(\varphi) : \mathrm{Lie}\, G \to \mathrm{Lie}\, G'$ が Lie 環の準同型であることを意味する． □

C^∞ 写像 $f : N \to M$ について，f が単射でかつその微分 df も各点で単射のとき，f を**埋め込み** (imbedding) という．用語は必ずしも一定してない．(**はめ込み** (immersion) という言葉もあるが，これは f の単射性は仮定しないこともある．) f が埋め込みであっても，像 $f(N)$ は M の部分多様体とは限らないことに注意しておく (部分多様体のときは，$f(N)$ $(\subset M)$ の位相を M からの相対位相として，$f : N \xrightarrow{\sim} f(N)$ が位相同型)．

ところで, Lie 群論の通常の言葉では, G の部分群 H が **Lie 部分群** (Lie subgroup) であるとは，H が Lie 群であって，かつ写像 $i : H \hookrightarrow G$ が埋め込み，すなわち di が単射であるときをいう．実は，さらに H が閉部分群になるときは H が部分多様体になるときと同値である．

いずれにしろ，定理の特別な場合として，H が Lie 部分群ならば，その Lie 環 $\mathfrak{h} := \mathrm{Lie}\, H$ は $\mathfrak{g} := \mathrm{Lie}\, G$ の部分 Lie 環になる．(Lie 部分群に対応すれば，部分 Lie 環 (Lie subalgebra) (Lie ブラケットで閉じている部分ベクトル空間) は "Lie 部分環" というべきであろうが，日本語での習慣に従う．さらに，Lie 部分群を部分 Lie 群ということも多い．)

逆に G の Lie 環 $\mathfrak{g}$ の部分 Lie 環 $\mathfrak{h}$ が与えられたとき，$\mathfrak{h}$ を Lie 環とする G の Lie 部分群が存在するであろうか？ 答は肯定的で，次に解説する Frobenius の定理による．

m 次元多様体の接束 $T(M)$ の部分ベクトル束 D で任意の $p \in M$ に対し，ファイバーが一定次元 $\dim D_p = n$ ($D_p = (\pi|D)^{-1}(p)$) なるものを n 次元の**分布** (distribution) といい，D の切断を D に属するベクトル場という．D に属する任意のベクトル場 X, Y が交換子積で閉じているとき，すなわち $[X, Y]$ もまた D に属するとき，D を**包合的** (involutive) という．

任意の点 $p \in M$ の**近傍**で，$D|N = T(N)$ となる n 次元部分多様体 $N \ni p$ が存在するとき分布 D は**積分可能** (integrable) であるといい，N を**積分多様体** (integral submanifold) という．(任意の $q \in N$ に対して，$D_q = T_q(N)$ となる．)

前の補題によると，積分可能な分布は包合的である．逆が次の定理である (全微分方程式論).

定理 (Frobenius) 分布が包合的であることと積分可能であることは同値である． □

証明は [Ch], [松 2] などを参照されたい．

さて，Lie 群 G の Lie 環 $\mathfrak{g}$ の部分 Lie 環 $\mathfrak{h}$ を考える．G の左移動による接束の自明化 $T(G) \overset{\sim}{\to} G \times \mathfrak{g}$ ($\mathfrak{g} = T_e(G)$) に対して，$D(\mathfrak{h}) := G \times \mathfrak{h}$ を分布とすると，$\mathfrak{h}$ は $\mathfrak{g}$ の部分 Lie 環ゆえ，包合的である．したがって，Frobenius の定理によって G の単位元 e を通る**極大**な連結積分多様体 (正規 (すなわち上の意味で部分多様体) とは限らぬ) が存在し，これを H とする．このとき極大性から，H は G の乗法および逆元をとる操作で閉じており Lie 部分群をなす ([Ch], [岩] 参照，第 2 可算性などが効く).

Lie の第 2 基本定理 $\mathfrak{g}$ を Lie 群 G の Lie 環とする．$\mathfrak{g}$ の部分 Lie 環 $\mathfrak{h}$ に対して，G の Lie 部分群 H で $\operatorname{Lie} H = \mathfrak{h}$ なるものが存在する． □

5.2 例いろいろ，1 径数部分群など

まず，幾つかの極めて初等的な例をあげておく．

例 1 加法群 $\mathbb{R}$ とその m 個の直積群 $\mathbb{R}^m$．Lie 環は $\mathbb{R}$ 上 $\partial_1, \partial_2, \ldots, \partial_m$ ($\partial_i = \frac{\partial}{\partial x^i}$) で生成される m 次元**可換** Lie 環 ($[\partial_i, \partial_j] = 0$) である．

例 2 (一般線型群 (general linear group)) $GL(n, \mathbb{R}) = \{\, g \in M_n(\mathbb{R}) \mid \det g \neq 0 \}$．$M_n(\mathbb{R})$ は n 次実正方行列のなす n^2 次元ベクトル空間で，$GL(n, \mathbb{R})$ はその

開集合として多様体．群演算は行列の乗法とする．乗法と逆元をとる操作は $M_n(\mathbb{R})$ 上の有理関数として表される (逆行列の公式：$g^{-1} = (\det g)^{-1} \varDelta(g)$　($\varDelta(g)$ は g の余因子行列) は $GL(n,\mathbb{R})$ 上で正則な有理関数)．したがって，乗法，逆元は C^∞ よりずっと強く "代数群" の構造をもつ．

ここで，以下でも頻出する線型代数群の定義を挿入しておく．

定義　$GL(n,\mathbb{R})$ の部分群 G が Zariski 閉集合，すなわち，$M_n(\mathbb{R})$ の座標関数 x_{ij} の幾つかの有理関数の零点集合として定義されるとき，G を**実線型代数群** (real algebraic group) という．

Hilbert の基底定理より，Zariski 閉集合の定義方程式は有限個で済み，さらに群代数多様体であることから (実解析的に滑らかな) 多様体であることが言える (局所構造が同型)．また，G は $GL(n,\mathbb{R})$ の (通常位相での) 閉部分群である．

$GL(n,\mathbb{R})$ の連結成分は 2 個で，単位成分 $GL(n,\mathbb{R})^0 = \{\, g \in GL(n,\mathbb{R}) \mid \det g > 0 \,\}$ は位数 2 の正規部分群である (証明は後述)．

$GL(n,\mathbb{R})$ の単位元 $e = 1_n$ (単位行列) の接空間は明らかに $M_n(\mathbb{R})$ と見なせるが，その Lie 環としての構造は如何であろうか？ $M_n(\mathbb{R})$ と左不変ベクトル場 $\mathfrak{X}(GL(n,\mathbb{R}))^l$ の同一視は次で与えられる．

まず，シンボリカルに座標関数 x_{ij} をまとめて $x = (x_{ij})$，ベクトル場 $\partial_{ij} = \frac{\partial}{\partial x_{ij}}$ もまとめて $\partial = (\partial_{ij})$ と記す．このとき，$g \in GL(n,\mathbb{R})^0$ に関する左作用 l_g は $g\,x$ および ${}^t g^{-1}\partial$ とかける．したがって，ベクトル場 (の n 次行列) ${}^t x\,\partial$ (行列の乗法としての積) は，$l_g({}^t x\,\partial) = ({}^t x\,{}^t g)({}^t g^{-1}\partial) = {}^t x\,\partial$ となり，${}^t x\,\partial$ の成分 n^2 個 ($X_{ij} = \sum_{k=1}^{n} x_{ki}\partial_{kj}$) が $GL(n,\mathbb{R})$ の左不変ベクトル場の基底となる．

少し複雑な計算の後，上記 X_{ij} 達の交換子積の $x = 1_n$ における値は行列環 $M_n(\mathbb{R})$ の交換子積 $[X,Y] = XY - YX$ ($X, Y \in M_n(n,\mathbb{R})$) に等しいことが示せて，結局 $GL(n,\mathbb{R})$ の Lie 環 $\mathfrak{g}l(n,\mathbb{R})$ は行列の交換子のなす Lie 環と見なせることが分かる．すなわち，

$$\mathfrak{g}l(n,\mathbb{R}) := \operatorname{Lie} GL(n,\mathbb{R}) \xrightarrow{\sim} (M_n(n,\mathbb{R}),\ [\cdot,\cdot]).$$

注意　聖書 [Ch] は $[X,Y] = YX - XY$ と定義している．このせいか，幾つかの教科書で符号の混乱 (誤植？) が見られることに注意しておきたい．

例 3 (特殊線型群 (special linear group))　$SL(n,\mathbb{R}) := \{\, g \in GL(n,\mathbb{R}) \mid \det g$

$= 1\}$ は連結代数群でその Lie 環は $\mathfrak{sl}(n,\mathbb{R}) = \{\, X \in \mathfrak{gl}(n,\mathbb{R}) \mid \mathrm{Trace}\, X = 0 \,\}$.

$GL(n,\mathbb{R})$ の閉部分群の Lie 環の求め方：$c(t) \in M_n(\mathbb{R})$ を単位元 $e = 1_n$ を通る小さい曲線，$t \in (-a,a)$ $(a > 0)$，$c(0) = 1_n$ とすると，$\dot{c}(0)$ が c の接線である．そこで $c(t) \in SL(n,\mathbb{R})$ とすると $\det c(t) = 1$．これを t で微分して $t = 0$ とおくと，$c_{ij}(0) = \delta_{ij}$ だから，

$$
\begin{aligned}
0 = \frac{d}{dt}\,(\det c(t))|_{t=0} &= \sum_{i=1}^{n} c_{11}(0)c_{22}(0)\cdots\dot{c}_{ii}(0)\cdots c_{nn}(0) \\
&= \sum_{n=1}^{n} \dot{c}_{ii}(0) = \mathrm{Trace}\,\dot{c}\,(0)
\end{aligned}
$$

したがって，$\mathrm{Lie}\,SL(n,\mathbb{R}) = \{\, X \in \mathfrak{gl}(n,\mathbb{R}) \mid \mathrm{Trace}\, X = 0 \,\}$ を得る．

例 4 (直交群) $O(n) = O(n,\mathbb{R}) = \{\, g \in GL(n,\mathbb{R}) \mid {}^t g\, g = 1_n \,\}$ と**回転群** $SO(n) = SL(n,\mathbb{R}) \cap O(n)$ はコンパクトな代数群である $(n > 1)$．回転群は連結で $O(n)$ の位数 2 の部分群である．($M_n(\mathbb{R})$ の有界閉集合だからコンパクト，連結性の証明は後述．) Lie 環は $\mathfrak{o}(n) = \mathfrak{so}(n) = \{\, X \in \mathfrak{gl}(n,\mathbb{R}) \mid X + {}^t X = 0 \,\}$．証明は例 2 と同様に，$c(t) \in SO(n)$ とすると，${}^t c(t)\, c(t) = 1_n$．t で微分して ${}^t\dot{c}(t)\, c(t) + {}^t c(t)\, \dot{c}(t) = 0$，$t = 0$ とおくと $c(0) = 1_n$ より ${}^t\dot{c}(0) + \dot{c}(0) = 0$ を得る．

(実は，この論法は $X \in \mathfrak{o}(n)$ ならば ${}^t X + X = 0$ を示すが，逆は言ってない．指数写像 (後述) から明らかになる．あるいは，代数群としては，[堀；3.2 節，双対数] など参照．)

例 5 群準同型 $\varpi : \mathbb{R} \to SO(2) = \{\, k(\theta) = \left(\begin{smallmatrix} \cos\theta & -\sin\theta \\ \sin\theta & \cos\theta \end{smallmatrix}\right) \mid \theta \in \mathbb{R} \,\}$ を $\varpi(\theta) = k(2\pi\theta)$ によって定義すると，これは Lie 群としての準同型である．ϖ は局所同型 ($\Leftrightarrow d\varpi_0$が線型同型) で，核は $\mathrm{Ker}\,\varpi = 2\pi\mathbb{Z}$ である．したがって，(群として)$\mathbb{R}/\mathbb{Z} \xrightarrow{\sim} SO(2)$ であるが，これは 1 次元 Lie 群としての同型でもある．

すなわち，($\mathbb{R}$, ϖ) はコンパクト可換群 $\mathbb{R}/\mathbb{Z}$ の普遍被覆空間になっており，群準同型でもある．この状況は一般的な次の定理を反映している (適当な条件の下，位相群でも成立する)．

定理 連結 Lie 群 G の普遍被覆空間を $\pi : \widetilde{G} \to G$ とする．このとき，$\tilde{e} \in \pi^{-1}(e)$ を 1 つえらぶと，$\tilde{e}$ が $\widetilde{G}$ の単位元となり，π が群準同型となるような Lie 群の構造が $\widetilde{G}$ に一意的に入る．π は局所同型ゆえ $d\pi_{\tilde{e}}$ は同型で，Lie 環の同型を与える．$\widetilde{G}$ を G の**普遍被覆群** (universal covering group) という． □

この状況で π の核 $\operatorname{Ker}\pi$ は離散群 (0 次元) である．以下の命題により $\operatorname{Ker}\pi$ は $\widetilde{G}$ の中心の部分群である．

命題 連結 Lie 群 G の離散正規部分群 $\varGamma$ は中心の部分群である．

証明 $g\varGamma g^{-1} = \varGamma$ $(g \in G)$ ゆえ，連続準同型 $f : G \to \operatorname{Aut}\varGamma$ $(f(g)(\gamma) = g\gamma g^{-1})$ を考える．$\operatorname{Aut}\varGamma$ も離散群で，f は連続ゆえ連結群 G の像 $f(G)$ は単位群である．よって，$g\gamma g^{-1} = \gamma$ $(g \in G, \gamma \in \varGamma)$. □

1 径数部分群

定義 実数の加法群 $\mathbb{R}$ から Lie 群 G への準同型写像 (またはその像) $\varphi : \mathbb{R} \to G$ を **1 径数部分群** (one parameter subgroup) という．(φ の像はもちろん単位成分 G^0 の部分群である．)

φ に対応する Lie 環の準同型 $d\varphi : \operatorname{Lie}\mathbb{R} \to \mathfrak{g}$ について，$\mathbb{R}$ の座標を t，$\operatorname{Lie}\mathbb{R}$ の基底を $\partial = \frac{d}{dt}$ とすると，$X = d\varphi(\partial) \in \mathfrak{g}$ は G 上の不変ベクトル場を与え，φ の $\varphi(t)$ における接ベクトル $\dot{\varphi}(t)$ が $X_{\varphi(t)}$ である．

したがって，常微分方程式の解の一意性から，$X \in \mathfrak{g}$ を与えると，$\dot{\varphi}(0) = X, \dot{\varphi}(t) = X_{\varphi(t)}$ なる φ が一意的に決まる．

注意 5.1 節の Lie の第 2 基本定理によって，1 次元部分 Lie 環 $\mathbb{R}X \subset \mathfrak{g}$ に対応する G の部分群を $\varphi(\mathbb{R}) \subset G$ と思うこともできる．

このことを $GL(n,\mathbb{R})$ で見てみよう．$\varphi(t) = (\varphi_{ij}(t)) \in GL(n,\mathbb{R})$ について $\varphi(t+u) = \varphi(t)\varphi(u)$ $(t, u \in \mathbb{R})$ とする．両辺を u で微分して $u = 0$ とおくと，

$$\frac{d}{du}\bigg|_{u=0}\varphi(t+u) = \dot{\varphi}(t), \quad \frac{d}{du}\bigg|_{u=0}\varphi(u)\varphi(t) = \dot{\varphi}(0)\varphi(t)$$

ゆえ，$X = \dot{\varphi}(0) \in M_n(\mathbb{R})$ とおいて

$$\boxed{\dot{\varphi}(t) = X\,\varphi(t)}$$

を得る．これは，X を定数とする行列値常微分方程式で $n = 1$ の場合指数関数 e^{tX} が解である．一般の場合も行列の指数関数を

$$e^X = \exp X := \sum_{m=0}^{\infty} \frac{1}{m!} X^m \quad (X \in M_n(\mathbb{R}))$$

と定義すると，これは $M_n(\mathbb{R})$ 全体で収束する ([佐 1], [齋], ⋯)．$\varphi(t) = e^{tX}$ が初期条件 $\varphi(0) = 1_n$ における一意的な解を与えていることは $n = 1$ の場合と同様である．

かくして，$GL(n,\mathbb{R})$ の 1 径数部分群は行列の指数関数で与えられることが分かった．

例 6 $G = GL(2,\mathbb{R})$ とする．

(1) $X = \begin{pmatrix} 1 & 0 \\ 0 & 1 \end{pmatrix}$, $e^{tX} = \begin{pmatrix} e^t & 0 \\ 0 & e^t \end{pmatrix} = e^t 1_2$.

(2) $X = \begin{pmatrix} 1 & 0 \\ 0 & -1 \end{pmatrix}$, $e^{tX} = \begin{pmatrix} e^t & 0 \\ 0 & e^{-t} \end{pmatrix} \in SL(2,\mathbb{R})$.

(3) $X = \begin{pmatrix} 0 & -1 \\ 1 & 0 \end{pmatrix}$, $e^{\theta X} = \begin{pmatrix} \cos\theta & -\sin\theta \\ \sin\theta & \cos\theta \end{pmatrix}$ (例 5).

(4) $X = \begin{pmatrix} 0 & 1 \\ 0 & 0 \end{pmatrix}$, $e^{tX} = 1_2 + tX = \begin{pmatrix} 1 & t \\ 0 & 1 \end{pmatrix}$ ($X^2 = 0$ に注意)

$$\mathbb{R} \ni t \mapsto e^{tX} \in \left\{ \begin{pmatrix} 1 & t \\ 0 & 1 \end{pmatrix} \,\middle|\, t \in \mathbb{R} \right\}$$ は (代数群としての) 加法群の同型.

例 7 加法群 $\mathbb{R}^n$ の元 $v \in \mathbb{R}^n$ を固定して，1 径数部分群 $\varphi(t) = t\,v$ (直線) を考える．n 次元トーラス $T^n = \mathbb{R}^n/\mathbb{Z}^n$ に落として，$\overline{\varphi}(t) := \varphi(t) \bmod \mathbb{Z}^n$ とすると，$\overline{\varphi}$ は T^n の 1 径数部分群である．このとき，Lie 部分群 $\overline{\varphi}(\mathbb{R}) \subset T^n$ は閉部分群とは限らない．

例えば，$n = 2$ のとき，$(v_1, v_2) \in \mathbb{R}^2$ において，比 $v_1 : v_2$ が無理数ならば，$\overline{\varphi}(\mathbb{R})$ は T^2 の稠密な 1 次元 Lie 部分群になる ([Po; (上) p. 277, 例 65])．

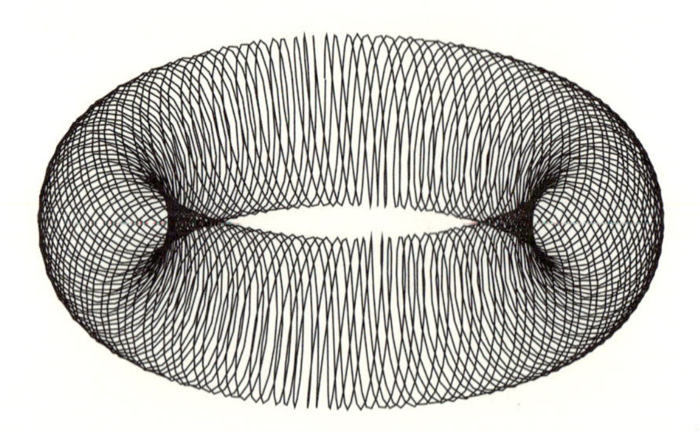

トーラスに巻き付くコイル

ここらで，証明は省くが次の有用な定理に注意しておくのがよかろう ([Ch; Ch. 4, sec14, Prop. 2, Cor]).

定理 (Cartan) Lie 群の閉部分群は Lie 部分群である. □

例 7 は逆が成立しないことをあげている．例 3, 4, 5 などは $GL(n,\mathbb{R})$ の閉部分群になっている (代数群であるから).

ここで，随伴表現について整理しておこう．Lie 群 G の元 g による内部自己同型を $i_g(x) = g\,x\,g^{-1}$ $(x \in G)$ と記すと，i_g は Lie 群としての同型写像である．したがって，その微分 di_g は単位元の接空間 $T_e(G) = \mathfrak{g}$ の同型を与え，5.1 節の定理によって，Lie 環 $\mathfrak{g}$ の同型を与えている．この同型写像を

$$\mathrm{Ad}\,(g) := di_g \in \mathrm{Aut}\,\mathfrak{g}$$

とかく．$i_{(gh)} = i_g i_h$ より $\mathrm{Ad}\,(gh) = \mathrm{Ad}\,(g)\mathrm{Ad}\,(h)$ $(g,h \in G)$ ゆえ，$\mathrm{Ad} : G \to \mathrm{Aut}\,\mathfrak{g}$ は準同型である．これを**随伴表現** (adjoint representstion) という.

線型群の場合，この表現は具体的に次のように明示される．$G \subset GL(n,\mathbb{R})$, $\mathfrak{g} \subset \mathfrak{gl}(n,\mathbb{R})$ として，$X \in \mathfrak{gl}(n,\mathbb{R})$ が定める 1 径数部分群を $e^{tX} \in G$ とかくと，行列の計算で $i_g(e^{tX}) = ge^{tX}g^{-1} = e^{t(gXg^{-1})}$ となる $(gX^m g^{-1} = (gXg^{-1})^m$ $(m \in \mathbb{N})$ に注意).

$di_g(X) = \frac{d}{dt}\big|_{t=0}(i_g(e^{tX})) = \frac{d}{dt}\big|_{t=0}e^{t(gXg^{-1})} = gXg^{-1}$ より，$\mathrm{Ad}\,(g)X = gXg^{-1}$. ($\mathrm{Ad}\,(g)$ は確かに Lie 環 $\mathfrak{g} \subset \mathfrak{gl}(n,\mathbb{R})$ の同型を与えている.)

さらに，群の随伴表現 Ad を微分すると，**Lie 環 $\mathfrak{g}$ の随伴表現**が得られる (5.1 の注意で述べたもの)．今度は g として 1 径数部分群 e^{tY} $(Y \in \mathfrak{g})$ をとり，$\mathrm{Ad}\,(e^{tY})(X) = e^{tY}Xe^{-tY}$ に対して t で微分して $t=0$ とおく．これはすべて行列の乗法であるから

$$\begin{aligned} \frac{d}{dt}\bigg|_{t=0}(e^{tY}Xe^{-tY}) &= Ye^{tY}Xe^{-tY} + e^{tY}X(-Ye^{-tY})\bigg|_{t=0} \\ &= YX - XY = [Y,X] =: \mathrm{ad}\,(Y)(X). \end{aligned}$$

したがって，群の表現 $\mathrm{Ad} : G \to \mathfrak{g}$ の微分表現 $d\,\mathrm{Ad}$ が Lie 環の随伴表現

$$\mathrm{ad} : \mathfrak{g} \longrightarrow \mathrm{End}\,\mathfrak{g}$$

である.

いま，線型群の場合に行列計算で示したが，上記の公式はすべて一般の (連結) Lie 群においても成り立つ.

少し乱暴すぎる論法と思われる向きには，次の "Lie の第 3 基本定理" とよばれ

るものを心に置いておかれるのも良いかと思う (Cartan の定理ともいわれるが，厳密には岩澤と Ado による).

定理 (岩澤–Ado) 任意の有限次元 Lie 環は適当な次数の $\mathfrak{gl}(n,\mathbb{R})$ の部分環として表現できる (すなわち，有限次元の忠実表現をもつ). □

系として，任意の有限次元 Lie 環はある連結な線型 Lie 群の Lie 環になることがいえる．第 2 基本定理から，$\mathfrak{g} \subset \mathfrak{gl}(n,\mathbb{R})$ を Lie 環とする $GL(n,\mathbb{R})$ の Lie 部分群をとればよい．

さらに，任意の連結 Lie 群は線型 Lie 群に局所同型であることも分かる．このことは，Lie 群の局所理論 (主に Lie 環に関すること) は線型群で考えても同じ結果をもたらすことを意味している．

以上 Lie 群上の 1 径数部分群の話をしてきたが，以下のように一般の多様体 M の変換群としても可能である．

加法群 $\mathbb{R}$ が M に (C^∞ に) 働いているとき，すなわち，C^∞ 写像 $\Phi : \mathbb{R}\times M \to M$ ($(t,p) \mapsto \Phi(t;p)$) が与えれていて，$\Phi(t+u;p) = \Phi(t;\Phi(u;p))$，$\Phi(0;p) = p$ ($t,u \in \mathbb{R}$, $p \in M$) をみたすとき，Φ を **1 径数変換群** (one parameter transformation group) という．$\Phi(t;p) = \varphi(t)(p)$ ($\varphi(t)$ は M から自身への C^∞ 写像) とかくと，φ は $\mathbb{R}$ から M の C^∞ 同型群への準同型であるから，φ をそうよぶこともある．

群軌道 $c_p(t) := \varphi(t)(p)$ を考えると, その接線が $\dot{c}_p(t)$ $(:= dc_p(\frac{d}{dt})) \in T_{\varphi(t)(p)}(M)$ で与えられるから，M 上のベクトル場 $X \in \mathfrak{X}(M)$ で，$X_{\varphi(t)(p)} = \dot{c}_p(t)$ なるものが存在する．すなわち，X の積分曲線が c_p である．

逆に，M 上にベクトル場 X が与えられたとき，**局所的**には，$X_{\varphi(t)(p)} = \dot{c}_p(t)$ なる c_p が，$t=0$ の近傍で存在し，これを X が**生成する局所** 1 係数変換群という．(ちなみに，大域的な (すなわちすべての $t \in \mathbb{R}$ にたいし) $\varphi(t)$ が存在するとき，ベクトル場 X は**完備** (complete) という．)

コンパクトな多様体の場合は任意のベクトル場は完備であるが，そうでないときは明らかな反例がある (軌道の点を除け).

M が Lie 群の場合，1 径数部分群 $\varphi : \mathbb{R} \to G$ は，内部自己同型 $\mathbb{R}\times G \to G$ ($(t,g) \mapsto i_{\varphi(t)}g = \varphi(t)g\varphi(t)^{-1}$) によって G の 1 係数変換群を与えており，対応するベクトル場が Lie ブラケットで与えられていることを見た．

一般の (局所) 1 径数変換群 $\varphi(t)$ に対しても，ベクトル場 $X \in \mathfrak{X}(M)$ に対し

て，$Y \in \mathfrak{X}(M)$ の **Lie 微分** (Lie derivative) を

$$(L_X Y)_p = \frac{d}{dt}\Big|_{t=0} (d\varphi(-t) Y_{\varphi(t)(p)})$$

($\varphi(t)$ は X が生成する局所 1 係数変換群) と定義すると，L_X は随伴作用 $L_X Y = [X, Y]$ となることが証明される ([今], [野] など微分幾何の教科書参照)．後述するが，Lie 微分はテンソル場でも定義される．

注意 Lie 群 G が M に左から働いているとき，1 径数部分群 $e^{tX} \in G$ に対し，ベクトル場 $X^* \in \mathfrak{X}(M)$ を $X_p^* := \frac{d}{dt}\big|_{t=0}(e^{tX}p)$ と定義すると，$L_{X^*}Y^* = [X^*, Y^*] = -[Y, X]^*$ である (符号に注意！ [He; p. 112, Th. 3.4])．$X^\sharp := -X^*$ とおくと，$[X, Y]^\sharp = [X^\sharp, Y^\sharp]$． □

最後に例にあげた Lie 群たちの Lie 環を決めよう．H を Lie 群 G の Lie 部分群，$\mathfrak{h} \subset \mathfrak{g}$ をそれぞれの Lie 環とする．このとき，$X \in \mathfrak{h}$ が生成する 1 径数部分群は H の部分群であるが，逆に $X \in \mathfrak{g}$ が生成する e^{tX} が (任意の $t \in \mathbb{R}$ に対して) H に含まれていれば，$X \in \mathfrak{h}$ である．実際，このとき e^{tX} $(t \in \mathbb{R})$ は H の中の曲線であり，その接ベクトル $\frac{d}{dt}\big|_{t=0} e^{tX} = X$ は $e \in H$ における接ベクトル，すなわち $X \in \mathfrak{h}$ となる．よって，

$$\mathfrak{h} = \{\, X \in \mathfrak{g} \mid e^{tX} \in H \ (\, t \in \mathbb{R}\,)\,\}$$

である．Lie 環が決まれば，$\dim G = \dim \mathfrak{g}$ より，Lie 群の次元が求まることにも注意しておく．

例 8 (幾つかの古典群の Lie 環)

$$\begin{aligned}
&\mathrm{Lie}\, GL(n, \mathbb{R}) = \mathfrak{gl}(n, \mathbb{R}) = M_n(\mathbb{R}), \\
&\mathrm{Lie}\, SL(n, \mathbb{R}) = \mathfrak{sl}(n, \mathbb{R}) = \{\, X \in \mathfrak{gl}(n, \mathbb{R}) \mid \mathrm{Trace}\, X = 0\,\} \\
&(\dim SL(n, \mathbb{R}) = n^2 - 1), \\
&\mathrm{Lie}\, O(n) = \mathrm{Lie}\, SO(n) = \mathfrak{so}(n) = \{\, X \in \mathfrak{gl}(n, \mathbb{R}) \mid {}^t X + X = 0\,\} \\
&(\dim O(n) = \frac{n(n-1)}{2}).
\end{aligned}$$

証明 $X \in \mathfrak{gl}(n, \mathbb{R})$, $e^{tX} \in SL(n, \mathbb{R})$ とする．$\det e^{tX} = e^{t \mathrm{Trace}\, X} = 1$ $(t \in \mathbb{R})$ より $\mathrm{Trace}\, X = 0$．逆に $\mathrm{Trace}\, X = 0$ ならば $\det e^{tX} = 1$．

$O(n)$ については，$e^{tX} \in O(n) \Leftrightarrow {}^t(e^{tX})e^{tX} = 1_n \Rightarrow \frac{d}{dt}\big|_{t=0} {}^t(e^{tX})e^{tX} = 0 \Rightarrow ({}^t X {}^t(e^{tX})e^{tX} + {}^t(e^{tX}) X e^{tX})\big|_{t=0} = 0 \Rightarrow {}^t X + X = 0$ (転置の ^{t} と径数の t

を混同しないよう注意). 逆に, ${}^tX = -X$ ならば ${}^t(e^{tX}) = e^{t\,{}^tX} = e^{-tX}$ ゆえ ${}^t(e^{tX})e^{tX} = 1_n$, すなわち, $e^{tX} \in SO(n) \subset O(n)$. □

例 9 $D_n \subset GL(n,\mathbb{R})$ を対角行列全体がなす部分群とすると, $\mathrm{Lie}\,D_n$ は $M_n(\mathbb{R})$ の対角行列全体がなす部分環.

$T_n \subset GL(n,\mathbb{R})$ を上 3 角行列全体がなす部分群とすると, $\mathrm{Lie}\,T_n$ は $M_n(\mathbb{R})$ の上 3 角行列全体がなす部分環.

$U_n \subset T_n$ を対角成分がすべて 1 の T_n の元がなす部分群とすると, $\mathrm{Lie}\,U_n$ は対角成分がすべて 0 である上 3 角行列がなす部分環.

これらはすべて代数群である.

5.3 作用と軌道, 商空間と剰余群

一般に代数学で抽象群 G が集合 M に左から働く (または, 作用する) とは, 写像 $G \times M \to M$ ($(g,p) \mapsto gp$ $(g \in G,\ p \in M)$) があって, $g(hp) = (gh)p$, $ep = p$ $(g, h \in G,\ p \in M)$ をみたすときをいった.

第 1 式の替わりに, $g(hp) = h(gp)$ をみたすときは, 右から働くという. この場合は $M \times G \to M$ ($(p, g) \mapsto pg$) とかく方が馴染みやすいからである.

この設定で, 次の言葉も思い出しておこう. 点 $p \in M$ に対して $O_G(p) := G\,p = \{gp \mid g \in G\} \subset M$ を p の ***G* 軌道** (G-orbit) といい, $O_G(p) = M$ のとき, G は M に推移的に働くという. $G_p := \{g \in G \mid gp = p\}$ を p の**固定化部分群** (isotropy subgroup) という. 集合として $G/G_p \xrightarrow{\sim} O_G(p)$ ($gG_p \mapsto gp$) となることは明らかであろう.

さて, Lie 群 G と多様体 M の場合は, 作用 $G \times M \to M$ が C^∞ 写像のとき, G は M の **Lie 変換群** (Lie transformation group) という. すでに, 前節で論じた 1 係数変換群は Lie 変換群の 1 例である.

M が G 自身のとき, 左右の移動 l_g, r_g, 内部自己同型 $i_g(x) = gxg^{-1}$ は, G の G 自身への Lie 変換群である.

群 G が集合 M へ左から働くとき, 商集合 (剰余集合) $G\backslash M := M/\sim$ $(x \sim y \Leftrightarrow y = gx$ となる $g \in G$ がある) ($M/\sim$ は G 軌道全体のなす集合) が定義されるが, Lie 群 G が多様体 M の Lie 変換群の場合, 商 $G\backslash M$ が多様体として巧く定義されることは, 一般的にはほとんど期待できない (すなわち, 射影 $\pi : M \to G\backslash M$ が C^∞ 写像になるなど).

しかし，多くの基本的な場合この操作が巧く行き，豊富な例を与えるのみならず，理論構成上も重要である．

まず，線型代数学から，対称行列の標準形について思い出そう．

$\mathfrak{S}_n$ を n 次実対称行列のなすベクトル空間とすると，

$$GL(n,\mathbb{R}) \times \mathfrak{S}_n \longrightarrow \mathfrak{S}_n \quad (\,(g,X) \mapsto gX\,{}^t g\ (\,g \in GL(n,\mathbb{R}),\ X \in \mathfrak{S}_n\,)\,)$$

によって，$GL(n,\mathbb{R})$ は $\mathfrak{S}_n$ に左から働く．Sylvester の慣性率によってその軌道は有限個で，X の符号数 (r,s) によって決まる (代表元が r 個の 1，s 個の -1，残りは 0 の対角行列)．

とくに $r=n$ のとき，単位行列の軌道 $g\,{}^t g\ (g \in GL(n,\mathbb{R}))$ が正定値行列全体のなす集合 $\mathfrak{S}_n^+$ に等しい．すなわち，全射 $\pi : GL(n,\mathbb{R}) \to \mathfrak{S}_n^+\ (\,\pi(g) = g\,{}^t g\,)$ が得られる．

ここで，単位行列の逆像は $\pi(k) = 1_n \Leftrightarrow k\,{}^t k = 1_n \Leftrightarrow k \in O(n)$ より直交群 $O(n)$ で，さらに，$\pi(gk) = gk\,{}^t k\,{}^t g = g\,{}^t g = \pi(g)\ (k \in O(n))$ である．したがって，π は閉部分群 $O(n)$ を $GL(n,\mathbb{R})$ に右移動で働かせたときの剰余集合 $GL(n,\mathbb{R})/O(n)$ を経由して

$$\pi : GL(n,\mathbb{R}) \xrightarrow{\varpi} GL(n,\mathbb{R})/O(n) \xrightarrow{\bar\pi} \mathfrak{S}_n^+$$
$$(\,\varpi(g) = g\,O(n),\ \bar\pi(g\,O(n)) = g\,{}^t g\,)$$

とかける ($\pi = \bar\pi \circ \varpi$)．

ここで $\bar\pi$ は全単射である．実際，正定値 $Y \in \mathfrak{S}_n^+$ を直交行列 $k \in O(n)$ で対角化して $Y = k\lambda k^{-1}$ (λは成分がすべて正の対角行列) とかき，$y = \sqrt{Y} := k\sqrt{\lambda}k^{-1} \in \mathfrak{S}_n^+$ とおくと，$y^2 = Y$．そこで，$Y = \pi(g)\ (g \in GL(n,\mathbb{R}))$ とすると，$\pi(y^{-1}g) = y^{-1}g\,{}^t(y^{-1}g) = y^{-1}g\,{}^t g\,{}^t y^{-1} = y^{-1}Yy^{-1} = y^{-1}y^2y^{-1} = 1_n$ となり，$y^{-1}g \in O(n)$，すなわち $g = yk\ (k \in O(n),\ y \in \mathfrak{S}_n^+)$ なる分解が存在する．この分解は一意的で，$\pi(g) = y^2 = \bar\pi(y\,O(n))$ となる．(正値行列の写像 $y \mapsto y^2$ は $\mathfrak{S}_n^+$ の微分同相 (代数的) を与える．)

ここで，$\mathfrak{S}_n^+$ について次を注意しておく．対称行列のなすベクトル空間から正定値の空間へ指数写像 $\exp : \mathfrak{S}_n \to \mathfrak{S}_n^+\ (\,\exp X = e^X\ (X \in \mathfrak{S}_n)\,)$ が定義されるが，これは全単射である (直交行列による標準形を考えよ)．exp は実解析的写像で逆も然りである (log とかこう) から，これは多様体の同型を与える．とくに，上で示したように，$y \mapsto y^2\ (y \in \mathfrak{S}_n^+)$ は $\mathfrak{S}_n^+$ の同型を与え，これは $\mathfrak{S}_n$ における 2 倍写像 $X \mapsto 2X$ から来ている．

以上をまとめて次を命題とする．

命題($GL(n,\mathbb{R})$ の極分解)　写像 $\mathfrak{S}_n^+ \times O(n) \ni (y,k) \mapsto yk \in GL(n,\mathbb{R})$ は多様体の同型を与える (群同型ではない)．このことを $GL(n,\mathbb{R}) = \mathfrak{S}_n^+\, O(n)$ (一意分解) とかき，**極分解** (polar decomposition) という．

写像 $\pi(yk) = y^2 \in \mathfrak{S}_n^+$ ($y \in \mathfrak{S}_n^+$, $k \in O(n)$) は剰余集合の同型 $GL(n,\mathbb{R})/O(n) \xrightarrow{\sim} \mathfrak{S}_n^+$ ($y\,O(n) \mapsto y$) をひき起こし，これによって $GL(n,\mathbb{R})/O(n)$ に自然な多様体の構造が入り，Lie 群 $GL(n,\mathbb{R})$ への $O(n)$ の右作用による商空間と見なすことができる．

コメント 1　π の微分を考える．$X \in \mathfrak{gl}(n,\mathbb{R})$ に対して $\pi(e^{tx}) = e^{tX}\,{}^t(e^{tX}) = e^{tX}e^{t\,{}^tX}$ ゆえ，

$$\frac{d}{dt}\bigg|_{t=0} e^{tX}e^{t\,{}^tX} = X + {}^tX \ (\in \mathfrak{S}_n = T_{1_n}\mathfrak{S}_n^+).$$

したがって，$d\pi : T_e(GL(n,\mathbb{R})) \to T_{1_n}(\mathfrak{S}_n^+)$ も全射であり，左不変性によって π は沈め込み (submersion) になる．よって，陰関数定理より，部分群 $O(n)$ による (厳格な意味での) 商多様体になる．

$\mathfrak{gl}(n,\mathbb{R})$ における分解 $X = \frac{X+{}^tX}{2} + \frac{X-{}^tX}{2}$ が，極分解 $\mathfrak{S}_n^+ \times O(n)$ に対応していると考えられる．すなわち，$\frac{X+{}^tX}{2} \in \mathfrak{S}_n = T_{1_n}(\mathfrak{S}_n^+)$, $\frac{X-{}^tX}{2} \in T_e(O(n)) = \mathfrak{so}(n)$.

コメント 2　$GL(n,\mathbb{R})$ の閉部分群 $SL(n,\mathbb{R})$ に制限すると，極分解は $SL(n,\mathbb{R}) = \mathfrak{S}_n^1\, SO(n)$ となる ($\mathfrak{S}_n^1 := \{\, y \in \mathfrak{S}_n^+ \mid \det y = 1\,\}$).

コメント 3　これまで述べるのを控えてきたが，複素係数の場合もほとんど同様である．群を $GL(n,\mathbb{C})$, $U(n) := \{\, k \in GL(n,\mathbb{C}) \mid k\,{}^t\bar{k} = 1_n \,\}$ (ユニタリ群), $\mathfrak{H}_n := \{\, X \in M_n(\mathbb{C}) \mid X = {}^t\overline{X} \,\}$ (Hermite 行列)，$\mathfrak{H}_n^+$ を正定値 Hermite 行列がなす部分集合とし，写像 $GL(n,\mathbb{C}) \ni g \mapsto g\,{}^t\bar{g} \in \mathfrak{H}_n^+$ とすると，$GL(n,\mathbb{C}) = \mathfrak{H}_n^+\, U(n)$ が極分解である．

係数を $\mathbb{R}$ に制限したものが命題の場合である．ただし，これらは複素多様体の話ではなく，あくまで実多様体として考えてのことである．($\mathfrak{H}_n$ は複素部分多様体ではなく，また $U(n)$ も複素 Lie 群ではない．)

コメント 4　後の章で論じられる一般化した理論では極分解は Cartan 分解とよばれる．

一般論に戻ろう．G を Lie 群，H を部分群とするとき，左剰余類の集合 G/H に多様体構造を導入したければ，当然，射影 $\pi : G \to G/H$ が沈め込みであって欲しい．もちろん，1 点 $\{H\}$ の逆像 H は閉部分群でなければいけないし，G の G/H への左作用は Lie 変換群でなければいけない．実際，閉部分群に対しては必ずこれが成立することが証明される．

定理 (商空間の存在)　Lie 群 G の閉部分群 H に対して，商空間 (剰余空間) G/H には G を左作用で Lie 変換群とする多様体の構造が入り，射影 $\pi : G \to G/H$ は沈め込み写像になる．

このとき，それぞれの Lie 環を $\mathfrak{h} \subset \mathfrak{g}$ とすると，接空間において $d\pi_e : T_e(G) \to T_H(G/H)$ は射影 $\mathfrak{g} \to \mathfrak{g}/\mathfrak{h}$ になる．なお，一般元 $g \in G$ においては，g による左移動を考える．□

系　G が多様体 M に (Lie 変換群として) 推移的に働くとき，$p \in M$ の固定化部分群 G_p は閉部分群で，多様体として $G/G_p \xrightarrow{\sim} M$ $(g\,G_p \mapsto g\,p)$ は同型である．(この同型は，G の作用込みである，すなわち G の作用と可換．このことを，G 同型，または G 同変という．)

このとき，M を (G の) **等質空間** (homogeneous space) という．

注意　代数群の理論ではこの辺りの事情は微妙で，とくに正標数の場合は要注意である (分離性の問題)．

コメント　定理において，π は局所自明，すなわち，点 $\{H\} \in G/H$ のある開近傍 U で，切断 $s : U \xrightarrow{\sim} V \subset G$ で，多様体の同型 $\pi^{-1}(U) \simeq V \times H$ となるものがある．

例 1 (既述)　$GL(n,\mathbb{R})/O(n) \xrightarrow{\sim} \mathfrak{S}_n^+$, $SL(n,\mathbb{R})/SO(n) \xrightarrow{\sim} \mathfrak{S}_n^1$, $GL(n,\mathbb{C})/U(n) \xrightarrow{\sim} \mathfrak{H}_n^+$.

例 2　(1) $O(n+1)/O(n) \simeq SO(n+1)/SO(n) \simeq S^n$ (n 次元球面)．$\boldsymbol{e}_1 = {}^t(1,0,\ldots,0) \in \mathbb{R}^{n+1}$ の $O(n+1) \supset SO(n+1)$ 軌道が $S^n = \{v \in \mathbb{R}^{n+1} \mid \|v\| = 1\}$．ちなみに，$S^n$ は連結ゆえ，射影 (束) $SO(n+1) \twoheadrightarrow S^n$ から (ファイバー $SO(n)$ の連結を仮定して) $SO(n+1)$ の連結性が分かる ($n \geq 1$)．(直接，標準形が $SO(2)$ の直積であることからも分かる．)

なお，$O(n) = SO(n) \sqcup \operatorname{diag}(-1,1,\ldots,1)\,SO(n)$ ゆえ，$O(n)$ の連結成分は 2.

(2) $n=k+l$ に対して $GL(n,\mathbb{R})$ の部分群

$$P_{k,l} := \left\{ \begin{pmatrix} A & \star \\ 0 & B \end{pmatrix} \in GL(n,\mathbb{R}) \;\middle|\; A \in GL(k,\mathbb{R}),\, B \in GL(l,\mathbb{R}) \right\}$$

を考える．$M_k(n) := \{\, V \subset \mathbb{R}^n \mid \dim V = k \}$ (k 次元線型部分空間全体) とおくと，$GL(n,\mathbb{R})$ は $M_k(n)$ に (左から) 推移的に働き，部分空間 $V_0 := \{{}^t(\overbrace{*,\ldots,*}^{k},0,\ldots,0)\} \in M_k(n)$ の固定化部分群が $P_{k,l}$ となる．すなわち，同型 $GL(n,\mathbb{R})/P_{k,l} \xrightarrow{\sim} M_k(n)$ $(g\,P_{k,l} \mapsto g\,V_0)$ を得る．

M_k を実 **Grassmann 多様体**という．とくに，$M_1(n)$ は $n-1$ 次元射影空間である．$GL(n,\mathbb{R})$ の替わりに，$SL(n,\mathbb{R}), O(n), SO(n)$ をとっても同様である．$M_k(n)$ は連結，コンパクトで $k(n-k)$ 次元である．

(3) Grassmann 多様体の親類筋にあたるもので，**旗多様体** (flag manifold) がある．$0<n_1<n_2<\cdots<n_r<n$ に対して，$F_{n_1,n_2,\ldots,n_r} := \{\,(V_1 \subset V_2 \subset \cdots \subset V_r) \mid \dim V_i = n_i,\ V_i$ は線型部分空間$\}$ とする．(2) を一般化した部分群 $P_{n_1,n_2,\ldots,n_r}$ $(n_1, n_2-n_1, \ldots, n-n_r$ に対応してブロック分けをする) を定義して，同型 $GL(n,\mathbb{R})/P_{n_1,n_2,\ldots,n_r} \xrightarrow{\sim} F_{n_1,n_2,\ldots,n_r}$ を得る．

旗多様体は一般の体上でも定義される代数多様体で表現論など各方面で重要な役割を果たす．部分群 P_{**} は**放物型部分群** (parabolic subsgroup) とよばれる．

群の剰余空間を一般化した重要な概念に**主束** (principal bundle) がある．

$\pi : P \to M$ を多様体の写像で，P には Lie 変換群が右から働いているとする．次の条件をみたすとき，$P \to M$ を $\boldsymbol{G}$ **主束** (G-principal bundle) といい，G を**構造群** (structure group) という．

(1) 各点 $p \in M$ のファイバー $\pi^{-1}(p)$ は唯一つの G 軌道からなる．すなわち，G はファイバーに推移的に働く．

(2) 各点 $p \in M$ は次の性質をもつ開近傍をもつ．$\pi^{-1}(U)$ は直積 $U \times G$ に G 同型である．

したがって，U 上では射影は $\pi_U : \pi^{-1}(U) \xrightarrow{\sim} U \times G \xrightarrow{\mathrm{pr}_U} U$ と分解する．さらに，G の P への作用は自由 (固定部分群は単位元のみ) で，G 軌道は G 多様体として G 自身に同型である．

明らかに π は沈め込みで，この状況を $P/G \xrightarrow{\sim} M$ とかく．群の剰余空間の場

合は，$P \mapsto G,\, G \mapsto H,\, M \mapsto G/H$ であった．

例 3 (枠束 (frame bundle)**)** 多様体の接束 $T(M)$ において，$T_p(M)$ の基底全体の集合 (枠 (frame)) を $\mathcal{F}_p$ とする．$\mathcal{F}_p$ には $GL(n,\mathbb{R})$ が右から自由に働く．$\mathcal{F} = \bigsqcup_{p\in M} \mathcal{F}_p$ とおくと，$T(M)$ は (局所自明な) ベクトル束であるから，$\mathcal{F}$ は $GL(n,\mathbb{R})$ 主束になる．

任意のベクトル束に対しても，ファイバー・ベクトル空間の枠を考えることによって，主束が得られる． □

逆に，主束からファイバー束，ベクトル束をつくる方法を述べよう．

G 主束 $\pi : P \to M$ と，G が左から働く多様体 F が与えられたとき，$P \times F$ に $(x,v)\,g = (xg,\, g^{-1}v)$ $(\, x \in P,\, v \in F,\, g \in G\,)$ によって G は右から働く．

このとき, G による商空間 $(P{\times}F)/G$ が存在し, $\varpi : (P{\times}F)/G \to M$ $(\,(x,v)\,G \mapsto \pi(x)\,)$ は M 上局所自明な沈め込み写像になる．ϖ のファイバーは，$\pi(x_0) = p$ となる $x_0 \in P$ を固定すると，$\varpi^{-1}(p) = \{\,(x_0,v) \mid v \in F\,\} \simeq F$ となり，F に同型である $((x,v') \in \varpi^{-1}(p)$ ならば $(x_0, g^{-1}v') = (x,v')\,g$ なる $g \in G$ が唯一つある)．これを $P \times_G F := (P \times F)/G$ とかき，主束 P に付随し F を (標準的) ファイバーとする**同伴ファイバー束** (associate fiber bundle) という．

実際，主束の定義から，p の適当な開近傍 U 上では $\pi^{-1}(U) \simeq U \times G \xrightarrow{\mathrm{pr}_U} U$ だから，$\varpi^{-1}(U) = (\pi^{-1}(U) \times F)/G = ((U \times G) \times F)/G \xrightarrow{\sim} U \times F \xrightarrow{\mathrm{pr}_U} U$ となる．

とくに，**構造群** G の線型表現 $\rho : G \to GL(V)$ (V は表現空間) が与えられたとき，同伴ファイバー束 $P \times_G V$ を**表現 $\boldsymbol{\rho}$ に付随する同伴ベクトル束** (vector bundle associated to ρ) という．

例 4 M 上の枠束 $\mathcal{F}$ に関して $G = GL(n,\mathbb{R})$ の自然表現に付随する同伴ベクトル束が接束 $T(M)$ である．双対表現 $g \mapsto {}^t g^{-1}$ に付随するのが余接束 $T^*(M)$ である．

例 5(構造群の縮退) M が n 次元連結向き付け可能な多様体のとき，1つの向きを固定する枠 $\mathcal{F}_p^+$ $(\ni \boldsymbol{f}_p$ はすべての p について同じ向き) からなる枠束 $\mathcal{F}^+ \subset \mathcal{F}$ をえらぶと，これは $GL(n,\mathbb{R})^0$ 主束である．ただし，$GL(n,\mathbb{R})^0 := \{\, g \in GL(n,\mathbb{R}) \mid \det g > 0\,\}$ は $GL(n,\mathbb{R})$ の単位成分 (連結) である．このとき，$GL(n,\mathbb{R})^0$ の自然表現に付随するベクトル束はやはり接束 $T(M)$ である．

一般に，このように G 主束 $P \to M$ に関して，G の部分群 H を構造群とする M 上の H 主束 P' があって $P' \times_H G \xrightarrow{\sim} P$ となるとき (H は G に左移動で働く)，構造群 G は部分群 H に**縮退**するという ($M = P/G = P'/H$)．上の例では $GL(n, \mathbb{R})$ は $GL(n, \mathbb{R})^0$ に縮退している．

接ベクトル空間 $T_p(M)$ に内積 g_p が与えられていて $p \in M$ に関して C^∞ 級であるとき，M を **Riemann 多様体**というが，g_p に関する正規直交基底全体を $\mathcal{F}_p^O$ (直交枠) とかくと，$\mathcal{F}^O = \bigsqcup_{p \in M} \mathcal{F}_p^O$ はまた $\mathcal{F}$ の部分束で構造群を直交群 $O(n)$ とする主束である．自然表現に付随するベクトル束が接束になり，構造群は直交群に縮退している．

2 つを合わせて，向き付けられた Riemann 多様体の枠束の構造群は回転群 $SO(n)$ にまで縮退する．

5.4　若干の位相的性質など

5.2 節で実数体の場合代数群という概念を紹介したが，同じ理由で複素一般線型群 $GL(n, \mathbb{C})$ は複素代数群の基本例である．群演算が複素正則写像になる複素多様体という，少し弱い意味でまた複素 Lie 群である．

しかし，これまでの設定に合わせて，$\mathbb{C}$ を 2 次元実アフィン空間 $\mathbb{R}^2$ と同一視すると，$GL(n, \mathbb{C})$ はもちろん (実) Lie 群とみなせる．具体的には $\mathbb{R}$ 上の行列環としての単準同型

$$M_n(\mathbb{C}) \ni A + Bi \mapsto \begin{pmatrix} A & -B \\ B & A \end{pmatrix} \in M_{2n}(\mathbb{R})$$

を考えると，$|\det(A + Bi)|^2 = \det\left(\begin{smallmatrix} A & -B \\ B & A \end{smallmatrix}\right)$ ([佐 1; p. 78, 問 2]) より，実 Lie 部分群としての埋め込み $GL(n, \mathbb{C}) \subset GL(2n, \mathbb{R})$ を得る．

ユニタリ群 $U(n) := \{ k \in GL(n, \mathbb{C}) \mid k\, {}^t\bar{k} = 1_n \}$ は，$GL(n, \mathbb{C})$ の閉部分群で，**実** Lie 部分群 (複素部分群ではない) になっている．$U(n)$ は $M_n(\mathbb{C}) \simeq \mathbb{C}^{n^2} \simeq \mathbb{R}^{2n^2}$ の有界閉集合であるから，さらにコンパクトである．

$U(n)$ を $\mathbb{C}^n (\simeq \mathbb{R}^{2n})$ に自然に働かせると，同型 $U(n)\boldsymbol{e}_1 (\simeq U(n)/U(n-1)) = S^{2n-1} (\subset \mathbb{C}^n)$ を得るから，n に関する帰納法で $U(n)$ $(n \geq 1)$ は連結であることが分かる．したがって，前節コメント 3 で注意したように，極分解 $GL(n, \mathbb{C}) = \mathfrak{H}_n^+ U(n)$ ($\mathfrak{H}_n^+ \simeq \mathbb{R}^{n^2}$) より，$GL(n, \mathbb{C})$ も連結であることが分かる．

次に $SL(n, \mathbb{C}) := \{ g \in GL(n, \mathbb{C}) \mid \det g = 1 \} \supset SU(n) = U(n) \cap SL(n, \mathbb{C})$

に同様の論法を適用すると，$SU(n)/SU(n-1) \simeq S^{2n-1}$ より $SU(n)$ の連結性を得るが，実はさらに $SU(n)$ は単連結であることが分かる．

$n=1$ のとき，$SU(1)=\{1\}$ ゆえ $SU(2) \simeq S^3$ (位相的に)．2 次元以上の球面は単連結 (1 点を除くとユークリッド空間で可縮 ⇒ 単連結)，除いた 1 点を通る道はチョットずらしてすべての道はユークリッド空間内にホモトープにできる) ゆえ $SU(2)$ は単連結である．一般にも，次の命題から帰納的に導かれる．

命題 連結群 G と連結閉部分群 H に関して商空間 G/H が単連結ならば，基本群 $\pi_1(G)$ は $\pi_1(H)$ の剰余群に同型である． □ [Ch; Ch.2]

系 特殊ユニタリ群 $SU(n)$ は単連結である．したがって，複素特殊線型群 $SL(n,\mathbb{C})$ も極分解により単連結である． □

比べて，回転群 $SO(n)=SU(n)\cap SL(n,\mathbb{R})$ は単連結ではない．

例 $SU(2)$ の中心 $Z=\{\pm 1_2\}$ による剰余群 $SU(2)/Z$ は $SO(3)$ に同型で，2 位の被覆群 $SU(2)\to SO(3)$ を与える．したがって $\pi_1(SO(3))=\mathbb{Z}/(2)$ (位数 2 の群) である．

準同型は次で与えられる．$\mathfrak{g} := \mathrm{Lie}\, SU(2) = \{\, X \in M_2(\mathbb{C}) \mid {}^tX + \overline{X} = 0 \,\} \simeq \mathbb{R}^3$ 上の $SU(2)$ の随伴表現 $\mathrm{Ad} : SU(2) \to GL(\mathfrak{g})$ ($\mathrm{Ad}\,(g)X = gXg^{-1}$) を計算すると $g \in SU(2)$ は $\mathfrak{g}$ 上の正定値内積 $\mathrm{Trace}\,{}^tX\overline{Y}$ を不変にするから，$\mathrm{Im}\,\mathrm{Ad} \simeq SO(3)$ となる ($\mathrm{Ker}\,\mathrm{Ad} = Z$)．

一般の n については，Clifford 代数の理論においてスピノールを構成し，スピン群 $Spin(n)$ という単連結群と 2 位の被覆 $Spin(n) \to SO(n)$ が得られ，$\pi_1(SO(n)) = \mathbb{Z}/(2)$ ($n \geq 3$) が分かる ([Ch; Ch. 2])．

$U(n) \subset GL(n,\mathbb{C})$ については，$\rho(g) = \mathrm{diag}\,(\det g, 1, \ldots, 1)$ とおいて $GL(n,\mathbb{C}) \ni g \mapsto (g\rho(g)^{-1},\, \rho(g)) \in SL(n,\mathbb{C}) \times \mathbb{C}^\times$ が位相同型 (群同型ではない) を与えることから，$\pi_1(U(n)) \simeq \pi_1(GL(n,\mathbb{C})) \simeq \pi_1(SL(n,\mathbb{C})) \times \pi_1(\mathbb{C}^\times) \simeq \mathbb{Z}$ が導かれる．

非常に特別な場合であるが，$SL(2,\mathbb{R}) = \mathfrak{S}_2^+\, SO(2)$ より，$\pi_1(SL(2,\mathbb{R})) = \pi_1(SO(2)) \simeq \mathbb{Z}$．したがって，$SL(2,\mathbb{R})$ には無限位の普遍被覆群 $\widetilde{SL(2,\mathbb{R})}$ が存在する．とくに，$SL(2,\mathbb{R})$ の 2 位の被覆群をメタプレクティック (metaplectic) 群 $Mp\,(2,\mathbb{R})$ といい，これは忠実な有限次元の線型表現をもたない (代数群にならない)．これは $SL(n,\mathbb{R})$ ($n \geq 3$) の場合と著しく異なる現象で，むしろシンプレクティック (symplectic) 群 $Sp\,(n,\mathbb{R})$ の系列であることを意味している ($SL(2,\mathbb{R}) \simeq$

$Sp(1,\mathbb{R})$). メタプレクティック群は保型関数の理論において重要である.

最後に Schmidt の直交化法から得られる一般線型群の分解について述べよう.

$\mathbb{R}^n$ の任意の基底 $(\boldsymbol{x}_1, \boldsymbol{x}_2, \ldots, \boldsymbol{x}_n)$ に対して, $(a_{ij}) \in GL(n,\mathbb{R})$ をえらんで, $\boldsymbol{y}_1 = a_{11}\boldsymbol{x}_1$, $\boldsymbol{y}_2 = a_{12}\boldsymbol{x}_1 + a_{22}\boldsymbol{x}_2, \ldots, \boldsymbol{y}_n = a_{1n}\boldsymbol{x}_1 + \cdots + a_{nn}\boldsymbol{x}_n$ を正規直交基底にすることができた. $a_{ij} = 0\ (i > j)$ として, 行列 $(a_{ij}) \in T_n$ (上 3 角行列) ゆえ, $\boldsymbol{x}_i$, $\boldsymbol{y}_i$ をすべて $\mathbb{R}^n$ のタテ・ベクトルと思うと, $GL(n,\mathbb{R})$ において行列の分解

$$(\boldsymbol{x}_1, \boldsymbol{x}_2, \cdots, \boldsymbol{x}_n)\,(a_{ij}) = (\boldsymbol{y}_1, \boldsymbol{y}_2, \cdots, \boldsymbol{y}_n) \in O(n)$$

を得る. すなわち, 任意の $g \in GL(n,\mathbb{R})$ は $g = k\,b\ (\,b \in T_n,\ k \in O(n)\,)$ と分解される.

さらに, 次のように条件付けると分解の一意性が得られる. 上 3 角行列群 T_n の正規部分群 N_n を対角成分がすべて 1 の形の行列全体とし $((a_{ij}) \in N_n \Leftrightarrow a_{ij} = 0\ (i > j), a_{ii} = 1)$, 対角成分がすべて正の対角行列全体がなす群を $A_n (\simeq \mathbb{R}_+^n)$ とする. このとき,

$$O(n) \times A_n \times N_n \ni (k,\, a,\, n) \mapsto k\,a\,n \in GL(n,\mathbb{R})$$

は多様体の同型を与える.

この分解を $GL(n,\mathbb{R}) = O(n)\,A_n\,N_n$ とかいて, **岩澤分解**という.

特殊線型群の場合も $SL(n,\mathbb{R}) = SO(n)\,A_n^1\,N_n$ ($A_n^1 = SL(n,\mathbb{R}) \cap A_n$) となり, $n = 2$ の場合は 3.4 節上半平面の項であげた分解式である.

極分解と比較すると, $O(n)\mathfrak{S}_n^+$ において, $\mathfrak{S}_n^+$ は部分群ではないが, A_n, N_n はどちらも閉部分群である.

同様に, $GL(n,\mathbb{C})$ についても一意分解 $GL(n,\mathbb{C}) = U(n)\,A_n\,N_n^{\mathbb{C}}$ $((a_{ij}) \in N_n^{\mathbb{C}} \Leftrightarrow a_{ij} \in \mathbb{C}, a_{ij} = 0\ (i > j), a_{ii} = 1)$ が成り立つ. ここで, 対角成分については, 極分解 $\mathbb{C}^{\times} = U(1)\,\mathbb{R}_+$ を行い, $U(1)$ は $U(n)$ に繰り込む.

第6章 接続と曲率

曲面においては，すでに見たように Gauss 曲率がその形状をよく表していたが，高次元の多様体ではその“曲がり具合”を調べるにはいままでの考察では不十分である．

Gauss 以後，Riemann が提示した Riemann 空間の微分幾何的な研究が進む中で，Ricci や Levi–Civita などにより，いわゆる“テンソル解析”が開発され接続および平行性の概念の重要性が認識された．これにより，曲率テンソルなどの明快な定義が示されるようになった．

微分幾何学は多くの名著，良書に恵まれているので，基礎からしっかり学ぶためにはそれらにじっくり取り組んで頂くことにして，ここでは，ある程度駆け足で基礎的な概念を整理しておく．

6.1 接続と共変微分

本来 Levi–Civita による接続の概念は，Riemann 多様体の接ベクトルを元にしたものであるが，現在，ファイバー束，とくにベクトル束一般でも定義され，応用上も重要であるので，まずベクトル束での接続を考えよう．

$\pi : E \to M$ を C^∞ 多様体 M 上のベクトル束とする．M の余接束を $T^* = T^*(M)$ とするとき，テンソル積 $E \otimes T^*$ の C^∞ 切断の空間を **E を係数にもつ微分形式 (1 形式)** の空間といい，$\Omega(E) = \Gamma(E \times T^*)$ とも記す．

(実) 線型写像 $\nabla : \Gamma(E) \to \Omega(E)$ が

$$\nabla(f s) = f\nabla s + s \otimes df \quad (\, f \in C^\infty(M),\, s \in \Gamma(E)\,)$$

をみたすとき．E の**共変微分** (covariant differentiation) という．

E の共変微分が与えられたとき，E に**接続** (connection) が定義されたという．したがって，両者を同一視して共変微分 ∇ のことを E の接続ということも多い (本書でもこれに従う)．

実は後述するように，接続という概念はファイバー束 (とくに主束) に対して，直接もっと幾何学的に定義され，それによる "微分" が共変微分として導かれるのである．ここでは，(手軽な) 現代的便法に従った．

M の開集合 U に関して，$s\,|\,U=0$ ならば $(\nabla s)\,|\,U=0$ が成立することが容易に分かる (すなわち，∇ は 1 階の微分作用素として局所性をもつ)．したがって，E の共変微分 ∇ は $E\,|\,U$ の共変微分 $\nabla\,|\,U$ を与える．

そこでベクトル束 $E\,|\,U \to U$ が自明になるとき，$\pi\,|\,U : E\,|\,U \overset{\sim}{\to} U \times \mathbb{R}^r \overset{\mathrm{pr}_U}{\to} U$ となるよう枠 (e_i) ($e_i \in \Gamma(E\,|\,U)$ $(1 \leq i \leq r)$, $U \times \mathbb{R}^r \ni (p,\,(x^i)) \mapsto \sum_i x^i e_i(p) \in E\,|\,U$) をえらぶと，$\nabla\,|\,U$ は次のように局所表示される (以下，$\nabla\,|\,U$ を ∇ と略す)．

$$\Omega(E\,|\,U) = \sum_{1 \leq i \leq r} e_i \otimes \Omega_U$$

と表されるから (e_i は Ω_U(U 上の 1 形式) 上 1 次独立)，

$$\nabla e_i = \sum_{1 \leq j \leq r} e_j \otimes \omega_i^j \quad (\omega_i^j \in \Omega_U)$$

とかける．ここで，$\omega := (\omega_i^j)$ は Ω_U 係数の r 次正方行列である．

一般の切断 $s = \sum_i s^i e_i \in \Gamma(E\,|\,U)$ に対しては，共変微分の定義から，

$$\begin{aligned}
\nabla s &= \sum_i e_i \otimes ds^i + \sum_i s^i \nabla e_i \\
&= \sum_i e_i \otimes ds^i + \sum_{i,j} s^i e_j \otimes \omega_i^j \\
&= \sum_j \big(e_j \otimes ds^j + e_j \otimes (\sum_i \omega_i^j s^i) \big) \\
&= \sum_j e_j \otimes (ds^j + \sum_i \omega_i^j s^i).
\end{aligned}$$

最後の項において，$s = \sum_i s^i e_i$ をタテ・ベクトル表示すると，∇s の枠 (e_i) による表示は

$$(d+\omega) \begin{pmatrix} s^1 \\ s^2 \\ \vdots \\ s^r \end{pmatrix}$$

とかけるから，共変微分は U 上局所的には 1 形式の r 次正方行列 ω と外微分作

用素 d によって上式のように記述されることになる.

このω を**局所接続形式** (local connection form) とよぶ.

ベクトル束 E の開被覆のメンバー U, V に関して，変換関数を $g_{UV} \in C^\infty(U \cap V, GL(r, \mathbb{R}))$ とするとき，U, V 上の局所接続形式 ω_U, ω_V について,

$$d + \omega_V = g_{UV}^{-1} \circ (d + \omega_U) \circ g_{UV},$$
$$\omega_V = g_{UV}^{-1}\, \omega_U\, g_{UV} + g_{UV}^{-1}\, dg_{UV}$$

が成り立ち，逆に開被覆に対して上式が成り立つ $\{\omega_{UV}\}$ はベクトル束の接続を定めることが分かる.

最後に，共変微分の少し異なる記法を紹介しておく.

E 係数の 1 形式の空間 $\Omega(E) = \Gamma(E \otimes T^*(M))$ とベクトル場の空間 $\mathfrak{X}(M) = \Gamma(T(M))$ との間には，$T(M)$ と $T^*(M)$ の間の双対性による自然なカップリング $\Omega(E) \times \mathfrak{X}(M) \to \Gamma(E)$ ($\langle \eta, X \rangle = \eta(X)$ ($\eta \in \Omega(E), X \in \mathfrak{X}(M)$)) がある．このカップリングを使って，共変微分 $\nabla : \Gamma(E) \to \Omega(E)$ を

$$\nabla_X s := \langle \nabla s, X \rangle \quad (s \in \Gamma(E), X \in \mathfrak{X}(M))$$

と記すこともしばしば行われる.

次の性質が共変微分と同値なことは明らかであろう.

ベクトル場 $X \in \mathfrak{X}(M)$ と切断 $s \in \Gamma(E)$ に対して (実) 線型写像 $\nabla_X : \Gamma(E) \to \Gamma(E)$ は次をみたす.

$$\nabla_X(s + s') = \nabla_X s + \nabla_X s' \quad (X, Y \in \mathfrak{X}(M), s, s' \in \Gamma(E))$$
$$\nabla_{(fX+gY)} s = f \nabla_X s + g \nabla_Y s \quad (f, g \in C^\infty(M))$$
$$\nabla_X(fs) = X(f)s + f\, \nabla_X s.$$

(3 番目の式は $\langle df, X \rangle = X(f)$ から従う．)

U を局所座標表示して，ベクトル場の基底を $\partial_i = \frac{\partial}{\partial x^i}$，$(e_j)$ をベクトル束 $E|U$ の自明化枠ととっておくと，共変微分は

$$\nabla_{\partial_i} e_j = \sum_{1 \le k \le r} \Gamma_{ij}^k\, e_k \quad (\Gamma_{ij}^k := \omega_j^k(\partial_i) \in C^\infty(U))$$

によって定まる．この Γ_{ij}^k を**接続係数**といい，Riemann 多様体の Levi–Civita 接続 (後述) の場合多用される.

6.2 平行移動

ベクトル束 $E \to M$ に接続 $\nabla : \Gamma(E) \to \Omega(M)$ が与えられたとき，ベクトル場 $X \in \mathfrak{X}(M)$ に関して，$\nabla_X s = 0$ をみたす $s \in \Gamma(E)$ を $\boldsymbol{X}$ **に関して平行** (parallel along X) な切断という．

簡単な例をあげよう．常微分方程式

$$y'' + a(x)\,y' + b(x)\,y = 0 \quad (a,\, b \in C^\infty(I))$$

を考える．(I は開区間，$y' := \frac{d}{dx}y, \ldots$) ベクトル値関数を $s := \binom{y}{y'}$ とおくと，この方程式は

$$\left(\frac{d}{dx} + \begin{pmatrix} 0 & -1 \\ b(x) & a(x) \end{pmatrix}\right) s = 0$$

となる．これは，定義域 I 上の 2 階のベクトル束 $E = I \times \mathbb{R}^2 \to I$ 上の接続

$$\nabla = d + \begin{pmatrix} 0 & -1 \\ b(x) & a(x) \end{pmatrix} dx$$

を考えたとき，s は $\partial_x = \frac{d}{dx}$ に関する平行な切断であることを意味している ($\nabla_{\partial_x} s = 0$)．すなわち，解空間は $\operatorname{Ker}\nabla$，平行な切断のなす空間である．

この考え方は，とくに x を複素変数としたとき，複素平面 $\mathbb{C}$ の開領域 D 上の線型微分方程式論で用いられ，解空間の “モノドロミー”，D の基本群 $\pi_1(D)$ の表現の問題などに繋がる．

微分幾何学では，曲線に沿った平行移動の概念が重要である．これは次のように定義される

ベクトル束 $\pi : E \to M$ に接続 ∇ が与えられたとき，M 上の曲線 $c : I \to M$ に関して $c^*E \to I$ を E の引き戻しとすると，c^*E 上に ∇ の引き戻し ∇^{c^*}が得られる．c^*E は I 上では自明な束 $I \times \mathbb{R}^r \to I$ となっており，$c(I)$ は M の中では局所表示されていると仮定し，$\nabla = d + \omega$ と表されているとする．このとき，$t \in I$ に関して

$$\nabla^{c^*}_{\frac{d}{dt}} = \frac{d}{dt} + (c^*\omega)\Big(\frac{d}{dt}\Big)$$

であり，I 上で平行な切断 $s \in \Gamma(c^*E)$ は

$$\nabla^{c^*}_{\frac{d}{dt}} s = \frac{ds}{dt} + \Big((c^*\omega)\Big(\frac{d}{dt}\Big)\Big) s = 0$$

となる．ここで，$(c^*\omega)(\frac{d}{dt})$ は r 次の $C^\infty(I)$ 値正方行列で，その成分は $c^*\omega^k_j(\frac{d}{dt})$

$= \sum_i \omega_j^k(\partial_i)(c(t))\,\dot{c}^i(t) = \sum_i \Gamma_{ij}^k(c(t))\,\dot{c}^i(t)$ となることに注意しよう.

これはベクトル値関数 $s = {}^t(s^1, s^2, \ldots, s^r)$ に関する 1 階連立線型微分方程式だから，初期値に対して一意解が存在する．初期値 $s(0)$ に対する解を $s(t)$ とするとき，対応 $s(0) \mapsto s(t)$ は，ベクトル束のファイバーの線型写像 $\tau_t^c : E_{c(0)} \to E_{c(t)}$ を与える．写像 τ_t^c を**曲線 $\boldsymbol{c}$ に沿った平行移動** (parallel transform along c) という．解の一意性と逆曲線 $c(1-t)$ を考えることにより，平行移動 τ_t^c は線型同型である.

平行移動 τ_t^c は始点と終点 $c(0), c(t)$ のみならず，曲線 c 自身にも依っていることに注意しておこう.

なお，定義から X を $c(t)$ に接するベクトル場とすると $(X_{c(t)} = \dot{c}(t))$，任意の切断 $s \in \Gamma(E)$ に対して,

$$(\nabla_X s)_{c(0)} = \lim_{t \to 0} \frac{1}{t}\left((\tau_t^c)^{-1} s_{c(t)} - s_{c(0)}\right)$$

が成り立つことにも注意しておく.

もっとも簡単な例として，M 上の自明な束 $E = M \times \mathbb{R}^r$ で “自明な” 接続 $\nabla s = ds$ ($\omega = 0$ の場合) を考えると，曲線 c 上で c に沿って平行な切断は $\frac{d}{dt}s(c(t)) = 0$，すなわち，s は c 上定数である．したがって，点 $p, q \in M$ を結ぶ曲線 $c(0) = p$, $c(t) = q$ を考えたとき，c の取り方によらず $s(p) = s(q)$ となり，平行移動 $\tau_1^c : E_p \to E_q$ はファイバーの自明な同一視となる．このようなとき，接続は “絶対” 平行性をもつという．ユークリッド空間 $\mathbb{R}^m$ 上の接束を通常のように $\mathbb{R}^m \times \mathbb{R}^m$ と自明化したとき，接ベクトルの平行性は通常の意味での平行性であり，絶対平行性の例である.

しかし，M がユークリッド空間 $\mathbb{R}^n$ の部分多様体のとき，M 上の接ベクトルを $\mathbb{R}^n$ の中で平行移動しても M の接ベクトルとはならないので，例えば射影により M の接平面に落としたときを考えようというのが，最初の Levi–Civita の発想だったと思われる.

本来は，Riemann 幾何として計量を入れて考えるのが自然であるが，すでに第 3 章で行った論法と同様にできるので，このような場合を先走りして考えてみよう.

簡単のために M をユークリッド空間 $\mathbb{R}^{m+1}$ の超曲面 $(\dim M = m)$ とする．埋め込み $i : M \hookrightarrow \mathbb{R}^{m+1}$ に関して接束の引き戻しを $i^*T(\mathbb{R}^{m+1}) \xrightarrow{\sim} M \times \mathbb{R}^{m+1}$ とすると，$T(M) \subset M \times \mathbb{R}^{m+1}$．$n_p$ を $p \in M$ における法線ベクトルとすると $i^*T_p(\mathbb{R}^{m+1}) = T_p(M) \oplus \mathbb{R}\,n_p$ となる ($\mathbb{R}^{m+1}$ の計量に関する直和，$\mathbb{R}\,n_p =$

$T_p(M)^\perp$). $N = \bigcup_{p\in M} \mathbb{R}\, n_p = T(M)^\perp$ を**法束** (normal bundle) という．したがって，ベクトル束の直和として $i^*T(\mathbb{R}^{m+1}) = T(M) \oplus N$ とかける．

さて，ユークリッド空間 $\mathbb{R}^{m+1}$ の接束 $T(\mathbb{R}^{m+1}) \simeq \mathbb{R}^{m+1} \times \mathbb{R}^{m+1}$ の自明な接続を $\widetilde{\nabla} = d_{\mathbb{R}^{m+1}} \otimes \mathrm{Id}_{\,\mathbb{R}^{m+1}}$ とかく．すなわち，$\mathbb{R}^{m+1}$ 上のベクトル場 $X = \sum_{1\le i\le m+1} \xi^i \tilde{\partial}_i$ $(\tilde{\partial}_i = \frac{\partial}{\partial x^i})$ に対して，$\widetilde{\nabla} X = \sum_{1\le i\le m+1} (d\xi^i) \otimes \tilde{\partial}_i$ と作用させる．

次に M 上のベクトル場 $X \in \mathfrak{X}(M)$ に対して $T(M) \subset i^*T(\mathbb{R}^{m+1}) = M \times \mathbb{R}^{m+1}$ ゆえ，X を M 上の $\mathbb{R}^{m+1}$ 値関数と思って外微分をとったもの $d_M X$ $\big(= (d_M \otimes \mathrm{Id}_{\,\mathbb{R}^{m+1}})(X)\big)$ を考えると，これは $\widetilde{\nabla}$ の M への引き戻しと考えられる (すなわち，$\widetilde{\nabla}^{i^*} X = d_M X$)．$i^*T(\mathbb{R}^{m+1}) = T(M) \oplus N$ と直和分解されていたので，正射影 $\mathrm{pr} : i^*T(\mathbb{R}^{m+1}) \to T(M)$ は切断の空間の射影をひき起こし，

$$\nabla_Y X := \mathrm{pr} \circ \widetilde{\nabla}^{i^*}_Y X = \mathrm{pr} \circ (\langle d_M X,\, Y\rangle) \in \mathfrak{X}(M) \quad (\,X,\, Y \in \mathfrak{X}(M)\,)$$

が定義される ($\langle \cdot, \cdot \rangle$ はカップリング)．言い替えれば，

$$\widetilde{\nabla}^{i^*}_Y X = \langle d_M X,\, Y\rangle = \nabla_Y X + h(Y,\, X)\, n.$$

(h は $\mathfrak{X}(M)$ 上の双線型形式，対称であることが証明される (第 2 基本形式)．)

$\nabla_Y X$ が $T(M)$ 上の共変微分であることは h が双線型であることから容易に分かる．

さて，第 3 章と同様に m 次元超曲面 M の局所座標系 $(u^i)_{1\le i\le m}$ をとり，M 上のベクトル場の基底を $\partial_i = \frac{\partial}{\partial u^i}$ とする．局所表示 $r : M \hookrightarrow \mathbb{R}^{m+1}$ において $r(u^1, u^2, \ldots, u^m) \in \mathbb{R}^{m+1}$ は $\mathbb{R}^{m+1}$ のベクトルと考える．このとき，$\partial_i r = r_{u^i}$ $(= r_i)$ は M の接ベクトルを $\mathbb{R}^{m+1}$ 中で表示したものと考え，ベクトル解析風の計算を行うことができる．$\mathbb{R}^{m+1}$ 中の微分は

$$\widetilde{\nabla}^{i^*}_{\partial_i} \partial_j = \partial_i\, r_{u_j} = r_{u_j u_i} \ (= r_{ji})$$

とみなせるので，法線方向の成分は

$$h_{ij} := h(\partial_j,\, \partial_i) = (\, r_{ji} \mid n\,) \quad (\text{第 2 基本形式})$$

となり ($(\cdot \mid \cdot)$ は $\mathbb{R}^{m+1}$ における内積で，法線ベクトルは原点移動)，

$$r_{ji} = \nabla_{\partial_i} \partial_j + h_{ij}\, n$$

となる (法線ベクトルは $\|n\| = 1$ と正規化しておく)．

したがって，M 上での共変微分の接続係数を Γ^k_{ij} とかくと，

$$r_{ji} = \sum_{1\le k\le m} \Gamma^k_{ij}\, r_k + h_{ij}\, n$$

となる．

さらに，$g_{ij} := (\partial_i \mid \partial_j) = (r_i \mid r_j)$ (M の Riemann 計量) とおくと，$(n \mid \partial_i) = (n \mid r_i) = 0$ より，

$$(r_{ji} \mid r_l) = \sum_{1 \leq k \leq m} \Gamma_{ij}^k g_{lk} \quad (1 \leq i, j, l \leq m)$$

を得る．ここで，$\Gamma_{ij}^k = \Gamma_{ji}^k$ に注意しておこう ($r_{ji} = r_{ij}$ より，これは後述の Levi–Civita 接続が "捩れなし" を意味する：$\nabla_X Y - \nabla_Y X - [X, Y] = 0$).

実は，接続係数 Γ は Riemann 計量 g で表すことができる．g_{ij} を ∂_k で微分すると，

$$\begin{aligned}
\partial_k g_{ij} &= \partial_k (r_i \mid r_j) = (\partial_k r_i \mid r_j) + (r_i \mid \partial_k r_j) \\
&= (r_{ik} \mid r_j) + (r_i \mid r_{jk}) \\
&= \sum_{1 \leq l \leq m} (\Gamma_{ki}^l g_{jl} + \Gamma_{jk}^l g_{il}). \qquad (1)
\end{aligned}$$

同様に，

$$\partial_i g_{jk} = \sum_{1 \leq l \leq m} (\Gamma_{ij}^l g_{lk} + \Gamma_{ik}^l g_{jl}) \qquad (2)$$

$$\partial_j g_{ik} = \sum_{1 \leq l \leq m} (\Gamma_{ji}^l g_{lk} + \Gamma_{jk}^l g_{il}). \qquad (3)$$

(2) + (3) − (1) は $\Gamma_{ij}^k = \Gamma_{ji}^k$, $g_{ij} = g_{ji}$ に注意すると，$2 \sum_{1 \leq l \leq m} \Gamma_{ij}^l g_{lk}$ となり，(g_{lk}) の逆行列を (g^{lk}) とかくと，結局

$$\boxed{\Gamma_{ij}^k = \frac{1}{2} \sum_{1 \leq l \leq m} g^{kl} (\partial_i g_{jl} + \partial_j g_{il} - \partial_l g_{ij})}$$

を得る．これは，第 3 章で測地線の方程式に出てきた係数である (Christoffel symbol).

幾つかの例で平行性を観察してみよう．

すでに見たように，ユークリッド空間やその超平面は絶対平行性をもつ (g が定数で $\Gamma = 0$)．超平面でなくとも，径数 u^i を巧くとれば g が定数になるときも同様である．3 次元空間中の曲面 $M \subset \mathbb{R}^3$ の場合，このような性質をもつものを**可展面**といい，実は Gauss 曲率が 0 ならば，局所的にはこのようにできることが証明されている (Gauss [K ; p. 78, 4.4.2]).

簡単な例をあげよう．平面曲線 $c(t) \in \mathbb{R}^2$ を $\dot{c}^1(t)^2 + \dot{c}^2(t)^2 = 1$ (t が長さの径

数) ととり，曲面

$$p(u,v) = (\, c^1(u),\, c^2(u),\, v\,) \in \mathbb{R}^3$$

を考えると，$p_u = (\,\dot{c}^1(u), \dot{c}^2(u), 0), p_v = (0,0,1)$ より，$E = g_{11} = (p_u \mid p_u) = 1, F = (p_u \mid p_v) = 0, G = (p_v \mid p_v) = 1$ となり，$ds^2 = du^2 + dv^2$．よって，この曲面は空間の中では曲がっているが (第 2 基本形式 h は 0 でない)，ユークリッド平面と局所的に “等長” で絶対平行性をもつ．

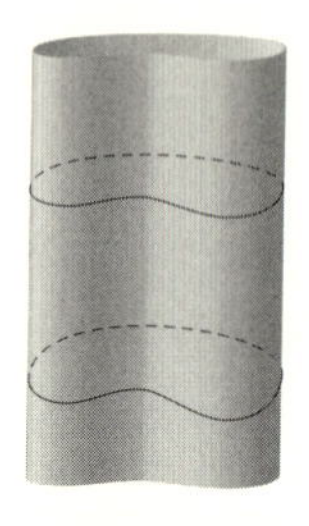

いま少し違ったもので，$\mathbb{R}^3$ の中の円錐

$$C : x^2 + y^2 - (a^{-1}z)^2 = 0 \quad (\,a > 0\,)$$

を考えよう．極座標表示すると，$p(r,\theta) = (\,r\cos\theta,\, r\sin\theta,\, a\,r\,)$ となり，この表示で第 1 基本形式は $E = a^2+1, F = 0, G = r^2$ より，$ds^2 = (a^2+1)\,dr^2 + r^2 d\theta$ である．そこで，$A = \sqrt{a^2+1}$ とおいて $u = A\,r\,\cos(A^{-1}\theta), v = A\,r\,\sin(A^{-1}\theta)$ ととりなおすと，$ds^2 = du^2 + dv^2$ (直交座標) となり，円錐 C は可展面で絶対平行性をもつ．

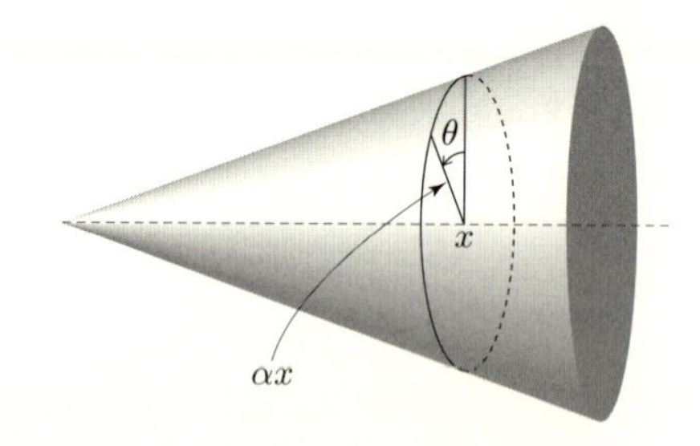

これらは図形から平面に拡げられることも直感的に明らかであろう．

以上を踏まえて，平行概念を曲面の場合の例で見てみよう．

球面 S に円錐 C をその頂点を北極 N の真上にとって外接させる．曲線 c を緯度線に沿った S と C の接曲線で，$p = c(0), q = c(1)$ とする．

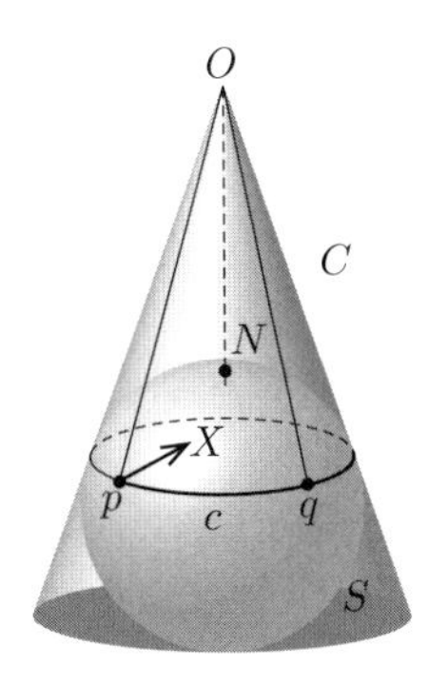

このとき，p における接ベクトル X を c に沿って平行移動した q における接ベクトル $X_1 = \tau_1^c(X)$ はどうなるであろうか？

円錐 C を母線 Op に沿って切り開いて展開した扇形 Opq は上に見たように絶対平行性をもつユークリッド平面 (の 1 部) である．

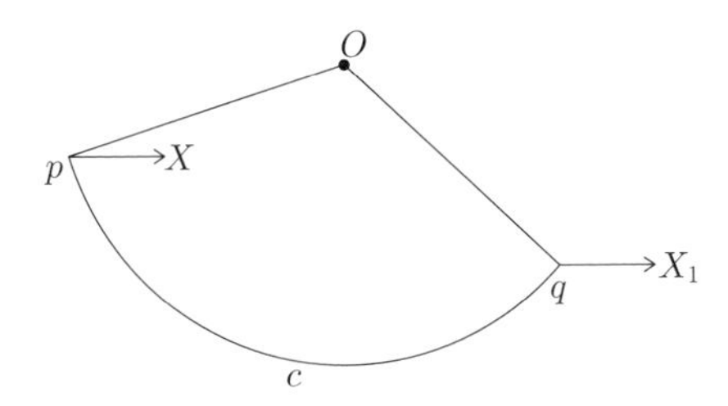

したがって，C の接平面は展開面をおいたユークリッド平面そのもので C における曲線 c に沿う平行移動はこの平面における平行移動そのものである．すなわち，$X \,/\!/\, X_1$.

ところで，曲線 c 上での球面 S の接平面もやはり同じ展開面のなす平面であるから，球面上の接ベクトルとしての c に沿っての平行移動 $X \mapsto X_1$ も同じように表される．

例えば，X が点 p で c に接していても c が C 中で**直線**でなければ，X_1 は q において c には接していない．唯一平行移動で c の接線を保つのは，c が C の直線，すなわち，頂点 O は無限遠点にあって円筒形の場合のみであり，このとき c は赤道上にある．すなわち，“測地線” の場合である ([土壌; 小沢]).

一般の曲面の場合は如何であろうか？ 上の例で，円錐を開いて接平面とする，と考える替わりに球面 S を平面上の曲線 c (円弧 pq) に沿って転がすと考えても同じ結果になる.

実際，一般の曲面 S 上の曲線 c が与えられたとき，まず $p = c(0)$ の接平面 $T_p(S)$ をユークリッド平面 E とみなし，S を c に沿って転がす，ただし注意深く，ズレないように，廻らないように動かしていくことを想う．c に墨をつけておくと，E に c の軌跡 $\bar{c}$ が描かれるが，$c(t)$ における S の接平面 $T_{c(t)}(S)$ の原点が E における接点 $\bar{c}(t)$ になるように動かすわけである.

このとき，S における c に沿っての平行移動 τ_q^c は $\bar{c}(0) = c(0) = p$ を足にする接ベクトルを E において $q = \bar{c}(1)$ に "絶対" 平行移動したものになる.

このことのちゃんとした証明は少し厄介であるが，例えば，[砂 2; §1.8, p. 70〜] に詳しく述べてある．Levi–Civita の平行性の源の発想もここにあったと思われる ([He; Ch. I, Ex. E3]).

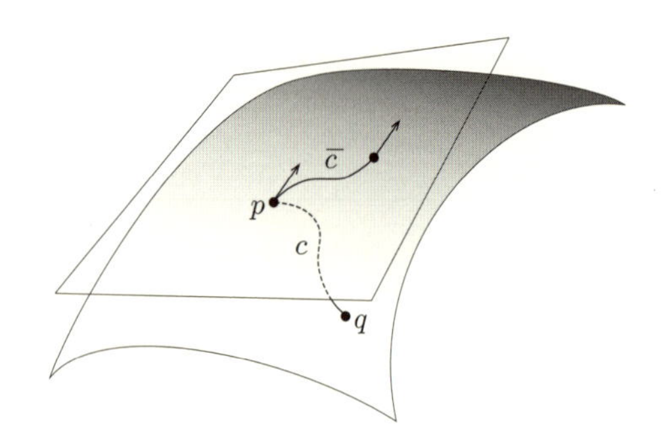

このような議論は Cartan によって，ファイバー束におけるファイバーへの "展開" 理論としてずっと一般化されている ([野], [土壌; 小沢]).

6.3 Riemann 多様体

前節でユークリッド空間の中に埋め込まれた超曲面に関して，ユークリッド計量 $(\boldsymbol{x} \mid \boldsymbol{y}) := \sum_i x^i y^i$ $(\boldsymbol{x} = (x^i), \boldsymbol{y} = (y^i))$ からひき起こされた計量を元に平行移動などを考察した．ユークリッド計量は，その各点において，接空間と空間それ自身を同一視した接空間上の計量と考えたのであったから，埋め込まれた外の空間を除外して，独立に一般の多様体 M の各接空間 $T_p(M)$ $(p \in M)$ にユークリッド計量 g_p が定義されていれば，まったく同様の議論が可能である.

すなわち，多様体 M の各点 p において，内積 $g_p : T_p(M) \times T_p(M) \to \mathbb{R}$ $(g_p(X, Y) \in \mathbb{R}, X, Y \in T_p(M))$ が定義されていて，g_p は p に関して C^∞

級であるとき，M を **Riemann 多様体** (または，**空間**)，g を **Riemann 計量** (metric) という．p に関して C^∞ 級であるというのは，X, Y を p の近傍上のベクトル場としたとき，関数 $p \mapsto g_p(X_p, Y_p)$ が p に関して C^∞ 級であるということである．言い替えれば，g は余接束のテンソル積 $T^*(M) \otimes T^*(M)$ の (C^∞ 級) 切断 (2 次の共変対称テンソル) で，したがって，接束 $T(M)$ 上の双線型形式で，対称かつ正定値なものである．

局所座標表示 (x^i) をとれば，ベクトル場の基底を $(\partial_i = \frac{\partial}{\partial x^i})$ として，$g_{ij} := g(\partial_i, \partial_j)$ とおいたとき，Riemann 計量 g は局所表示

$$g = \sum_{1 \le i \le m} g_{ij}\, dx^i dx^j$$

をもち，(g_{ij}) は m $(= \dim M)$ 次正定値対称行列である．ここで，dx^i は余接束 T^* の切断 (1 微分形式) でテンソル積で表示したければ，$dx^i\, dx^j = \frac{1}{2}(dx^i \otimes dx^j + dx^j \otimes dx^i)$ とかけばよい．

これがいままで曲線の長さを径数 s として，シンボリカルに ds^2 とかいてきたものである．

なお，g が正定値とは限らず，単に非退化対称のときは**擬 Riemann** (または，**Lorentz**) 多様体とよび，接続の理論など Riemann 多様体と同様のことが成り立つことも多い．また，接束の接続を**線型** (または，**アフィン**) 接続という．

定理　g を計量とする擬 Riemann 多様体 M の接束 $T(M)$ には次をみたす線型接続 (共変微分) ∇ が唯一つ存在する．

(1)　$Zg(X, Y) = g(\nabla_Z X, Y) + g(X, \nabla_Z Y) \quad (X, Y, Z \in \mathfrak{X}(M))$,

(2)　$\nabla_X Y - \nabla_Y X - [X, Y] = 0$.

証明　まず一意性を示す．(1) において，X, Y, Z を巡回させて，

$$Zg(X,Y) = g(\nabla_Z X, Y) + g(X, \nabla_Z Y) \qquad (イ)$$

$$Xg(Y,Z) = g(\nabla_X Y, Z) + g(Y, \nabla_X Z) \qquad (ロ)$$

$$Yg(Z,X) = g(\nabla_Y Z, X) + g(Z, \nabla_Y X) \qquad (ハ)$$

とかき，(2) の条件に注意して，(ロ)+(ハ)−(イ) を計算すると，

$$\begin{aligned} &Xg(X,Z) + Yg(Z,X) - Zg(X,Y) \\ &= 2g(\nabla_X Y, Z) - g([X,Y], Z) + g([Y,Z], X) + g([X,Z], Y) \end{aligned}$$

を得る．すなわち，

$$\begin{aligned}&2g(\nabla_X Y, Z)\\&= Xg(X,Z) + Yg(Z,X) - Zg(X,Y) + g([X,Y],Z)\\&\quad - g([Y,Z],X) - g([X,Z],Y).\end{aligned} \tag{$\star$}$$

この式は任意の X, Y, Z に対して成立し，右辺は ∇ によらず，g は非退化ゆえ $\nabla_X Y$ は一意的に決まることが分かる．

存在についても，上式 ($\star$) が定義する ($\mathbb{R}$ 双線型) 写像 $(X,Y) \mapsto \nabla_X Y$ が接続の条件をみたすことが，比較的容易にチェックできる．

ここでは替わりに，局所表示 (x^i) をとったとき，接続係数を前節で得た式 (Christoffel symbol)

$$\Gamma^k_{ij} = \frac{1}{2} \sum_{1 \le l \le m} g^{kl} \left(\partial_i g_{jl} + \partial_j g_{il} - \partial_l g_{ij}\right) \tag{$\star\star$}$$

で与えたものが，$\Gamma^k_{ij} = \Gamma^k_{ji}$ をみたし ($[\partial_i, \partial_j] = 0$ より)，これは条件 (2) であり，($\star$) をみたしていることに注意しておく． □

定理で保証された接続を擬 Riemann 多様体 (M, g) の **Levi–Civita 接続**という．($\star\star$) がその局所表示であり，すでにいままでの具体例でも何度か出てきたとおりである．

定理の条件 (1) はテンソル場 g が平行移動で不変 ($\nabla g = 0$)，$T(X,Y) := \nabla_X Y - \nabla_Y X - [X, Y]$ を線型接続 ∇ の**捩れテンソル** (torsion tensor) といい，(2) は "捩れがない" と表現される (後に詳しく説明する)．

擬 Riemann 多様体 (M,g) の微分同相写像 $\varphi: M \xrightarrow{\sim} M$ が計量テンソル g を不変にするとき，すなわち，$d\varphi(g) = \varphi_* g = g$ をみたすとき，φ を**等長変換** (isometry) という．等長変換は，さらに g が定める Levi–Civita 接続も不変にすることは上記から明らかであろう．

一般に，(Levi–Civita とは限らぬ) M の線型接続 ∇ を不変にする微分同相写像 φ (すなわち，$\nabla_{\varphi_* X}(\varphi_* Y) = \varphi_*(\nabla_X Y)$) を ∇ に関する**アフィン変換** (affin transformation) という．

これらがなす群をそれぞれ M の**等長変換群** (isometry group) および**アフィン変換群** (affine transformation group) という．

以下，多様体は断らない限り連結とする．Riemann 多様体 (M,g) 上の C^∞ 曲線 $c(t)$ ($t \in [a,b]$) は

$$L(c) := \int_a^b \sqrt{g(\dot{c}(t), \dot{c}(t))}\,dt = \int_a^b \|\dot{c}(t)\|\,dt$$

によって**長さ**が定義される．ここで長さは曲線の取り方によらない，すなわち，φ: $[a',b'] \xrightarrow{\sim} [a,b]$ を C^∞ 同型 ($\dot\varphi(u)>0,\ u\in[a',b']$) とするとき，変数変換より

$$L(c\circ\varphi)=\int_{a'}^{b'}\left\|\frac{dc(\varphi(u))}{du}\right\|du=\int_a^b\left\|\frac{dc(t)}{dt}\right\|dt=L(c)$$

となる．径数 s を $\|\dot c(s)\|=1$ とえらんだとき，したがって $L(c)=\displaystyle\int_a^b ds=|b-a|$ となり，s は長さを表す径数となる．これが Riemann 計量の古典的表示 $ds^2=\displaystyle\sum_{i,j}g_{ij}dx^idx^j$ の根拠である．

また，曲線は全体で C^∞ でなくとも，区分的に C^∞，すなわち $a=a_0<a_1<\cdots<a_k=b$ と区切ったとき，各 $[a_i,a_{i+1}]$ で C^∞ であればよい．

これを用いて Riemann 多様体上に距離が定義される．すなわち，点 $p,\,q\in M$ に関して，

$$d(p,\,q):=\inf_{c(a)=p,\,c(b)=q}L(c)$$

とする．ここで，c は p を始点，q を終点とする区分的に C^∞ な曲線で，その長さの下限 (≥ 0) をとる．

d はもちろん計量 g によっているが，これが距離の公理をみたすことの証明には多少の議論を要するので，ここでは省略する (任意の教科書 [今], [He] などを参照されたい)．また，この距離が定義する位相は，元々の多様体 M の位相と一致することも注意しておく．

なお一般には，任意の点 $p,\,q$ に対して丁度その距離 $d(p,q)$ を与える曲線 c ($L(c)=d(p,q)$) が存在するとは限らない．例えば，ユークリッド平面で適当に閉集合を除いた開曲面を考えれば明らかであろう．これは，第 1，2，3 章の例でも触れたように "直線" の存在 ("完備性") に関係している．

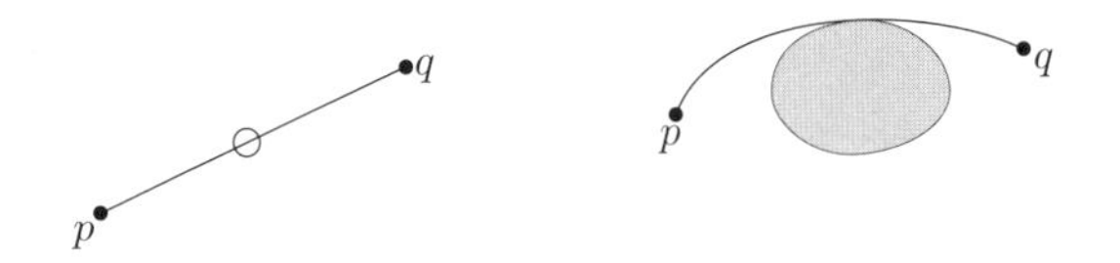

しかし，局所的には最小距離を与える曲線の存在が保証される．以下，それを見て行こう．

一般に，多様体 M が線型接続をもつとき，∇ を接束 $T(M)$ の共変微分とする．

このとき，曲線 $c(t)$ が**測地線** (geodesic) であるとは，その接ベクトル場 $\dot{c}(t)$ が $c(t)$ に沿って常に平行であるとき，すなわち

$$\nabla_{\dot{c}(t)}\dot{c}(t) = 0$$

のときをいう．局所座標をとって，$\dot{c}(t) = \sum_i \dot{c}^i(t)\partial_i$ $(\partial_i = \frac{\partial}{\partial x^i})$ とおけば，接続係数を用いて

$$\ddot{c}^k(t) + \sum_{1\leq i,j\leq m} \Gamma_{ij}^k(c(t))\,\dot{c}^i(t)\,\dot{c}^j(t) = 0 \quad (1 \leq k \leq m)$$

とかける．

これは 2 階の非線型連立常微分方程式系であるから，局所的 (t が小さい範囲) では初期値問題が一意的に解け，任意に与えた $p = c(0)$ における接ベクトル $X_p \in T_p(M)$ に関して $\dot{c}(0) = X_p$ なる解 $c(t)$ がある $t \in (a, b)$ の範囲で存在する．少し強く，次の命題の形でこのことは述べられる．

命題 線型接続をもつ多様体 M の任意の点 $p \in M$ に対して，接空間 $T_p(M)$ の原点 $\boldsymbol{o}$ の開近傍 $V_{\boldsymbol{o}}$ で，次をみたすものが存在する．

ベクトル $X \in V_{\boldsymbol{o}}$ に対して，測地線 $c_X(t)$ $(0 \leq t \leq 1)$ で，$c_X(0) = p$, $\dot{c}(0) = X$ をみたすものが存在し，写像

$$T_p(M) \supset V_{\boldsymbol{o}} \ni X \mapsto c_X(1) \in M$$

は $V_{\boldsymbol{o}}$ から M 中の p の開近傍への微分同型を与えている．ここで，$c_{tX}(1) = c_X(t)$ $(0 \leq t \leq 1)$ が成り立つ (すなわち $V_{\boldsymbol{o}}$ は星状)．

さらに，M が Riemann 多様体で，Levi–Civita 接続のときは，点 p から $V_{\boldsymbol{o}}$ の像内の点への距離はこの測地線 $c_X(t)$ の長さで与えられている． □

一般に接ベクトル $X \in T_p(M)$ に対し，測地線 $c_X(t)$ が $t \in [0, 1]$ で定義されているとき，

$$\mathrm{Exp}_p X := c_X(1) \in M$$

とかき，写像 Exp_p (定義域は $\boldsymbol{o} \in T_p(M)$ のある開近傍) を**指数写像** (exponential map) という．

上の命題は, $\boldsymbol{o} \in T_p(M)$ の開近傍 $V_{\boldsymbol{o}}$ で, $\mathrm{Exp}_p | V_{\boldsymbol{o}}$ が微分同相 $V_{\boldsymbol{o}} \xrightarrow{\sim} \mathrm{Exp}_p V_{\boldsymbol{o}}$ $(\subset M)$ を与えるものがあるということである．

このような $V_{\boldsymbol{o}}$，または $\mathrm{Exp}_p(V_{\boldsymbol{o}})$ を p における**正規近傍** (normal neiborhood) という．

完備性

指数写像が接空間全体で定義されていれば，測地線を用いた議論が著しく簡明になることが予想されるであろう．それが完備性であって，本書の最初の方で採り上げた空間の例はすべてこの性質を仮定したのであった (ユークリッドの公準！).

以下，一般の Riemann 多様体について述べる．すでに位相空間論で距離空間について承知のことであると思うが，距離空間が完備であるとは，任意の Cauchy 列が収束することであると定義された．この性質が先に定義した Riemann 多様体の距離について成り立つとき，Riemann 多様体が**完備**であるという．

この性質を Riemann 幾何の言葉で言い替えると，測地線についての明解な性質になる．

一応定義としては，次を採用する．線型接続をもつ多様体が**測地的完備**であるとは，任意の測地線が無限に延ばせること，すなわち，任意の測地線 $c(t)$ $(t \in (a,b))$ は全体 $t \in \mathbb{R}$ で定義された測地線の一部であるときをいう．

定理 (Hopf–Rinow) 連結多様体について次は同値である．

(1) Levi–Civita 接続について測地的完備である．

(2) 距離空間として完備である．

(3) 指数写像 Exp_p が $T_p(M)$ 全体で定義される点 p が存在する．

(4) 任意の点 $p \in M$ について，(3) が成立する． □

関連して次もいえる．

命題 連結完備多様体においては，任意の 2 点を結ぶ最短測地線が存在し，その距離を与える． □

これらの証明の替わりに，始めの章であげた例で説明しよう．

ユークリッド平面，球面，双曲面などはすべて完備であった．

球面は，3 次元ユークリッド空間の中に実現したが，Riemann 多様体としても $\mathbb{R}^3$ のユークリッド計量から誘導したものを考え，その距離は大円＝測地線で与えられ，距離空間としても完備であった．

一方，双曲面を Poicaré 上半平面 $\mathfrak{H} = \{\, z \in \mathbb{C} \mid \Im z > 0 \,\}$ として実現したモデルでは，$\mathbb{C}$ の開集合であり，$\mathfrak{H}$ の距離は Riemann 多様体としては $ds^2 = y^{-2}(dx^2 + dy^2)$ で与えられていて，$\mathbb{R}^2$ のユークリッド計量 $dx^2 + dy^2$ とは異なる．$\mathfrak{H}$ を $\mathbb{R}^2$ の部分距離空間と見なすと，明らかに完備ではなく ($y_n \to 0 \notin \mathfrak{H}$ は $\mathbb{R}^2$ では

Cauchy 列であるが，$\mathfrak{H}$ ではそうでない)，一方 Poincaré 上半平面としては測地的 (かつ距離的) 完備である．

もっと自明な例として，$\mathbb{R}^2 \setminus \{0\}$ を局所座標で $ds^2 = r^{-2}dr^2 + d\theta^2$ で与えた 2 次元 Riemann 多様体を考える．これはユークリッド平面から原点 $\{0\}$ を抜いた (穴があいた) 空間で，部分距離空間としては完備ではない．しかし，計量 ds^2 では，原点に近づくにつれ距離が延びて ($\theta =$ 定数，$0 < r < \infty$ は両方向に無限長の完備測地線) 測地的完備である．実際この面は，円筒 $\mathbb{R} \times S^1 = \{\,(x, \theta) \in \mathbb{R} \times \mathbb{R}/2\pi\mathbb{Z}\,\}$ に計量 $dx^2 + d\theta^2$ を考えた完備空間に等長である．

このように，完備性はその実現の仕方によって距離を正確に見ないと誤解の恐れが生じるので注意されたい．単に，「穴があいている，云々…」の位相的観察では見誤ることがある．

なお，ユークリッド平面と双曲面については，指数写像は微分同相を与え (すなわち，正規近傍 $V_{\boldsymbol{o}} = T_p$)，球面においては Exp は全射であるが単射ではない．

注意 (Lie 群の指数写像 $\exp : \mathfrak{g} \to G$ との関連)　第 5 章 5.2 節で述べたように，Lie 群 G とその Lie 環 $\mathfrak{g}$ に関して，指数写像 $\exp : \mathfrak{g} \to G$ が定義された．この場合は接続の概念なしに定義され，同じ言葉，大小文字の違いはあるが類似の記号をもつ写像であり，当然何らかの関連が期待される．

Lie 環 $\mathfrak{g}$ は Lie 群の単位元 e の接空間 $T_e(G)$ で，これは G 上の左不変ベクトル場の空間 $\mathfrak{X}(G)^l$ と同一視された．接ベクトル $X \in T_e(G) = \mathfrak{g}$ を左不変ベクトル場に延長したものを $\widetilde{X} \in \mathfrak{X}(G)^l$ と記す．

いま，G 上に左不変な線型接続 ∇ が与えられたとき，$\nabla_{\widetilde{X}}\widetilde{Y}$ は単位元における接ベクトル

$$\alpha(X, Y) := (\nabla_{\widetilde{X}}\widetilde{Y})_e \in \mathfrak{g}$$

で定まり，α は $\mathfrak{g}$ 上の双線型写像である．

Lie 群論で定義される指数写像 $\exp tX = c_X(t)$ は，$\widetilde{X}$ に沿う積分曲線，すなわち

$$\dot{c}(t) = \widetilde{X}_{c_X(t)} \quad (t \in \mathbb{R})$$

であった．ここで，$c_X(t)$ が接続 ∇ に関する測地線であるためには，$\nabla_{\dot{c}_X(t)}\dot{c}_X(t) = 0$，すなわち，$\nabla_{\widetilde{X}}\widetilde{X} = 0$ であることが必要十分である．

これらの考察から，$\exp : \mathfrak{g} \to G$ が，∇ が定義する指数写像 $\mathrm{Exp}_e : \mathfrak{g} = T_e(G) \to G$ に一致するためには，上の双線型写像について $\alpha(X, X) = 0$ $(X \in \mathfrak{g})$ が成り立

つことが必要十分であることが分かる ([He; Ch. II, Prop. 1.4]). このとき, ∇ は測地的完備であることは明らかであろう.

6.4 曲率

この節でも, (そうでなくてもよい場合も多いが) 多様体 M は連結と仮定しよう.

ベクトル束 $\pi : E \to M$ に接続 $\nabla : \Gamma(E) \to \Omega^1(E) = \Gamma(E \otimes T^*(M))$ が与えられたとき, その曲率を定義する. しばらくは, 形式的な議論を行う.

関数の外微分 $d : C^\infty(M) = \Gamma(\mathbf{1}_M) \to \Omega^1 = \Omega^1(\mathbf{1}_M)$ は, 自明な束 $\mathbf{1}_M := M \times \mathbb{R}$ の自明な接続の共変微分と思え, 高次の微分形式への延長 $d : \Omega^p \to \Omega^{p+1}$ が

$$d(\omega \wedge \eta) = (d\omega) \wedge \eta + (-1)^k \omega \wedge d\eta \quad (\omega \in \Omega^k,\, \eta \in \Omega^{p-k})$$

によって定義された (4.4 節).

この定義式を真似て, $d^\nabla : \Omega^p(E) \to \Omega^{p+1}(E)$ ($\Omega^p(E) := \Gamma(E \otimes \overset{p}{\wedge} T^*(M))$) を

$$d^\nabla(\omega \wedge \eta) = (d^\nabla \omega) \wedge \eta + (-1)^k \omega \wedge d\eta \quad (\omega \in \Omega^k(E),\, \eta \in \Omega^{p-k})$$

が成り立つように延長できるか試みてみよう.

実際, 外微分作用素 d の大域的な定義式 (4.4 節) にならって, $\omega \in \Omega^p(E)$, X_1, X_2, $\ldots, X_{p+1} \in \mathfrak{X}(M)$ に対して,

$$\begin{aligned}
&d^\nabla \omega\,(X_1, X_2, \ldots, X_{p+1}) \\
&= \sum_{i=1}^{p+1} (-1)^{i+1} \nabla_{X_i}(\omega(X_1, \ldots, \widehat{X_i}, \ldots, X_{p+1})) \\
&\quad + \sum_{i<j} (-1)^{i+j} \omega(\,[X_i, X_j], X_1, \ldots, \widehat{X_i}, \ldots, \widehat{X_j}, \ldots, X_{p+1})
\end{aligned}$$

と定義すればよいことが分かる ($\widehat{X_i}$ などは X_i を抜くことを意味する).

したがって, de Rham 複体と類似の微分作用素の列 $d^\nabla : \Omega^p(E) \to \Omega^{p+1}(E)$ が得られるが, 一般にはこの列は "複体", すなわち $d^\nabla \circ d^\nabla = (d^\nabla)^2 = 0$ とはならない. この文脈で障害となるのが曲率である.

命題 初項の合成 $d^\nabla \circ \nabla : \Omega^0(E) \to \Omega^2(E)$ ($\Omega^0(E) := \Gamma(E)$) は $C^\infty(M)$ 線型写像である. すなわち, $R := d^\nabla \circ \nabla \in \Omega^2(\mathrm{End}\, E) := \Gamma(E^* \otimes E \otimes \overset{2}{\wedge} T^*(M))$ で, $s \in \Gamma(E)$, $X, Y \in \mathfrak{X}(M)$ に対して, $\nabla_X s := \langle \nabla s, X \rangle$, $R(X, Y)\, s := (d^\nabla(\nabla s))(X, Y)$ とおくと,

$$R(X,Y) = [\nabla_X, \nabla_Y] - \nabla_{[X,Y]} \in \Gamma(\mathrm{End}\, E)$$

が成り立つ.

証明 $d^\nabla \circ \nabla$ が $C^\infty(M)$ 線型であることは次式から分かる.

$f \in C^\infty(M)$, $s \in \Gamma(E)$ とすると, $d^2 = 0$ に注意して,

$$\begin{aligned} d^\nabla(\nabla(f\,s)) &= d^\nabla(s \otimes df) + d^\nabla(f\nabla s) \\ &= (\nabla s \wedge df + s \otimes d^2 f) + (df \wedge \nabla s + f d^\nabla(\nabla s)) \\ &= -df \wedge \nabla s + df \wedge \nabla s + f d^\nabla(\nabla s) = f\,(d^\nabla \circ \nabla)\,s. \end{aligned}$$

次に, $\omega \in \Gamma(E \otimes T^*(M))$, $X, Y \in \mathfrak{X}(M)$ に対して,

$$(d^\nabla \omega)(X,Y) = (\nabla(\omega(Y)))(X) - (\nabla(\omega(X)))(Y) - \omega([X,Y])$$

が d^∇の大域的定義式より得られる.

ゆえに, $s \in \Gamma(E)$ に対して,

$$\begin{aligned} R(X,Y)\,s &= (d^\nabla(\nabla s))\,(X,Y) \\ &= \nabla((\nabla s)(Y))(X) - \nabla((\nabla s)(X))(Y)b - (\nabla s)([X,Y]) \\ &= \nabla_X \nabla_Y s - \nabla_Y \nabla_X s - \nabla_{[X,Y]} s. \end{aligned}$$

□

補足 混乱の恐れがない限り, 共変微分 $\nabla : \Gamma(E) \to \Omega^1(E)$ も初項として d^∇ とかくことにする. すると, $(d^\nabla)^2 = R : \Gamma(E) \to \Omega^2(E)$ であるが, これは高次の場合も

$$(d^\nabla)^2 \omega = R \wedge \omega \quad (\omega \in \Omega^p(E))$$

として成り立つ. ただし, 積 $\wedge$ は E の部分については縮約をとる.

定義 ベクトル束に接続 ∇ が与えられたとき, $\mathrm{End}\, E$ 値 2 形式 $R \in \Omega^2(\mathrm{End}\, E)$ を ∇ の**曲率形式** (curvature form) という. ∇ によることを強調したいときは R^∇ とかく.

局所座標をとったとき, 接続形式を $\omega \in \Omega^1(\mathrm{End}\, E)$ (すなわち, $\nabla = d + \omega$) とすれば, (局所) 曲率形式は

$$R = d\omega + \omega \wedge \omega$$

と表せる ($\wedge$ は上記の如く E では縮約する).

コメント 以上のことから, 曲率が 0, すなわち, $R = (d^\nabla)^2 = 0$ ならば, ベクトル束 E の接続から構成した d^∇ による列

$$0 \to \Omega^0(E) \to \Omega^1(E) \to \cdots \to \Omega^m(E) \to 0$$

は複体になり，E 係数の de Rham 複体という．実はこのとき，局所座標を巧くえらべば，$d^\nabla = d$ (E を自明化した場所で通常の外微分作用素) にできることが知られている (Frobenius の完全積分性 [今; 系 6.3.8])．このとき，接続 (E, ∇) は**平坦** (flat) という．

さて，これらの概念の源になった Riemann 幾何の場合をみてみよう．

Riemann 多様体 (M, g) の Levi–Civita 接続は接束 $T(M)$ 上の線型接続で，g は平行移動で不変，かつ捩れが 0 ($\nabla g = 0,\ T = 0$) をみたす一意的なものであった．したがって，その曲率形式 $R \in \Omega^2(\operatorname{End} T(M)) = \Gamma(T^*(M) \otimes T(M) \otimes \overset{2}{\wedge} T^*(M))$ は (1,3) 型のテンソル場である (反変 1, 共変 3) (したがって，この場合 R を**曲率テンソル**とよぶことが多い)．第 3 章で考えた曲面上の Gauss 曲率は各点で定義された関数，すなわちスカラー場であった．曲率テンソルは，随分一般化されたもので，その元を探ってみよう．

まず，Riemann 曲面の場合，点 p における接空間の基底 (X, Y) に対して，次の量を考えよう．

$$K_p(X,Y) = g_p(R_p(X,Y)Y,X)/|\,X \vee Y\,|^2.$$

ただし，分母は X, Y が張る平行四辺形 $X \vee Y$ の Riemann 計量 g_p による面積の 2 乗である．このとき，K_p は基底 (X, Y) の取り方によらないことが容易に分かる (g の対称性，R の交代性，$|\,X \vee Y\,|^2 = g_p(X,X)\,g_p(Y,Y) - g_p(X,Y)^2$ を用いよ)．すなわち，K_p は曲面上のスカラー関数である．この K が曲面の Gauss 曲率に等しいことが確かめられる．以下，それを示そう．

まず，一般に向き付けられた超曲面 $M \subset \mathbb{R}^{m+1}$ を考える．$\mathbb{R}^{m+1}$ のユークリッド接続 (平坦) を $\widetilde{\nabla}$，g をユークリッド計量から誘導された M の Riemann 計量とすると，M の法ベクトル場 n ($\|n\| = 1$) と M 上のベクトル場 $X, Y \in \mathfrak{X}(M)$ に対して，直交分解

$$\widetilde{\nabla}_X Y = \nabla_X Y + h(X,Y)\,n \quad (\,\nabla_X Y \in \mathfrak{X}(M) \text{ は } n \text{ の直交成分}\,)$$

によって M の Levi–Civita 接続 ∇ が与えられた (前節)．ここで，h は第 2 基本形式で対称である．さらに，$AX := -\widetilde{\nabla}_X n\ (\,X \in \mathfrak{X}(M)\,)$ とおくと，$AX \in \mathfrak{X}(M)$ で，

$$h(X,Y) = g(AX,Y) \quad (\,X, Y \in \mathfrak{X}(M)\,) \qquad (*)$$

である (A を**形作用素**といった).

なぜならば，$g(n, n) = 1$ を微分すると，$0 = X(g(n,n)) = 2g(\widetilde{\nabla}_X n, n)$．ゆえに，$\widetilde{\nabla}_X n \in \mathfrak{X}(M)$．さらに直交分解より $h(X,Y) = g(\widetilde{\nabla}_X Y, n)$．$Y \in \mathfrak{X}(M) = n^{\perp}$ より，$0 = X(g(Y,n)) = g(\widetilde{\nabla}_X Y, n) + g(Y, \widetilde{\nabla}_X n)$ ゆえ，

$$g(\widetilde{\nabla}_X Y, n) = -g(Y, \widetilde{\nabla}_X n) = g(Y, A\,X) = g(A\,X,\, Y)$$

となり，$(*)$ が示された．

補題　超曲面の Levi–Civita 接続に関する曲率テンソル R について次が成立する．

(1) (Gauss)　$X, Y.Z, U \in \mathfrak{X}(M)$ に対して，

$$R(X,Y)Z = g(AY, Z)AX - g(AX, Z)AY,$$

あるいは，同値な

$$g(R(X,Y)Z, U) = h(Y,Z)h(X,U) - h(X,Z)h(Y,U).$$

(2) (Codazzi)　$A \in \Omega^1(T(M))$ ゆえ $d^{\nabla}A \in \Omega^2(T(M))$ の元として，

$$d^{\nabla}A = 0.$$

証明　$\mathbb{R}^{m+1}$ 上の $\widetilde{\nabla}$ の曲率は $R^{\widetilde{\nabla}} = 0$．$X, Y, Z \in \mathfrak{X}(M)$ に対して，

$$[\widetilde{\nabla}_X, \widetilde{\nabla}_Y]Z = \widetilde{\nabla}_{[X,Y]}Z \qquad (\star)$$

を計算する．

$$\begin{aligned}\widetilde{\nabla}_X(\widetilde{\nabla}_Y Z) &= \widetilde{\nabla}_X(\nabla_Y Z + h(Y,Z)n)\\ &= \big(\nabla_X\nabla_Y Z + h(Y,Z)(\widetilde{\nabla}_X n)\big) + \big(h(X, \nabla_Y Z) + X(h(Y,Z))\big)n\end{aligned}$$

より，$(\star)$ の左辺の $\mathfrak{X}(M)$ 成分は

$$[\nabla_X, \nabla_Y]Z + h(X,Z)(AY) - h(Y,Z)(AX).$$

一方，右辺は

$$\widetilde{\nabla}_{[X,Y]}Z = \nabla_{[X,Y]}Z + h([X,Y], Z)n.$$

ゆえに，(左辺) − (右辺)$= 0$ の $\mathfrak{X}(M)$ 成分を移項して，

$$R(X,Y)Z = ([\nabla_X, \nabla_Y] - \nabla_{[X,Y]})Z = h(Y,Z)(AX) - h(X,Z)(AY)$$

を得る．これは (1) 式である．

法成分の比較より，(2) 式を得る．　□

定理 (Gauss' theorema egregium) 曲面 $M \subset \mathbb{R}^3$ の Levi–Civita 接続に関する曲率テンソルを R, $p \in M$ における接空間の基底を (X, Y) とすると，Gauss 曲率 K_p は次で表される．

$$K_p = \frac{g_p(R_p(X,Y)Y,X)}{|\,X \vee Y\,|^2} \quad (\,X,\,Y \text{ のとり方によらない}).$$

証明 補題 (1) より，

$$g(R(X,Y)Y,X) = h(Y,Y)h(X,X) - h(X,Y)^2 = \det h,$$
$$|\,X \vee Y\,|^2 = g(X,X)g(Y,Y) - g(X,Y)^2 = \det g.$$

ただし，det はそれぞれ基底 (X, Y) による行列表示に対するものである．

ところで，Gauss 曲率 K は定義により $K = \det h / \det g = \det A$ であった．□

定義 一般の Riemann 多様体 $(M,\,g)$ の Levi–Civita 接続 ∇ の曲率テンソル R に関して，点 $p \in M$ と接空間 $T_p(M)$ の 1 次独立な接ベクトル $X,\,Y$ に対して，

$$\frac{g_p(R_p(X,Y)Y,X)}{|\,X \vee Y\,|^2}$$

を $X,\,Y$ が張る平面 $S \subset T_p(M)$ における**断面曲率** (sectional curvature) といい，$K_p(S)$ と記す．これは $X,\,Y \in S$ のとり方によらない．

補足 (局所表示) M の局所座標 (x^i, $\partial_i = \frac{\partial}{\partial x^i}$) をとるとき，曲率テンソルの表示

$$R(\partial_i,\,\partial_j)\,\partial_k = \sum_{1 \le l \le m} R^l_{kij}\partial_l$$

を得る (添字のとり方に流儀あり，要注意)．テンソル解析の記法で添字の上げ下げを行うと

$$\sum_l g_{nl} R^l{}_{kij} =: R_{nkij}.$$

この記法で，

$$R_{nkij} = g(\partial_n,\,R(\partial_i,\,\partial_j)\partial_k)$$

と表され，とくに，$S_{ij} = \langle \partial_i,\,\partial_j \rangle$ における断面曲率は

$$K(S_{ij}) = \frac{R_{ijij}}{\varDelta_{ij}} \quad (\,\varDelta_{ij} = g_{ii}g_{jj} - g_{ij}^2\,)$$

である．

したがって，2 次元の場合，Gauss 曲率は $R_{1212}/\det g$ となり，これをいままで得た Γ^k_{ij}, R_{ijij} を g_{ij} で表した複雑な式 (g_{ij} の 2 階偏微分まで含む) が Gauss の式 (3.2 節 (♠)) である．

このように，曲面の場合は Gauss 曲率が十分その“曲がり方”を測ったことになるが，曲率テンソル R は高次元多様体の性質を調べるために拡張された概念である．そしてそれから導かれる断面曲率は一つの素朴な曲がり方を伝えるものである．さらにそれは種々の“曲率的”不変量を定義することができる．

そこで，最初に定義したベクトル束の接続に関する曲率の形式的な性質を幾つか述べておくことにしよう．

まずベクトル束 $E \to M$ に接続 $\nabla^E : \Gamma(E) \to \Omega^1(E)$ が与えられたとき，双対ベクトル束 $E^* \to M$ には，**双対接続** $\nabla^{E^*} : \Gamma(E^*) \to \Omega^1(E^*)$ が

$$d\langle s,\, u\rangle = \langle \nabla^E s,\, u\rangle + \langle s,\, \nabla^{E^*} u\rangle \in \Omega^1(M) \quad (\, s \in \Gamma(E),\, u \in \Gamma(E^*)\,)$$

をみたすよう一意的に定義される．($\langle\cdot,\cdot\rangle$ はペアリング $\Gamma(E)\otimes\Gamma(E^*) \to C^\infty(M)$, $\Omega^1(E)\otimes\Gamma(E^*) \to \Omega^1(M)$, $\Gamma(E)\otimes\Omega^1(E^*) \to \Omega^1(M)$ など．) さらに，高次の微分形式については，

$$d\langle \eta \wedge \xi\rangle = \langle d^{\nabla^E} \eta \wedge \xi\rangle + \langle \eta \wedge d^{\nabla^{E^*}} \xi\rangle \in \Omega^{i+j+1}(M)$$

($\eta \in \Omega^i(E), \xi \in \Omega^j(E^*), \langle\cdot,\cdot\rangle$ はペアリング $E\otimes E^* \to \mathbf{1}_M$ と外積を重ねたもの)が定義される．局所表示を $\nabla^E s = ds + \omega\, s$ とすれば，$\nabla^{E^*} = d - {}^t\omega$ で表され，したがって曲率は

$$R^{\nabla^{E^*}} = -d({}^t\omega) + {}^t\omega \wedge {}^t\omega$$

となる．

2 つのベクトル束 $E_i \to M\ (i=1,2)$ のテンソル積 $E_1 \otimes E_2 \to M$ には接続のテンソル積とその曲率

$$\begin{aligned} \nabla^{E_1 \otimes E_2} &= \nabla^{E_1} \otimes \mathrm{Id}_{E_2} + \mathrm{Id}_{E_1} \otimes \nabla^{E_2}, \\ R^{E_1 \otimes E_2} &= R^{\nabla^{E_1}} \otimes \mathrm{Id}_{E_2} + \mathrm{Id}_{E_1} \otimes R^{\nabla^{E_2}} \end{aligned}$$

が定義される．

とくに，$\nabla^{E\otimes E^*} = \nabla^E \otimes \mathrm{Id}_{E^*} + \mathrm{Id}_E \otimes \nabla^{E^*}$ ゆえ，ペアリング $E\otimes E^* \to \mathbf{1}_M$ がひき起こす写像を C とかくと，

$$\begin{aligned} C(\nabla^{E\otimes E^*}(s\otimes u)) &= C((\nabla^E s)\otimes u + s\otimes(\nabla^{E^*} u)) \\ &= \langle \nabla^E s,\, u\rangle + \langle s,\, \nabla^{E^*} u\rangle = d(C(s\otimes u)) \end{aligned}$$

となり，テンソル積の接続と**縮約** C は可換であることが分かる．

このことは多重のテンソル積についても成立することに注意しておく．

次の公式は **Bianchi の恒等式** (identity) とよばれている．

命題 ∇^E をベクトル束 $E \to M$ の接続，$R^{\nabla^E} \in \Omega^2(\mathrm{End}\,E)$ をその曲率とすると，$\mathrm{End}\,E = E \otimes E^*$ の接続の外微分 $d^{\nabla^{\mathrm{End}\,E}} : \Omega^2(\mathrm{End}\,E) \to \Omega^3(\mathrm{End}\,E)$ に対して，

$$d^{\nabla^{\mathrm{End}\,E}} R^{\nabla^E} = 0$$

が成り立つ．

証明 $E \otimes E^* = \mathrm{End}\,E$ における接続と縮約の可換性から，

$$(\nabla^{\mathrm{End}\,E}\eta)(s) = \nabla^E(\eta(s)) - \eta(\nabla^E s) \quad (\eta \in \Gamma(\mathrm{End}\,E),\ s \in \Gamma(E))$$

が成り立つ，すなわち，$\nabla^{\mathrm{End}\,E}\eta = \nabla^E \circ \eta - \eta \circ \nabla^E$．したがって，$R^{\nabla^E} \in \Omega^2(\mathrm{End}\,E)$ に対して，接続と縮約の可換性を用いて

$$\begin{aligned} d^{\nabla^{\mathrm{End}\,E}} R^{\nabla^E} &= d^{\mathrm{End}\,E} \circ R^{\nabla^E} - R^{\nabla^E} \circ d^{\nabla^{\mathrm{End}\,E}} \\ &= d^{\mathrm{End}\,E} \circ (d^{\nabla^E})^2 - (d^{\nabla^E})^2 \circ d^{\nabla^{\mathrm{End}\,E}} \\ &= (d^{\nabla^E})^3 - (d^{\nabla^E})^3 = 0. \end{aligned}$$

□

注意 $d^{\nabla^{\mathrm{End}\,E}} R^{\nabla} = dR + \omega \wedge R - R \wedge \omega$ に $R = d\omega + \omega \wedge \omega$ を代入すると 0 になる． □

次に，接束 $E = T(M)$ の線型接続 ∇ についてまとめておく．このとき，$\Omega^1(T(M)) = \Gamma(T(M) \otimes T^*(M)) = \Gamma(\mathrm{End}\,T(M))$ ゆえ，$\theta := \mathrm{Id}_{T(M)} \in \Gamma(\mathrm{End}\,T(M))$ が定義できる (θ を**標準形式** (canonical form) という)．$d^{\nabla} : \Omega^1(T(M)) \to \Omega^2(T(M))$ による θ の像 $T^{\nabla} := d^{\nabla}\theta \in \Omega^2(T(M))$ を ∇ の**捩れテンソル** (torsion tensor) という．

命題 (1) $T^{\nabla}(X,Y) = \nabla_X Y - \nabla_Y X - [X,Y]$ $(X, Y \in \mathfrak{X}(M))$.

(2) (Bianchi 1) $(d^{\nabla}T^{\nabla})(X,Y,Z) = R^{\nabla}(X,Y)Z + R^{\nabla}(Y,Z)X + R^{\nabla}(Z,X)Y$.

(3) ∇ が Levi–Civita 接続のとき，$g(R^{\nabla}(X,Y)Z,W) = g(R^{\nabla}(Z,W)X,Y) = -g(Z, R^{\nabla}(X,Y)W)$.

(4) (Bianchi 2) $(d^{\nabla}R^{\nabla})(X,Y,Z) = (\nabla_X R^{\nabla})(Y,Z) + (\nabla_Y R^{\nabla})(Z,X) + (\nabla_Z R^{\nabla})(X,Y) + R^{\nabla}(T^{\nabla}(X,Y),Z) + R^{\nabla}(T^{\nabla}(Y,Z),X) + R^{\nabla}(T^{\nabla}(Z,X),Y)$.

証明 (1) $(d^{\nabla}\eta)(X,Y) = \nabla_X(\eta(Y)) - \nabla_Y(\eta(X)) - \eta([X,Y])$ と θ の定義より．

(2) 定義より．

(3) $\nabla g = 0$, $T^{\nabla} = 0$ などから．

(4) 前命題の Bianchi: $d^{\nabla^{\mathrm{End}\,T}} R^{\nabla^T} = 0$ と定義より． □

注意 Riemann 多様体の Levi–Civita 接続の場合は $T^{\nabla} = 0$ より，Bianchi 2 は簡略化される．このときの，係数 R^k_{ijl} などについての公式がよく利用される．

曲率テンソル $R \in \Omega^2(\mathrm{End}\, T(M))$ から，

$$\mathrm{Ric}\,(X, Y) := \mathrm{Trace}\,(Z \mapsto R(Z, Y)X)$$

と定義したものを **Ricci 曲率**，g^* を $T^*(M)$ 上の双対計量としたとき，$g^* \otimes \mathrm{Ric}$ の縮約を**スカラー曲率** S という．

局所座標で表すと，$R_{ij} := \mathrm{Ric}\,(\partial_i, \partial_j) = \sum_l R^l_{ilj} = g^{kl} R_{kilj}$，$S = \sum_{i,j} g^{ij} R_{ij}$ となり，さらに，命題の式 (3) において，(e_i) を $T_p(M)$ の正規直交基底とすると，$\mathrm{Ric}\,(X, Y) = \sum_i g(R(e_i, Y)X, e_i) = \sum_i g(R(e_i, X)Y, e_i) = \mathrm{Ric}\,(Y, X)$ となるから，Ricci 曲率は対称形式である．

なお，Riemann 多様体 (M, g) において，Ric が計量 g の定数倍になるとき，**Einstein 多様体**という (計量が Lorentz のときが一般相対論の話題になる)．

6.5 曲率が及ぼす多様体への影響

連結な Riemann 多様体 (M, g) の各点 p における断面曲率が平面 $\langle X, Y \rangle \subset T_p(M)$ のとり方によらず一定値 K_p で，さらに p にもよらない定数 K であるとき，**定曲率** (constant curvature) 空間という．

すでに，第 3 章で見たように，ユークリッド平面，球面，双曲面はそれぞれ定曲率空間 ($K = 0$, 1, -1) であった．

高次元の場合も定曲率空間はこの 3 種類の類似しかないことが知られている．

球面 まず，半径 r の m 次元球面 $S = \{x \in \mathbb{R}^{m+1} \mid \|x\| = r\}$ を $\mathbb{R}^{m+1}$ の超曲面と考えて，前節の議論を適用すると，容易に断面曲率が一定 $-r^{-2}$ の定曲率空間であることが示される．

実際，$x \in S$ における単位法ベクトルは $n = r^{-1}x$ であり，$\mathbb{R}^{m+1}$ における共変微分は $\widetilde{\nabla}_X = \sum_{i=1}^{m+1} x^i \partial_i$ ($X = \sum_{i=1}^{m+1} x^i \partial_i \in \mathfrak{X}(\mathbb{R}^{m+1})$) で，形作用素 A は $X \in \mathfrak{X}(S)$ に対して，$AX = -\widetilde{\nabla}_X n$ であった．$x = (x^i) \in S$ のとき，$\widetilde{\nabla}_{\partial_i} x = \partial_i$ ゆえ，$AX = -r^{-1}X$ ($X \in \mathfrak{X}(S) \subset \mathfrak{X}(\mathbb{R}^{m+1})$) となる．

したがって，補題の Gauss の公式から

$$
\begin{aligned}
R(X,Y)Y &= g_S(AY,Y)AX - g_S(AX,Y)AY \\
&= r^{-2}(g_S(Y,Y)X - g_S(X,Y)Y)
\end{aligned}
$$

となり，断面曲率は $g_S(R(X,Y)Y,X)/(g_S(X,X)g_S(Y,Y) - g_S(X,Y)^2) = r^{-2}$ である．

双曲空間 の場合も，双曲面のときと同様に，負の定曲率空間が得られる．ただし，超曲面としての実現は Minkowsky 空間 $\mathbb{R}^{m+1}$ の Lorentz 計量 $g(x,y) = \sum_{i=1}^{m} x^i y^i - x^{m+1}y^{m+1}$ $(x,\,y \in \mathbb{R}^{m+1})$ を $H(r) := \{\, x \in \mathbb{R}^{m+1} \mid g(x,x) = -r^2,\ x^{m+1} > 0 \,\}$ に制限したもので，$g \,|\, H(r)$ は正定値，すなわち Riemann 軽量になる．

この場合も Gauss の公式の類似が成立し，同様の計算で定曲率 $-r^2$ の空間であることは示される ([今; p. 86] など)．

また，Poincaré の上半平面と同様に，実 m 次元上半空間 $H_+ := \{\, (x^i) \in \mathbb{R}^m \mid x^m > 0 \,\}$ に Riemann 計量 $ds^2 = (x^m)^{-2}(\sum_{1 \le i \le m} (dx^i)^2)$ を定義すると，定曲率 -1 の空間になり，$H(1)$ と等長になる．

同様に，単位円板モデルとして，$B := \{\, x = (x^i) \in \mathbb{R}^m \mid \|x\| = 1 \,\}$, $ds^2 = (1 - \|x\|^2)^{-2}(\sum_{1 \le i \le m} (dx^i)^2)$ も以上と等長な双曲空間と見なせる (3.4 節を高次元化せよ)．ただし，$m = 2$ の場合を除いて，偶数次元の場合も自然な複素構造 (後述の等質 Hermite 空間) は入らない．

以上のように，高次元においても，3 種類の定曲率空間，ユークリッド空間，球面，双曲空間が得られた．

なお，完備で単連結な定曲率空間は以上の 3 種類に限ることも証明される ([酒], [野] など)．

なお，次が Bianchi 公式などから証明できることに注意しておく ([野; p. 123])．

定理 (F.H. Schur) 次元が 3 以上の連結 Riemann 多様体において，各点 p の断面曲率が一定値 K_p ならば，p によらない定数である，すなわち，定曲率空間である． □

定曲率とは限らぬ Riemann 多様体について，とくに断面曲率がいたるところ正，または負の場合，いろいろな結果が知られているが，以下，対称空間の議論で必要な負曲率の場合を述べておこう．

6.3 節で，連結な完備 Riemann 多様体では，各点での指数写像 Exp が全射であることを述べたが (Hopf-Rinow)，さらに，各点での断面曲率が非正 (≤ 0) のときは，任意の点 $p \in M$ で $\mathrm{Exp}_p : T_p(M) \to M$ が局所微分同相であることが分かっている．すなわち，次の定理が知られている．

定理 (Hadamard) M を連結な完備 Riemann 多様体で，すべての点 p で断面曲率が非正のときは，$\mathrm{Exp}_p : T_p(M) \to M$ は M の (位相的) 被覆写像である．

すなわち，任意の点 $q \in M$ の十分小さい連結開近傍 U をえらべば，逆像 $\mathrm{Exp}_p^{-1}(U)$ の連結成分 V はすべて $\mathrm{Exp}_p | V : V \tilde{\to} U$ によって微分同相である．

とくに，M が単連結ならば，$\mathrm{Exp}_p T_p(M) \to M$ は微分同相写像である． □

コメント Hadamard の定理より，単連結非正曲率ならば，任意の 2 点 p, q の距離は p, q を結ぶ唯一つの測地線 $[p, q]$ の長さによって与えられる．($d(p,q) = L([p,q])$，このような測地線は唯一つ．) □

この定理に続いて，次の定理も重要である．

定理 (Cartan) 単連結な完備 Riemann 多様体の断面曲率がすべて非正であれば，M の等長変換群のコンパクトな部分群は固定点をもつ． □

注意 なお，定理の曲率に関する条件 “非正 ≤ 0” を単に，“負曲率” ということもあるので注意されたい．

これらの定理の証明には，測地線についてのやや詳しい議論が必要である．ここでは省略するが，[He; Ch.I, Th. 13.3, 13.5], [今] などを参照されたい．

Cartan の定理は，半単純 Lie 群の極大コンパクト部分群の共役性を導き，しばらくは他の証明法が見つからなかったので有名である．(後に，Lie 環論の枠内で Mostow による代数的な証明が出された．)

本書で用いる対称空間の場合は，強い仮定の下で簡略化された証明があるので紹介しよう (Duistermaat による)．

また，対称空間論で問題となる場合，Hadamard の定理の条件をみたす (すなわち，完備，負曲率，単連結) ことは，直接群論的結果として導かれるので，(すばらしい) Hadamard の定理は不要とも言える．

Riemann 対称空間の場合 都合でここに紹介するが，読者は対称空間の概念になれた後に参照されてもよい，というか，そうされることをを勧める．

Riemann 多様体 (M, g) の等長変換群を $I(M)$ とかく．M の各点 $p \in M$ が，p を孤立特異点とする**包合的** (involutive) 等長変換 $s_p \in I(M)$ をもつとき，M を**大域的 Riemann 対称空間** (globally Riemannian symmetric space) という．

すなわち，$s_p \neq \mathrm{Id}_M$ で，$s_p^2 = \mathrm{Id}_M$，かつ，p のある開近傍 U で，$U^{s_p} := \{q \in U \mid s_p q = q\} = \{p\}$ となるような s_p が任意の $p \in M$ に対して存在するときである．

このとき，s_p は**測地的対称変換** (geodesic symmetry)，すなわち，$\mathrm{Exp}_p : V_{\boldsymbol{o}} \to M$ を p における正規近傍にとれば，

$$s_p \,|\, \mathrm{Exp}_p(V_{\boldsymbol{o}}) = \mathrm{Exp}_p \circ (-\mathrm{Id}_{T_p(M)}) \circ \mathrm{Exp}_p^{-1}$$

と表されることが証明できる．

ここでは，s_p がこの性質をみたすことを仮定してしまおう．(なお，各点 p のある正規近傍で，このような測地的対称変換が存在するとき，M を**局所対称空間** (locally symmetric space) という．)

さて，次の命題を証明しよう (Hadamard と Cartan の定理の条件を強めたもの，Duistermaat による [Sp1])．

命題 M を大域的 Riemann 対称空間で，$\mathrm{Exp}_p : T_p(M) \to M$ が微分同相になるものとする．このとき，

(1) M は単連結，完備で 2 点 $p, q \in M$ の距離を与える測地線 $[p, q]$ が**唯一つ**存在する．

(2) $K \subset I(M)$ を等長変換群のコンパクト部分群とすると，K は固定点をもつ．

補題 1 命題の仮定のもと，$p \neq q$ を通る (唯一つの) 測地線 $[p, q]$ の中点を m とすると，$r \notin [p, q]$ に対し，

$$d(r, m) < \frac{1}{2}\big(d(r, p) + d(r, q)\big)$$

が成り立つ．

(ユークリッド幾何における中線定理：$\overline{pr}^2 + \overline{rq}^2 = \frac{1}{2}(\overline{rm}^2 + \overline{mp}^2)$ と比較せよ．)

証明 $s = s_m \in I(M)$ を m に関する測地的対称変換とすると，$s\,p = q$, $s\,m = m$ で，$r' = s\,r$ とおくと，

$$\begin{aligned} 2d(r, m) = d(r, r') &\leq d(r, p) + d(p, r') \\ &= d(r, p) + d(r, q) \end{aligned}$$

(3 角不等式と $d(p, r') = d(p, sr) = d(sp, r) = d(q, r)$)．

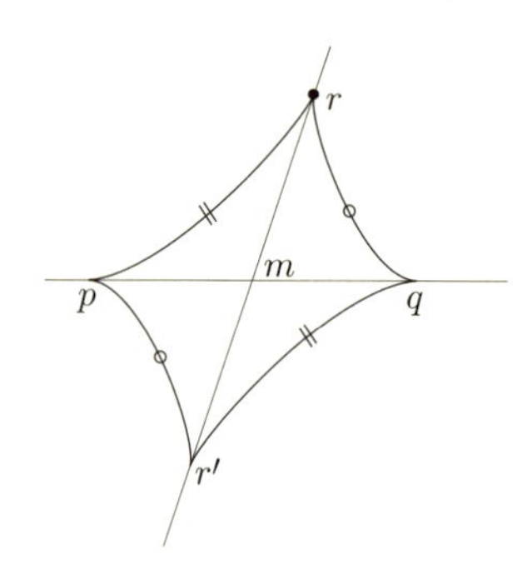

ここで，もし等号が成り立てば，3 角形 prr' において $p \in [r, r']$ となり，$q = s\,p$ も $[r, r']$ 上にあることになる．これは，$r \notin [p, q]$ に反する． □

補題 2 $C \subset M$ を空でないコンパクト部分集合とし，$I(C) := \{\, g \in I(M) \mid g\,C = C \,\}$ とおくと，部分群 $I(C)$ は M に固定点をもつ．

証明 $l := \inf_{p \in M} \sup_{q \in C} d(p, q)$ とおいて，

$$F := \{\, p \in M \mid \sup_{q \in C} d(p, q) = l \,\},$$

$$F_n := \{\, p \in M \mid \sup_{q \in C} d(p, q) \leq l + \frac{1}{n} \,\} \quad (n \in \mathbb{N}_{>0})$$

とすると，$F = \bigcap_{n \in \mathbb{N}_{>0}} F_n$ $(F_{n+1} \subset F_n)$．(l は C の "中心" から境界 ∂C への距離みたいなものと捉えられることに注意しておこう．C が円板ならば，C の中心が $l =$ 半径を与える．)

ところで，(1) より M は完備であり，有界閉集合 F_n はコンパクトな空でない減少列だから共通集合 F は空ではない．

いま，$p, q \in F$ を $p \neq q$ とし，m を測地線 $[p, q]$ の中点とすると，補題 1 より，任意の $r \in C$ に対して，

$$d(m, r) < \frac{1}{2}\bigl(d(p, r) + d(q, r)\bigr) \leq l.$$

(なぜならば，$p, q \in F$ より，$d(p, r) \leq l$, $d(q, r) \leq l$ $(r \in C)$．) よって，$d(m, r) < l$ $(r \in C)$ となり，これは l の定義に反する．

したがって，F は唯 1 点のみからなり，F の定義より F は群 $I(C)$ の元で固定される $(g\,F \subset F\ (g \in I(C)))$ ゆえ，固定点である． □

命題の証明 (1) は後述するのでここでは略．(2) については，$C = K\,p \subset M(p$

の K 軌道) とおいて，補題 2 を適用する．$K \subset I(C)$ ゆえ，$I(C)$ の固定点は K の固定点である． □

注意 次章以降で詳しく述べるが，大域的 Riemann 対称空間がコンパクト型成分を含まないときが (すなわち，ユークリッド型と非コンパクト型の直積であるとき) 命題の条件をみたすことと同値である．

これはまた, 対称空間の断面曲率が非正 (≤ 0) であることと同値であり, Hadamard の定理の結論部分と一致する．

命題の応用としては，先にも述べたように次の共役性が重要である．

定理 半単純連結 Lie 群の極大コンパクト群は互いに共役である．

注意 半単純連結 Lie 群 G は，中心有限であれば極大コンパクト群 K が存在し，それによる商空間 $M = G/K$ が非コンパクト半単純型対称 Riemann 空間である．このとき，$G \subset I(M)$ となり，M は命題の条件をみたす．ここで，K_1 を G のコンパクト部分群とすると，命題 (2) より，K_1 は M に固定点 $p = g\,K$ をもつ．すなわち，$K_1\,p = p$，よって $K_1\,g\,K = g\,K$，これは，$K_1 \subset g\,K\,g^{-1}$ を意味する．K_1 も極大であれば $K_1 = g\,K\,g^{-1}$.

6.6 Jacobi 場とその応用

局所対称空間を曲率によって特徴付けるのに必要な定理のために，測地変分に関する Jacobi 場について述べる．これは，前節で述べた諸定理の証明に立ち入ろうとすれば必要であったのだが，それについては省略する (詳しくは [野], [KN], [竹] などを参照されたい)．実際，適当な写像が等長変換であることを特徴付けるのに，曲率テンソルが現れるのである．

連結 Riemann 多様体 (M, g) と Levi–Civita 接続 ∇ を考える．測地線 $\gamma : [a, b] \to M$ の**測地変分** $f(t; s)$ ($t \in [a, b]$, $s \in (-\varepsilon, \varepsilon)$ $(\varepsilon > 0)$) とは，C^∞ 写像で，$f(t, s)$ は s を固定すると t については測地線で $f(t, 0) = \gamma(t)$ となるものである．

このとき，$\nabla_{\partial_t} f := df(\partial_t)$, $\nabla_{\partial_s} f := df(\partial_s)$ は f に沿うベクトル場で，

$$\nabla_{\partial_t}(\nabla_{\partial_s} f) = df(\partial_t, \partial_s) = \nabla_{\partial_s}(\nabla_{\partial_t} f) \quad \left(\partial_t := \frac{\partial}{\partial t},\ \partial_s := \frac{\partial}{\partial s}\right)$$

をみたし，また $f(t, s)$ は t については測地線だから，$\nabla_{\partial_t}(\nabla_{\partial_t} f) = 0$ をみたす．

したがって，$[\partial_t, \partial_s] = 0$ より，

$$\begin{aligned}\nabla^2_{\partial_t}(\nabla_{\partial_s} f) &= \nabla_{\partial_t}(\nabla_{\partial_t}(\nabla_{\partial_s} f)) = \nabla_{\partial_t}(\nabla_{\partial_s}(\nabla_{\partial_t} f)) \\ &= \nabla_{\partial_t}(\nabla_{\partial_s}(\nabla_{\partial_t} f)) - \nabla_{\partial_s}(\nabla_{\partial_t}(\nabla_{\partial_t} f)) - \nabla_{[\partial_t,\partial_s]}(\nabla_{\partial_t} f) \\ &= ([\nabla_{\partial_t}, \nabla_{\partial_s}] - \nabla_{[\partial_t,\partial_s]})(\nabla_{\partial_t} f) \\ &= R(\nabla_{\partial_t} f, \nabla_{\partial_s} f)(\nabla_{\partial_t} f)\end{aligned}$$

が成り立つ (R は曲率テンソル). (∇_{∂_t} は $\nabla_{\partial_t} f$, ∇_{∂_s} は $\nabla_{\partial_s} f$ に沿う共変微分であることに注意.)

上式において $s = 0$ とすると, $\nabla_{\partial_t} f|_{s=0} = \dot{\gamma}(t)$ $(= d\gamma(\partial_t))$ であり, さらに, $\nabla_{\partial_s} f|_{s=0} = J(t)$ とおくと, 微分方程式

$$\ddot{J} - R(\dot{\gamma}, J)\dot{\gamma} = 0 \quad (\,\dot{}\, \text{は } t \text{ に関する微分})$$

を得る. $J_\gamma = J$ を γ に沿う **Jacobi 場** (Jacobi field) といい, この微分方程式を **Jacobi の方程式**という.

Jacobi の方程式は 2 階の線型常微分方程式ゆえ, 初期値 $(x, v) \in (T_{\gamma(a)}M)^2$ に対して $J(a) = x$, $\dot{J}(a) = v$ をみたす一意解 J が存在する. この対応によって, γ に沿っての Jacobi 場は接空間の直和 $(T_{\gamma(a)}M)^2$ と線型同型になる.

実は, Jacobi 場は指数写像 Exp の微分を与える. すなわち, 次が成り立つ.

定理 6.6.1 点 $p \in M$ を通る測地線 $\gamma : [0, l] \to M$, $\gamma(0) = p$ と接ベクトル $v \in T_p(M)$ に対し, γ に沿う Jacobi 場 $J(0) = 0$, $\dot{J}(0) = v$ を考える. このとき, $t \in [0, l]$ に対して, tv をベクトル空間 $T_p = T_p(M)$ の $t\dot{\gamma}(0) \in T_p$ における接空間のベクトル $tv \in T_{t\dot{\gamma}(0)}(T_p)$ とみなして,

$$J(t) = (d\,\mathrm{Exp}_p)_{t\dot{\gamma}(0)}(tv)$$

が成り立つ.

証明 $\varepsilon > 0$ を十分小さくとると, 写像 $f : [0, l] \times (-\varepsilon, \varepsilon) \to M$ を

$$f(t, s) := \mathrm{Exp}_p t(\dot{\gamma}(0) + sv) \quad (t \in [0, l],\ |s| < \varepsilon)$$

によって定義できる. f は γ を中心とする測地変分で, その変分ベクトル場 $\widetilde{J}$ は Jacobi 場で, $\widetilde{J}(0) = 0$ および,

$$\begin{aligned}\dot{\widetilde{J}}(0) &= (\nabla_{\partial_t}(\nabla_{\partial_s} f))(0, 0) = (\nabla_{\partial_s}(\nabla_{\partial_t} f))(0, 0) \\ &= \left[\frac{d}{ds}(\dot{\gamma}(0) + sv)\right]_{s=0} = v\end{aligned}$$

をみたす. したがって, Jacobi 場の一意性より, $\widetilde{J} = J$ となる.

また，f の定義より，$\widetilde{J}(t) = (d\,\mathrm{Exp}_p)_{t\dot{\gamma}(0)}(tv)$ ゆえ，求める式が得られる．□

さて，指数写像を用いて (局所) 等長写像をつくるにあたって，曲率による条件を与える定理を述べておこう．

同次元の Riemann 多様体 $M, \overline{M}$ の点 $p \in M, \bar{p} \in \overline{M}$ の正規球近傍 $V_{\boldsymbol{o}} \subset T_p(M), \overline{V}_{\boldsymbol{o}} \subset T_{\bar{p}}(\overline{M})$ が接空間の等長線型同型写像 $\varPhi : T_p \xrightarrow{\sim} T_{\bar{p}}$ によって同型に写るとする ($\varPhi(V_{\boldsymbol{o}}) = \overline{V}_{\boldsymbol{o}}$)．指数写像によって，微分同相写像

$$\varphi := \mathrm{Exp}_{\bar{p}} \circ \varPhi \circ \mathrm{Exp}_p^{-1} : B_p := \mathrm{Exp}_p V_{\boldsymbol{o}} \xrightarrow{\sim} \overline{B}_{\bar{p}} := \mathrm{Exp}_{\bar{p}} \overline{V}_{\boldsymbol{o}}$$

を定義する．このとき，p を始点とする B_p の中の測地線 γ を φ で移した $\bar{\gamma} = \varphi \circ \gamma$ は $\overline{B}_{\bar{p}}$ の中の $\bar{p}$ を始点とする測地線になる．$\gamma, \bar{\gamma}$ の終点をそれぞれ $q, \bar{q}\ (= \varphi(q))$ とし，$\tau_\gamma, \tau_{\bar{\gamma}}$ をそれぞれ $\gamma, \bar{\gamma}$ に沿う平行移動とするとき，接空間の等長線型同型 $\varPhi_\gamma : T_q \xrightarrow{\sim} T_{\bar{q}}$ が $\varPhi_\gamma := \tau_{\bar{\gamma}} \circ \varPhi \circ \tau_\gamma^{-1}$ によって定義される．

このとき，次が成り立つ．

定理 6.6.2 $R, \overline{R}$ をそれぞれ $M, \overline{M}$ の曲率テンソルとする．p を始点とする B_p の中の任意の測地線 γ に対して，$\varPhi_\gamma$ が曲率テンソルを不変にする，すなわち，

$$\varPhi_\gamma(R(u,v)w) = \overline{R}(\varPhi_\gamma(u), \varPhi_\gamma(v))\varPhi_\gamma(w) \quad (u,\ v,\ w \in T_q)$$

が成り立つならば，φ は等長写像で，$(d\varphi)_q = \varPhi_\gamma$ (q は γ の終点) となる．

証明 $q \in B_p, v \in T_q$ を任意にとり，$\gamma : [0,l] \to B_p$ を $\gamma(0) = p, \gamma(l) = q$ となる測地線とする．このとき，

$$(d\varphi)_q(v) = \varPhi_\gamma(v)$$

を示せばよい．$l = 0$ のとき明らかだから，$l > 0$ とする．$(d\,\mathrm{Exp})_p : T_{l\dot{\gamma}(0)}(T_p) = T_p \xrightarrow{\sim} T_q$ は線型同型であるから，γ に沿う Jacobi 場 J で，$J(0) = 0, \dot{J}(0) = l^{-1}(d\,\mathrm{Exp}_p)^{-1}v$ となるものをとると，前定理 6.6.1 によって，$J(l) = v$ となる．

次に，任意の $t \in [0,l]$ について

$$\overline{J}(t) := \varPhi_\gamma(J(t)) = (\tau_{\bar{\gamma}} \circ \varPhi \circ \tau_\gamma^{-1})(J(t))$$

とおく (この γ は終点を t とする測地線 $\gamma|[0,t]$ のことであるが，記号の簡略化のため混用する)．

すると，平行移動の性質と定理の仮定 (曲率の不変性) から，$\overline{J}$ も Jacobi の方程式をみたし，したがって，$\overline{J}$ も $\bar{\gamma}$ に沿っての Jacobi 場である．$\overline{J}$ の定義より，$\overline{J}(0) = 0, \dot{\overline{J}}(0) = \varPhi(\dot{J}(0))$ であるから，再び前定理より，$t \in [0,l]$ に対して

$$J(t) = (d\,\mathrm{Exp}_p)_{t\dot{\gamma}(0)}(t\dot{J}(0)), \tag{$*$}$$

および,

$$\begin{aligned}\overline{J}(t) &= (d\,\mathrm{Exp}_{\bar{p}})_{t\dot{\bar{\gamma}}(0)}(t\dot{\overline{J}}(0)) \\ &= (d\,\mathrm{Exp}_{\bar{p}})_{t\dot{\bar{\gamma}}(0)}(\varPhi(t\dot{J}(0))) \\ &= (d\,\mathrm{Exp}_{\bar{p}}) \circ \varPhi \circ (d\,\mathrm{Exp}_p)^{-1}(J(t)) \quad ((*) \text{ より}) \\ &= (d\varphi)(J(t))\end{aligned}$$

を得る．すなわち，$\overline{J}$ の定義より

$$\varPhi_\gamma(J(t)) = (d\varphi)(J(t))$$

となり，$t = l$ ととると $\varPhi_\gamma(v) = (d\varphi)_q(v)$ を得る． □

コメント 折れ測地線でつなぐことによって，局所的に定理の条件をみたすようなものがつくれれば，大域的にも同様の結果を得る (“拡張定理” [竹; §1.8]).

第 7 章
Riemann 対称空間

7.1 局所および大域的対称空間

連結 Riemann 多様体 M を考える．点 $p \in M$ の正規座標球近傍 $B(p)$ において，p を通る任意の測地線 $\gamma : (-r, r) \to M$ に関して $s_p(\gamma(t)) = \gamma(-t)$ ($|t| < r$) となる $B(p)$ の変換を**測地的対称変換** (geodesic symmetry) という．定義によって，

$$s_p = \mathrm{Exp}_p \circ (-1_p) \circ \mathrm{Exp}_p^{-1} \quad (-1_p \in \mathrm{End}\, T_p(M))$$

となり，これは $B(p)$ の微分同相写像である．

M の任意の点 p に対して，適当な正規座標球近傍 $B(p)$ をとれば，その測地的対称変換が $B(p)$ の等長変換になるとき，M を**局所 Riemann 対称空間** (Riemannian locally symmetric space) という．

定義より，s_p は包合的 (involutive $\Leftrightarrow s_p^2 = \mathrm{Id}$) で，$B(p)$ の半径 r を小さくとれば s_p の固定点は p のみ，すなわち，p は s_p の孤立固定点である．

さて，一般に Riemann 多様体 M の任意の点 p に対して，p を孤立固定点とする (M 全体の) 包合的等長変換 $\tilde{s}_p \in I(M)$ ($I(M)$ は M の等長変換群で $\tilde{s}_p^2 = \mathrm{Id}$) が存在するとき，M を**大域的 Riemann 対称空間** (Riemannian globally symmetric space) という．このとき，$\tilde{s}_p$ は p を孤立固定点とするから，その微分に関しては $(d\tilde{s}_p)^2 = 1_p$ で固定ベクトルをもたないので，$d\tilde{s}_p = -1_p$，すなわち，p の適当な正規球近傍で $\tilde{s}_p = \mathrm{Exp}_p \circ (-1_p) \circ \mathrm{Exp}_p^{-1}$ と表され，局所対称空間でもある．

対称空間には Riemann 多様体ではない，“アフィン” 対称空間というものもあるが，本書では扱わないので Riemann を略して，対称空間といえば Riemannian の場合をいう．さらに，大域的対称空間を**単に**対称空間ということも多く，そうとは限らない場合をとくに**局所**対称空間という．

局所対称空間の開集合はまた局所対称空間で，それらの直積も局所対称空間で

ある．大域的の直積はまた大域的対称空間である．

例 (定曲率空間)　ユークリッド空間 $\mathbb{R}^n$，球面 S^n，双曲空間 H^n はすべて対称空間である．等長変換群 G は，それぞれ $I(\mathbb{R}^n) = O(n) \ltimes \mathbb{R}^n$, $I(S^n) = O(n+1)$, $I(H^n) = O_+(1,n) = \{ g \in GL(n+1,\mathbb{R}) \mid {}^t g\, J\, g = J,\ g_{11} \geq 1 \}((\begin{smallmatrix} 1 & 0 \\ 0 & -1_n \end{smallmatrix}))$ である．したがって，特別な点 $\boldsymbol{o}$ について対称変換 $s_{\boldsymbol{o}}$ を定義すれば，任意の点 $p = g\,\boldsymbol{o}$ $(g \in G)$ についての対称変換は $s_p = g\, s_{\boldsymbol{o}} g^{-1}$ となる．

$\mathbb{R}^n : s_{\boldsymbol{o}} v = -v$　(原点 $\boldsymbol{o}$ に関して),

$$S^n := \{ (x^i) \in \mathbb{R}^{n+1} \mid \sum_{i=1}^{n+1} (x^i)^2 = 1 \}, \quad s_{\boldsymbol{o}}(x^i) = (x^1, -x^2, \ldots, -x^{n+1}),$$

$$H^n := \{ (x^i) \in \mathbb{R}^{n+1} \mid (x^1)^2 - \sum_{i=2}^{n+1} (x^i)^2 = 1 \},\ s_{\boldsymbol{o}}(x^i) = (x^1, -x^2, \ldots, -x^{n+1}).$$

とくに，H^1 の上半平面実現 $\mathfrak{H} := \{ z \in \mathbb{C} \mid \Im z > 0 \}$ に関しては，$i = \sqrt{-1}$ を固定点とする対称変換 $s(z) := -z^{-1}$ が正則等長であり (保型関数論などにとって) 大切である．

これらの例に見るように，実は (大域的) 対称空間 M は一般にも等長変換群 $I(M)$ の等質空間になる．

まず，M は完備である．実際，$\gamma : [0,r] \to M$ を測地線とするとき，$p = \gamma(r)$ に関する対称変換 s_p を考える．すると，$\gamma'(t) := s_p \circ \gamma(2r - t)$ $(t \in [r, 2r])$ は γ を延長した測地線 (長さ $2r$) を与えるので，この操作によって任意の測地線は幾らでも延長できる．

したがって，6.3 節の定理 (Hopf–Rinow) とその後の命題によって，M の任意の 2 点 p, q に対して，それらを端点とし，その距離を与える測地線 γ が存在する $(l(\gamma) = d(p,q))$．γ の中点 m $(d(p,m) = d(m,q))$ に関する対称変換を s_m とすると，$s_m(p) = q$ となり，M には $I(M)$ が推移的に働くことになり，等質空間である．

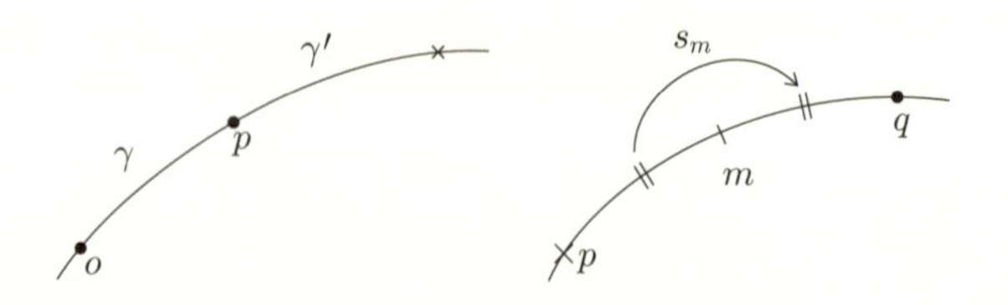

次に局所対称空間が曲率テンソルのある性質で特徴付けられることを見よう．

M を局所対称空間とし，点 p における測地的対称変換を s_p とすると，s_p は (Levi–Civita 接続に関する) 共変微分 ∇ の局所同型を与える．したがって，接ベクトル $x, y, z, w \in T_p(M)$ に対して，

$$\nabla_{ds_p(x)} R(ds_p(y), ds_p(z))(ds_p(w)) = ds_p(\nabla_x R(y, z)(w))$$

が成り立つ (R はテンソルゆえ，ベクトル場に対して点 p の値で決まることに注意)．ところが，$ds_p = -1_p$ ゆえ，$\nabla_x R(y, z)(w) = -\nabla_x R(y, z)(w)$，すなわち，$\nabla_x R(y, z)(w) = 0$．これが任意の点 p に対して成立するゆえ，これは，曲率テンソル R の共変微分が 0，すなわち，$\nabla R = 0$ となることを意味する．すなわち，曲率テンソル R は任意の平行移動で不変である．

逆に，Riemann 多様体 M において $\nabla R = 0$ が成り立つとする．このとき，M は局所対称であることを証明しよう．R が平行移動によって不変であることから次のことが導かれる．任意の点 $p \in M$ の十分小さい正規座標球近傍 B_p で，定理 6.6.2 の設定の下，$\overline{M} = M$, $p = \bar{p}$, $\Phi = -1_p$ とし，次をみたすものがとれる．p を始点とする B_p 内の測地線 γ すべてに対して，

$$\begin{aligned} &\tau_\gamma(R(x, y)z) = R(\tau_\gamma x, \tau_\gamma y)(\tau_\gamma z), \\ &\Phi(R(x, y)z) = R(\Phi x, \Phi y)(\Phi z) \quad (\, x, y, z \in T_p(M)\,). \end{aligned}$$

ゆえに，$\Phi_\gamma(R(x, y)z) = R(\Phi_\gamma x, \Phi_\gamma y)(\Phi_\gamma z)$ がすべての測地線に対して成り立ち，定理 6.6.2 より，B_p における測地的対称変換 Φ_γ は等長変換である．

以上により次がいえた．

定理 7.1.1 (Cartan–Schouten) Riemann 多様体 M に関して，∇ を Levi–Civita 接続に関する共変微分，R を曲率テンソルとする．このとき，M が局所対称空間であるための必要十分条件は R が接続に関して平行，すなわち，$\nabla R = 0$ となることである． □

最後に，大域的対称空間との関係を述べる．大域的対称空間は先に見たように，完備かつ等質であったが，さらに次がいえる．

定理 7.1.2 単連結かつ完備な局所対称空間は大域的対称空間である．したがって，完備な局所対称空間の普遍被覆空間は大域的対称空間と見なせる． □

証明は，単連結かつ完備な場合，定理 6.6.2 を大域化することが保証され，定理 7.1.1 と同様に各点 $p \in M$ に対し，包合的対称変換 $s_p \in I(M)$ が存在することか

らいえる ([竹; 定理 1.10]).

系 7.1.3 連結完備な局所対称空間 M は，その普遍被覆空間である (大域的) 対称空間 $\widetilde{M}$ を不連続群 (離散群) $\Gamma \subset I(M)$ で割った商空間 $\Gamma\backslash\widetilde{M}$ として表される. □

コメント 局所対称空間の各点 p はある対称空間の開近傍と等長である ([竹内; 定理 2.5]).

例 $\mathfrak{H} = \{ z \in \mathbb{C} \mid \Im z > 0 \}$ を複素上半平面とする．分数変換 $z \mapsto \frac{az+b}{cz+d}$ は，正則かつ等長変換である．($z \mapsto \bar{z}$ は反正則等長変換.)

分数変換群 $PSL(2,\mathbb{R}) = SL(2,\mathbb{R})/\{\pm 1_2\}$ の離散部分群 Γ で，$\mathfrak{H}$ に自由に働く ($\gamma \neq \pm 1_2$ は固定点をもたない) ものとすると，商空間 $\Gamma\backslash\mathfrak{H}$ は完備局所対称空間 (定曲率！) である.

関数論で知られているように，種数 2 以上のコンパクトな Riemann 面は必ず上のような形をしている．すなわち，コンパクト Riemann 面には完備な定曲率 (ゆえに局所対称) となる Riemann 計量 (さらに Kähler 計量) が存在する．(実は，さらに複素代数曲線になる.)

なお，数論的保型関数論では，非コンパクトで完備な有限面積の面も頻出する ($\Gamma_0(N)\backslash\mathfrak{H}$ など).

7.2 等質空間としての対称空間

対称空間 M の等長変換群を $I(M)$ とすると，すでに見たように，M は $I(M)$ の等質空間であった．M は連結ゆえ，$I(M)$ の単位成分 (単位元の連結成分) $G = I(M)^0$ が M に推移的に働く．一点 $\boldsymbol{o} \in M$ を固定し，$K = G_{\boldsymbol{o}}$ を $\boldsymbol{o}$ の固定化部分群とすると，等質空間として $M \simeq G/K$ ($g\boldsymbol{o} \mapsto gK$) とみなせる．$s_{\boldsymbol{o}} \in I(M)$ を $\boldsymbol{o}$ における対称変換とする．すなわち，$ds_{\boldsymbol{o}} = -\mathrm{Id}_{T_o(M)}$, $s_{\boldsymbol{o}}^2 = e$ ($= \mathrm{Id}_M$).

$s_{\boldsymbol{o}}$ による共役 (内部自己同型 $g \mapsto {}^{s_o}g := s_{\boldsymbol{o}} g s_{\boldsymbol{o}}$ ($g \in I(M)$)) は G の自己同型 (外部かもしれない) をひき起こし，$s_{\boldsymbol{o}}^2 = e$ ゆえ，$s_{\boldsymbol{o}}(gK) = ({}^{s_o}g)K$ ($g \in G$) とかける.

命題 7.2.1 $s_{\boldsymbol{o}}$ の G における中心化群を $G^{s_o} := \{ g \in G \mid {}^{s_o}g = g \}$ とおくと，$(G^{s_o})^0 \subset K \subset G^{s_o}$.

証明 $G \supset K$ の Lie 環を $\mathfrak{g} \supset \mathfrak{k}$ とする．$M = G/K$ ゆえ，M の $\boldsymbol{o}$ における

接空間は，ベクトル空間として $T_{\boldsymbol{o}}M \simeq \mathfrak{g}/\mathfrak{k}$ とみなせる．$s_{\boldsymbol{o}}$ による G の同型は Lie 環の同型 $s_{\boldsymbol{o}} = ds_{\boldsymbol{o}}$ をひき起こし，$\mathrm{mod}\,\mathfrak{k}$ で $\bar{s}_{\boldsymbol{o}} := s_{\boldsymbol{o}} \bmod \mathfrak{k} = -\mathrm{Id}_{\,\mathfrak{g}/\mathfrak{k}}$.

さて，固定化部分群 K の元 k は接空間 $T_{\boldsymbol{o}}(M)$ への固定化表現 $dk \in GL(T_{\boldsymbol{o}}(M))$ をひき起こすが，$T_{\boldsymbol{o}}(M)$ の Riemann 計量に関して直交変換である，すなわち，$dk \in O(T_{\boldsymbol{o}}(M))$．ここで，$\bar{s}_{\boldsymbol{o}} = -\mathrm{Id}$ ゆえ，$O(T_{\boldsymbol{o}}(M))$ の中で $s_{\boldsymbol{o}}(dk) = (dk)s_{\boldsymbol{o}}$. よって，$k \in K$ も群 G の元として $s_{\boldsymbol{o}} \in I(M)$ と可換，すなわち，$K \subset G^{s_o}$ (固定化表現 $K \to O(T_{\boldsymbol{o}}(M))$ は忠実であることが証明される [竹] も [KN] を引用]).

一方，Lie 環の元 $X \in \mathfrak{g}$ について，$e^{tX} \in G^{s_o}$ とすると，$e^{tX}\boldsymbol{o} = s_{\boldsymbol{o}}(e^{tX}\boldsymbol{o})$ で，$\boldsymbol{o}$ は $s_{\boldsymbol{o}}$ の孤立固定点ゆえ，$|t| \ll 1$ (十分小) ならば $e^{tX}\boldsymbol{o} = \boldsymbol{o}$ となり，$e^{tX} \in K$ $(|t| \ll 1)$．これは，$X \in \mathfrak{k}$ を意味し，$(G^{s_o})^0 \subset K$. □

系 7.2.2 Lie 環においては，$\mathfrak{k} = \mathfrak{g}^{s_o} := \{\, X \in Dg \mid s_{\boldsymbol{o}}X = X \,\}$ となり，$\mathfrak{p} := \{\, X \in \mathfrak{g} \mid s_{\boldsymbol{o}}X = -X \,\}$ とおくと，

$$\mathfrak{g} = \mathfrak{k} \oplus \mathfrak{p} \quad \text{(ベクトル空間の直和)},$$
$$[\mathfrak{k},\, \mathfrak{p}] \subset \mathfrak{p}, \quad [\mathfrak{p},\, \mathfrak{p}] \subset \mathfrak{k}$$

が成り立ち，$\mathfrak{p}\,(\simeq \mathfrak{g}/\mathfrak{k})$ は $\mathrm{Ad}\,K$ の作用で保たれる．

証明 前命題より，$\mathfrak{g}^{s_o} = \mathrm{Lie}\,K = \mathfrak{k}$．$s_{\boldsymbol{o}}^2 = \mathrm{Id}$ ゆえ，$s_{\boldsymbol{o}}$ の固有値 (± 1) 分解が直和分解の式．さらに，$s_{\boldsymbol{o}}$ は Lie 環の自己同型であるから，$X \in \mathfrak{k}, Y \in \mathfrak{p}$ に対して，$s_{\boldsymbol{o}}([X,Y]) = [s_{\boldsymbol{o}}X, s_{\boldsymbol{o}}Y] = [X,-Y] = -[X,Y]$ より $[\mathfrak{k},\mathfrak{p}] \subset \mathfrak{p}$．$[\mathfrak{p},\mathfrak{p}] \subset \mathfrak{k}$ も同様. □

系 7.2.3 $K \subset G^{s_o} \subset I(M)^{s_o}$ はコンパクト群である．

証明 K の固定化表現は忠実で，その像は $O(T_{\boldsymbol{o}}(M))$ の閉部分群である． □

以上の考察を元にして，G が必ずしも等長変換群 $I(M)$ の単位成分とは限らない場合も含めて，次のような設定を考えよう．これは応用上様々な例を扱う上での必要性からである．

定義 連結 Lie 群 G と閉部分群 K の対 $(G,\, K)$ において，包合的自己同型 $s \in \mathrm{Aut}\,G$ ($s^2 = \mathrm{Id}_G,\, s \neq \mathrm{Id}_G$) が存在して，$(G^s)^0 \subset K \subset G^s$，かつ $\mathrm{Ad}\,K \subset GL(\mathfrak{g})$ はコンパクト群のとき，**(Riemann) 対称対** (symmetric pair) という．

対称対 $(G,\, K)$ に対して，等質空間 $M = G/K$ は原点 $\boldsymbol{o} = \{K\} \in M$ の接空

間 $T_{\boldsymbol{o}}(M) \simeq \mathfrak{g}/\mathfrak{k} \simeq \mathfrak{p} := \{\, X \in \mathfrak{g} \mid sX = -X \,\}$ に $\mathrm{Ad}\, K \,|\, \mathfrak{p}$ 不変な内積が入り ($\mathrm{Ad}\, K$ コンパクトより), M の G 不変な Riemann 計量を与える．そして，$\boldsymbol{o}$ に関する対称変換 $s_{\boldsymbol{o}}$ を $s_{\boldsymbol{o}}(gK) = s(g)K$ によって定義すると M は対称空間になる．

次に，K に含まれる G の正規部分群が自明なとき，対称対 (G, K) は**効果的** (effective) という．これは，G が対称空間 $M = G/K$ に効果的に働くことを意味する ($\Leftrightarrow g \neq e$ は M に恒等的でなく働く $\Leftrightarrow G \to I(M)$ が単射)．前述の $G = I(M)^0$ の場合が効果的である．また，K に含まれる G の正規部分群が離散的なとき，**概**効果的ということもある．

例 (1) $(SL(2,\mathbb{R}),\, SO(2))$ は概効果的対称対，$(PSL(2,\mathbb{R}),\, \overline{K})$ $(\overline{K} = SO(2)/\{\pm 1_2\})$ は効果的で $M = \mathfrak{H}$(上半平面)．

(2) $(\widetilde{SL(2,\mathbb{R})},\, \widetilde{K})$($\widetilde{SL(2,\mathbb{R})}$ は $SL(2,\mathbb{R})$ の普遍被覆群で位相的には $\widetilde{K} \times \mathbb{R}_{>0} \times \mathbb{R}$，$\widetilde{K} \simeq \mathbb{R}$) も概効果的で $M = \mathfrak{H}$．$\widetilde{K} \simeq \mathbb{R}$ はコンパクトではないが，$\mathrm{Ad}\, \widetilde{K} \simeq \overline{K}$ はコンパクト群．

(3) $(SL(n,\mathbb{R}),\, SO(n))$，$s(g) = {}^t g^{-1}$ は (1) の一般化で，概効果的．

(4) $(SO(n),\, 1 \times SO(n-1))$，$s(g) = \sigma g \sigma$ ($\sigma := \left(\begin{smallmatrix} 1 & 0 \\ 0 & -1_{n-1} \end{smallmatrix}\right)$)．$M = S^{n-1}$($n-1$ 次元球面) で効果的． □

対称対 $(G,\, K)$ の Lie 環の対 $(\mathfrak{g},\, \mathfrak{k})$ を考えると，系 7.2.2 と同様の性質をもつ．すなわち，対 $(\mathfrak{g},\, \mathfrak{k})$ は包合的自己同型 $s \in \mathrm{Aut}\, \mathfrak{g}$ において，$\mathfrak{k} = \{\, X \in \mathfrak{g} \mid s X = -X \,\}$ によって定義され，$\mathrm{ad}\, \mathfrak{k} \,|\, \mathfrak{p} \subset \mathfrak{gl}(\mathfrak{p})$ はコンパクト部分群を生成するものとする．このような Lie 環の対を**直交対称 Lie 環** (orthogonal symmetric Lie algebra) という．

概効果的条件に対応するのは，$\mathfrak{k}$ に含まれる $\mathfrak{g}$ の (Lie 環としての) イデアルが 0 になるという条件である．

等質ベクトル束としての接束

5.3 節で導入したように，一般に等質空間 $M = G/K$ に関して，左 K 加群 V (表現 $K \to GL(V)$ のこと) が与えられたとき，K 主束 $G \to M$ に付随する同伴ベクトル束を $G \times_K V$ とかく．すなわち，$G \times V$ を右 K 作用 $(g, v).k = (gk,\, k^{-1}v)$ $(\, g \in G,\, k \in K,\, v \in V\,)$ で割った空間が $G \times_K V$ である．このとき，$G \times_K V \ni (g, v) \mapsto gK \in G/K = M$ は well-defined で，V をファイバーとするベクトル束になった．

同伴ベクトル束 $G \times_K V$ の C^∞ 切断は G 上の V 値関数 $f : G \to V$ で，$f(gk) = k^{-1}f(g)$ ($g \in G$, $k \in K$) をみたすものと同一視できる．すなわち，切断 $gK \mapsto (g, f(g))$ は $G \times_K V$ において $(gk, f(gk)) = (gk, k^{-1}f(g)) = (g, f(g))$ となるから，well-defined である．

また，これは $C^\infty(G) \otimes V$ を右 K 作用で K 加群とみなすときの K 不変元でもある．

詳しく述べると，$C^\infty(G)$ の右正則表現を $(\rho_x f)(g) = f(gx)$ とかくと，$C^\infty(G)$ への右作用は $f^x = \rho_{x^{-1}} f$ で与えられる．($f^{xy} = (f^x)^y$ が成立すべき！) したがって，元 $\sum_i \xi^i \otimes v_i \in C^\infty(G) \otimes V$ への K の**右**作用は，$(\sum_i \xi^i \otimes v_i)k = \sum_i (\rho_{k^{-1}} \xi^i) \otimes k^{-1} v_i$ となり，K 不変元は $\sum_i \xi^i(gk)(kv_i) = \sum_i \xi^i(g)v_i$ ($g \in G$, $k \in K$) をみたすものである．これは, $f = \sum_i \xi^i \otimes v_i$ とみなしたとき, $(\sum_i \xi^i \otimes v_i)(g) = \sum_i \xi^i(g)v_i$ であるから，切断の条件 $f(gk) = k^{-1}f(g)$ に等しい．

まとめて，切断の空間は

$$\begin{aligned}\Gamma(G \times_K V) &= \{\, f : G \xrightarrow{C^\infty} V \mid f(gk) = k^{-1}f(g)\ (\, g \in G,\, k \in K\,)\,\} \\ &= (C^\infty(G) \otimes V)^K \quad (\text{右作用による } K \text{ 不変元のなす空間})\end{aligned}$$

と同一視できる．

なお，切断の空間はさらに左作用 $(\lambda_x f)(g) = f(x^{-1}g)$ (x, $g \in G$) ももつことに注意しておこう．

等質空間 G/K の接束は，$\mathfrak{g}$, $\mathfrak{k}$ を G, K の Lie 環としたとき，原点 $\boldsymbol{o} = \{K\} \in G/K$ の接空間は商 $\mathfrak{g}/\mathfrak{k}$ に等しいから，K 加群 $\mathfrak{g}/\mathfrak{k}$ に付随する同伴ベクトル束 $G \times_K \mathfrak{g}/\mathfrak{k}$ とみなせる．

ここで，$\mathfrak{g}$ は部分 Lie 環 $\mathfrak{k}$ の補空間として $\mathrm{Ad}\,K$ 部分加群 $\mathfrak{p}$ が存在すると**仮定**しよう．すなわち，$\mathfrak{g} = \mathfrak{k} \oplus \mathfrak{p}$ で，$\mathfrak{p}$ は $\mathrm{Ad}\,K$ の作用で保たれる K 加群とする．(このような G/K を**簡約** (reductive) ということもある．対称空間はこの意味で簡約である．) このとき，等質空間 $M = G/K$ の接束はさらに，同伴束 $T(M) = G \times_K \mathfrak{p}$ として表せ，したがって M のベクトル場はその切断であり，$\mathfrak{X}(M) = \Gamma(T(M)) = (C^\infty(G) \otimes \mathfrak{p})^K$ となる．

以下，この言葉で既存の概念を述べてみよう．一般に，Lie 環の元 $X \in \mathfrak{g}$ を群 G 上の左不変ベクトル場とみた $f \in C^\infty(G)$ への作用を l_X とかくと，

$$(l_X f)(g) = \partial_t f(g\, e^{tX})|_{t=0} \quad (\,\partial_t = \frac{d}{dt}\,)$$

であった．すなわち，e^{tX} は単位元 $e \in G$ を通る X 方向の積分曲線ゆえ，接ベクトル X_e の作用は $X_e f = \partial_t f(e^{tX})|_{t=0}$ で，左不変性より上式を得る．

いま，M 上のベクトル場 $X \in \mathfrak{X}(M)$ を

$$X = \sum_i \xi^i \otimes X_i \in (C^\infty(G) \otimes \mathfrak{p})^K$$

と表したとき，$f \in C^\infty(M) = C^\infty(G/K)$ へのベクトル場としての作用は

$$(Xf)(g) = \sum_i \xi^i(g)(l_{X_i} f)(g) \quad (\,g \in G\,)$$

とかける．

実際，$(Xf)(gk) = (Xf)(g)$ ($k \in K, g \in G$) となることをチェックしてみよう．$f(gk) = f(g)$ より，

$$\begin{aligned}(l_{X_i} f)(gk) &= (\partial_t f)(g\, k\, e^{tX_i})|_{t=0} \\ &= (\partial_t f)(g\, (k e^{tX_i} k^{-1}) k)|_{t=0} \\ &= (\partial_t f)(g\, e^{t \mathrm{Ad}\, k X_i} k)|_{t=0} \\ &= (\partial_t f)(g\, e^{t \mathrm{Ad}\, k X_i})|_{t=0} \\ &= (l_{\mathrm{Ad}\, k X_i} f)(g).\end{aligned}$$

ところで，X の K 不変性より，

$$\sum_i \xi^i(gk)(\mathrm{Ad}\, k X_i) = \sum_i \xi^i(g) X_i$$

ゆえ，

$$\begin{aligned}(Xf)(gk) &= \sum_i \xi^i(gk)(l_{X_i} f)(gk) \\ &= \sum_i \xi^i(gk)(l_{\mathrm{Ad}\, k X_i} f)(g) \\ &= (l_{(\sum_i \xi^i(gk) \mathrm{Ad}\, k X_i)}) f(g) \\ &= (l_{(\sum_i \xi^i(g) X_i)}) f(g) = (Xf)(g).\end{aligned}$$

次に，簡約な等質空間 $M = G/K$ の Levi–Civita 接続を与えよう．$\mathfrak{p}$ に K 不変な計量を入れると，M は G が等長変換として働く Riemann 等質空間とみなせる．接束 $T(M) = G \times_K \mathfrak{p}$ の双対ベクトル束 $T^*(M) = g \times_K \mathfrak{p}^*$ が余接束である．

命題 7.2.4 上の設定で．(X_i) を $\mathfrak{p}$ の正規直交基底とし，(ω_i) を $\mathfrak{p}^*$ における双対基底とする．このとき，$\mathfrak{X}(M) = \Gamma(T(M)) = (C^\infty(G) \otimes \mathfrak{p})^K$, $\Omega(T(M)) = \Gamma(T(M) \otimes T^*(M)) = (C^\infty(G) \otimes \mathfrak{p} \otimes \mathfrak{p}^*)^K$ とみなして，微分作用素

$$\nabla := \sum_i X_i \otimes \omega^i : (C^\infty(G) \otimes \mathfrak{p})^K \longrightarrow (C^\infty(G) \otimes \mathfrak{p} \otimes \mathfrak{p}^*)^K$$

は M の G 不変な Levi–Civita 接続を定義する．

具体的には，$X = \sum_i \xi^i \otimes X_i$, $Y = \sum_j \eta^j \otimes X_j \in (C^\infty(G) \otimes \mathfrak{p})^K$ に対して，

$$(\nabla_X Y)(g) = \sum_{i,j} \xi^i(g)(l_{X_i}\eta^j)(g)X_j \quad (g \in G)$$

とかける．

証明 他のチェックは直接的で容易であるので，ここでは，具体的表示が well-defined であること，すなわち，K 不変性 $(\nabla_X Y)(gk) = k^{-1}(\nabla_X Y)(g)$ $(k \in K)$ (k 作用は Ad を略) を見ておこう．

(左辺) $= \sum_{i,j} \xi^i(gk)(l_{X_i}\eta^j)(gk)X_j$ において，

$$\begin{aligned}
\sum_j (l_{X_i}\eta^j)(gk)X_j &= \sum_j \partial_t \eta^j(g\,k\,e^{tX_i})|_{t=0} X_j \\
&= \sum_j \partial_t \eta^j(g\,e^{tkX_i}k)|_{t=0} X_j \\
&= \sum_j \partial_t \eta^j(g\,e^{tkX_i})|_{t=0}(k^{-1}X_j) \quad (Y \in (C^\infty(G) \otimes \mathfrak{p})^K \text{ゆえ}) \\
&= \sum_j (l_{kX_i}\eta^j)(g)(k^{-1}X_j).
\end{aligned}$$

したがって，

$$\begin{aligned}
(\text{左辺}) &= \sum_{i,j} \xi^i(gk)(l_{kX_i}\eta^j)(g)(k^{-1}X_j) \\
&= \sum_j (l_{\sum_i \xi^i(gk)(kX_i)}\eta^j)(g)(k^{-1}X_j) \\
&= \sum_j (l_{\sum_i \xi^i(g)X_i}\eta^j)(g)(k^{-1}X_j) \\
&= k^{-1}(\nabla_X Y)(g).
\end{aligned}$$

□

命題 7.2.5 前命題の設定の下で，さらに G/K は対称空間とする．このとき，$X \in \mathfrak{p}$ に対して，曲線 $\gamma_X(t) := e^{tX}\boldsymbol{o} \in M$ $(t \in \mathbb{R})$ は

$$\gamma_X(0) = \boldsymbol{o}, \quad \dot{\gamma}_X(0) = X \ (\in T_{\boldsymbol{o}}(M))$$

なる測地線である.

証明 $X(t) := \dot{\gamma}_X(t) = \sum_i \xi^i(e^{tX})X_i$ とするとき, $\nabla_{X(t)}X(t) = 0$ を示せばよい.

$\nabla_{X(t)}X(t) = \sum_{i,j} \xi^i(e^{tX})(l_{X_i}\xi^j)(e^{tX})X_j$ に, $\boldsymbol{o} = \{K\} \in M$ における対称変換 s を施すと,

$$\begin{aligned} s(\nabla_{X(t)}X(t)) &= \sum_{i,j} \xi^i(s\,e^{tX}s)(l_{X_i}\xi^j)(s\,e^{tX}s)(sX_j) \\ &= \sum_{i,j} \xi^i(e^{tsX})(l_{X_i}\xi^j)(e^{tsX})(sX_j) \\ &= \sum_{i,j} \xi^i(e^{-tX})(l_{X_i}\xi^j)(e^{-tX})(-X_j) \quad (\, s\,|\,\mathfrak{p} = -\mathrm{Id}\,) \\ &= -(\nabla_{X(-t)}X(-t)) \end{aligned}$$

ゆえに, $t = 0$ においては

$$s(\nabla_{X(t)}X(t))|_{t=0} = -(\nabla_{X(-t)}X(-t))|_{t=0}.$$

共変微分 ∇ は s 不変ゆえ $s(\nabla_{X(t)}X(t)) = \nabla_{sX(t)}sX(t) = \nabla_{X(-t)}X(-t)$ に, $t = 0$ とおいて,

$$s(\nabla_{X(t)}X(t))|_{t=0} = \nabla_{X(-t)}X(-t)|_{t=0} = \nabla_{X(t)}X(t)|_{t=0}.$$

したがって, $s(\nabla_{X(t)}X(t))|_{t=0} = 0$. よって, 不変性より $\nabla_{X(t)}X(t) = 0$. □

注意 同様に, 測地線 $\gamma_X(t) = e^{tX}\boldsymbol{o}$ による平行移動 $\tau_{\gamma_X(t)} : T_{\boldsymbol{o}}(M) \xrightarrow{\sim} T_{\gamma_X(t)}(M)$ は, それぞれを $\mathfrak{p}$ と同一視したときの $\mathrm{Id}_{\mathfrak{p}}$ に等しいことが示される.

系 7.2.6 連結 Lie 群 G の対称対 (G, K) とその直交対称 Lie 環 $(\mathfrak{g}, \mathfrak{k})$ に関して, $G = K \exp \mathfrak{p} = \exp \mathfrak{p}\, K$ が成り立つ.

証明 $M = G/K$ は完備であるから, 任意の点 $p \in G/K$ はある $X \in \mathfrak{p}, t \in \mathbb{R}$ に対して (測地線) $p = \gamma_X(t) = (\exp tX)\boldsymbol{o}$ とかける. □

命題 7.2.7 対称空間 $M = G/K$ ($\ni \boldsymbol{o} = \{K\}$) において, $T_{\boldsymbol{o}}(M) = \mathfrak{p}$ として, $\boldsymbol{o}$ における曲率テンソルは

$$R_{\boldsymbol{o}}(X, Y) = -\mathrm{ad}_{\,\mathfrak{p}}[X, Y] \quad (\, X, Y \in \mathfrak{p}\,)$$

で与えられる. ここで, $[\mathfrak{p}, \mathfrak{p}] \subset \mathfrak{k}$ より, $\mathrm{ad}_{\,\mathfrak{p}}Z$ ($Z \in \mathfrak{k}$) は $\mathfrak{p}$ における随伴作用 $\mathrm{ad}\, Z\,|\,\mathfrak{p}$ を表す.

証明　$X, Y \in \mathfrak{X}(M) = (C^\infty(G) \otimes \mathfrak{p})^K$ に対して，$R(X,Y) = [\nabla_X, \nabla_Y] - \nabla_{[X,Y]} \in (C^\infty(G) \otimes \mathrm{End}\,\mathfrak{p})^K$ を計算する．

$Y = \sum_j \eta^j \otimes X_j$, $Z = \sum_l \zeta^l \otimes X_l$ に対して，定義により

$$(\nabla_Y Z)(g) = \sum_{j,l} \eta^j(g)(l_{X_j}\zeta^l)(g)X_l \quad (g \in G)$$

であるが，簡単のため

$$\nabla_Y Z = (\sum_j \eta^j\, l_{X_j})Z$$

というふうに，Z に対する作用を $\nabla_Y = \sum_j \eta^j\, l_{X_j}$ とかく．

このとき，さらに $X = \sum_i \xi^i \otimes X_i$ に対して，

$$\begin{aligned}\nabla_X \nabla_Y &= (\sum_i \xi^i\, l_{X_i})(\sum_j \eta^j\, l_{X_j}) \\ &= \sum_{i,j} \xi^i\big((l_{X_i}\eta^j)l_{X_j} + \eta^j(l_{X_i}l_{X_j})\big)\end{aligned}$$

とかけるから，

$$[\nabla_X, \nabla_Y] = \sum_{i,j}\Big\{\big(\xi^i(l_{X_i}\eta^j) - \eta^i(l_{X_i}\xi^j)\big)l_{X_j} + \xi^i\eta^j[l_{X_i}, l_{X_j}]\Big\} \tag{A}$$

一方，ベクトル場 X, Y については，$C^\infty(G/K) = C^\infty(G)^K$ への作用として，同様に $Y = \sum_j \eta^j\, l_{X_j}$ などとかけるから，

$$[X, Y] = \sum_{i,j}\Big\{\big(\xi^i(l_{X_i}\eta^j) - \eta^i(l_{X_i}\xi^j)\big)l_{X_j} + \xi^i\eta^j[l_{X_i}, l_{X_j}]\Big\}$$

であるが，ここで，$[l_{X_i}, l_{X_j}] = l_{[X_i,X_j]}$ において $[X_i, X_j] \in \mathfrak{k}(\Leftarrow [\mathfrak{p},\mathfrak{p}] \subset \mathfrak{k})$ ゆえ，$f \in C^\infty(G/K)$ に対しては，$(l_{[X_i,X_j]}f)(g) = \partial_t f(g\, e^{t[X_i,X_j]})|_{t=0} = (\partial_t f)(g)|_{t=0} = 0$ ($e^{t[X_i,X_j]} \in K$)，すなわち，$C^\infty(G/K)$ 上では $l_{[X_i,X_j]} = 0$．したがって，

$$[X, Y] = \sum_{i,j}\big(\xi^i(l_{X_i}\eta^j) - \eta^i(l_{X_i}\xi^j)\big)l_{X_j} \tag{B}$$

ゆえに，(A), (B) より

$$R(X,Y) = [\nabla_X, \nabla_Y] - \nabla_{[X,Y]} = \sum_{i,j}\xi^i\eta^j[l_{X_i}, l_{X_j}] = \sum_{i,j}\xi^i\eta^j l_{[X_i,X_j]}.$$

ベクトル場 $Z = \sum_l \zeta^l \otimes X_l$ への作用は

$$R(X,Y)Z = \sum_l \Big(\sum_{i,j} \xi^i(g)\eta^j(g)(l_{[X_i,X_j]}\zeta^l)(g)\Big)X_l$$

$$= -\sum_l \zeta^l(g)\Big(\sum_{i,j} \xi^i(g)\eta^j(g)(\mathrm{ad}\,[X_i,X_j]X_l)\Big).$$

($\sum_l \zeta^l \otimes X_l \in (C^\infty(G)\otimes\mathfrak{p})^K$ への微分形 l_W $(W\in\mathfrak{k})$ の作用は，$\sum_l \zeta^l(gk)\otimes X_l = \sum_l \zeta^l(g)\otimes k^{-1}X_l$ $(k\in K)$ より，$\sum_l (l_W\zeta^l)\otimes X_l = -\sum_l \zeta^l \otimes(\mathrm{ad}\,W)X_l$.)

したがって，原点 $\boldsymbol{o}=\{K\}$ においては，$T_{\boldsymbol{o}}(M)=\mathfrak{p}$ における接ベクトルとしての $g=e$ の値を取って，$R_{\boldsymbol{o}}(X,Y)Z = -(\mathrm{ad}\,[X,Y])Z$. □

コメント 少し荒っぽいが次のようにも説明できる．∇ の延長を d^∇ とすると，テンソルとして $R=d^\nabla\circ\nabla$ であった．命題 7.2.4 より，$X,Y\in\mathfrak{X}(M)$ に対して $R(X,Y)$ を計算すると，

$$\Big(\big(\sum_j X_j\otimes\omega^j\big)\wedge\big(\sum_i X_i\otimes\omega^i\big)\Big)(X\wedge Y) = \big(\sum_{i,j} X_jX_i\otimes\omega^j\wedge\omega^i\big)(X\wedge Y)$$

$$= \big(\sum_{i<j}[X_i,X_j]\otimes\omega^i\wedge\omega^j\big)(X\wedge Y).$$

$\boldsymbol{o}=\{K\}$ で $X,Y\in\mathfrak{p}$ と考えると，曲率テンソルとして $R_{\boldsymbol{o}}(X_i,X_j)=[X_i,X_j]\in\mathfrak{k}$ の $\mathfrak{p}$ への作用は $-\mathrm{ad}_{\,\mathfrak{p}}[X_i,X_j]$ である．(X_i) は $\mathfrak{p}$ の正規直交基底ゆえ，$R_{\boldsymbol{o}}(X,Y) = -\mathrm{ad}_{\,\mathfrak{p}}[X,Y]$.

7.3 半単純 Lie 群と対称空間の例

対称空間の例をいくらか統一的にあげるため，まず Lie 群論から若干の準備をしておこう．

Lie 環 $\mathfrak{g}$ の部分空間 $\mathfrak{h}$ が $[\mathfrak{g},\mathfrak{h}]\subset\mathfrak{h}$ をみたすとき，$\mathfrak{h}$ を $\mathfrak{g}$ のイデアルというが，これは当然部分環でもある．このとき商 (剰余空間) $\mathfrak{g}/\mathfrak{h}$ は再び Lie 環になる (剰余 Lie 環という).

$\mathfrak{g}$ に部分空間の有限列 $0=\mathfrak{g}_0\subset\mathfrak{g}_1\subset\cdots\subset\mathfrak{g}_n=\mathfrak{g}$ で，各 $\mathfrak{g}_i$ は $\mathfrak{g}_{i+1}$ のイデアルになり，剰余 $\mathfrak{g}_{i+1}/\mathfrak{g}_i$ が可換 Lie 環になるようなものが存在するとき，$\mathfrak{g}$ を**可解** (solvable) という．(このとき，対応する Lie 群は可解群である．)

任意の (有限次元) Lie 環 $\mathfrak{g}$ には極大な可解イデアル $\mathfrak{r}$ が存在し，これを $\mathfrak{g}$ の**根基** (radical) という ($\mathfrak{r}$ は最大でもある)．根基が自明である ($\mathfrak{r}=0$) 非自明な Lie 環を**半単純** (semi-simple) という．関連して，自明でないイデアルをもたない

非可換 Lie 環を**単純** (simple) という．単純 Lie 環は明らかに半単純である．

一般に，Lie 環 $\mathfrak{g}$ において，$(\operatorname{ad} X)Y = [X, Y]$ $(X, Y \in \mathfrak{g})$ によって随伴作用素 $\operatorname{ad} X \in \operatorname{End} \mathfrak{g}$ を定義したが，$\mathfrak{g}$ 上の対称双線型形式

$$B(X, Y) := \operatorname{Trace}(\operatorname{ad} X \operatorname{ad} Y) \quad (X, Y \in \mathfrak{g})$$

を $\mathfrak{g}$ の **Killing 形式** (form) という．これは次の意味で $\mathfrak{g}$ 不変である．

$$B([Z, X], Y) + B(X, [Z, Y]) = 0 \quad (X, Y, Z \in \mathfrak{g}).$$

(証明は，$\operatorname{ad}[X, Y] = [\operatorname{ad} X, \operatorname{ad} Y]$ などから従う．) 以上の概念に関して次の定理は有名である．

定理 7.3.1 (Cartan の判定)　$\mathfrak{g}$ が半単純であるためには Killing 形式 B が非退化であることが必要十分である． □

注意　B の根基 $\mathfrak{b} := \{ X \in \mathfrak{g} \mid B(X, Y) = 0 \ (Y \in \mathfrak{g}) \}$ は $\mathfrak{g}$ の根基 $\mathfrak{r}$ に含まれるイデアルである．したがって，$\mathfrak{r} = 0$ ならば $\mathfrak{b} = 0$ で B は非退化である．一般には，$\mathfrak{r} = \mathfrak{b}$ は成立しない ([Hu; p.22])．

注意　その Lie 環が (半) 単純のとき，Lie 群は (半) 単純という．連結 Lie 群がこの意味で単純であっても，抽象群としては単純とは限らないことは明らかであろう．$SU(2)$, $SL(2, \mathbb{R})$ は単純 Lie 群であるが，自明でない中心をもつ．

コメント　名が示すとおり，半単純 Lie 環 $\mathfrak{g}$ は単純 Lie 環の直和に分解される．すなわち，$\mathfrak{g} = \mathfrak{g}_1 \oplus \mathfrak{g}_2 \oplus \cdots \oplus \mathfrak{g}_r$ で，各 $\mathfrak{g}_i$ は $\mathfrak{g}$ の単純イデアル，直和成分は順序を除いて同型である．

ちなみに，上の定理は Cartan によるが，実は Killing 形式という名前も Cartan 形式とよぶべきであることが，いまや定説である (が，いまとなっては変えるのはもう遅い)．替わりに，Cartan 部分群は正しくは Killing 部分群とよぶべきだったそうである ([Bo3] 参照)．

以下，単純 Lie 群の例を幾つかあげよう．単純性の証明は必ずしも容易ではないが，演習としておく．

1a. 特殊線型群

$G = SL(n, \mathbb{R}) = \{ g \in GL(n, \mathbb{R}) \mid \det g = 1 \}$, $\mathfrak{g} = \mathfrak{sl}(n, \mathbb{R}) = \{ X \in \mathfrak{gl}(n, \mathbb{R}) \mid \operatorname{Trace} X = 0 \}$．対称変換は $s(g) = {}^t g^{-1}$ $(g \in G)$, $s(X) =$

$-{}^tX$ $(X \in \mathfrak{g})$.

$K = SO(n)$, $\mathfrak{k} = \mathfrak{o}(n) = \mathfrak{so}(n) = \{X \in \mathfrak{g} \mid X = -{}^tX\}$, $\mathfrak{g} = \mathfrak{k} \oplus \mathfrak{p}$ $(\mathfrak{p} = \{X \in \mathfrak{g} \mid X = {}^tX\})$. $\mathfrak{k}, \mathfrak{p}$ は Killing 形式 $B(X,Y) = 2n\mathrm{Trace}\,(XY)$ $(X, Y \in \mathfrak{sl}(n,\mathbb{R}))$ に関して直交している．$M = G/K \simeq \exp\mathfrak{p} =$
$\{\det = 1$ 正定値の対称行列$\}$.

1b. 特殊ユニタリ群

$G = SU(n) = \{g \in SL(n,\mathbb{C}) \mid g\,{}^t\bar{g} = 1_n, \det g = 1\}$, $\mathfrak{g} = \mathfrak{su}\,(n) = \{X \in \mathfrak{sl}(n,\mathbb{C}) \mid X + {}^t\overline{X} = 0, \mathrm{Trace}\,X = 0\}$. 対称変換は $s(g) = \bar{g}$ $(= {}^tg^{-1})$ $(g \in G)$ $s(X) = \overline{X}$ $(X \in \mathfrak{g})$

$K = SO(n)$, $\mathfrak{k} = \mathfrak{so}(n)$, $\mathfrak{p} = \{X \in \mathfrak{sl}(n,\mathbb{C}) \mid X = {}^tX, X = -\overline{X}\}$. (1a の $\mathfrak{p}$ を $\mathfrak{p}_1$ とかくと，$\mathfrak{p} = i\,\mathfrak{p}_1$ で，$\mathfrak{k} + i\,\mathfrak{p}_1 = \mathfrak{su}\,(n) = \mathfrak{g}$，すなわち，$\mathfrak{k} = \Re\mathfrak{g}$, $\mathfrak{p} = i\,\Im\mathfrak{g}$.)

2a. シンプレクティック群 (斜交群)

$J = \begin{pmatrix} 0 & 1_n \\ -1_n & 0 \end{pmatrix}$ とおいて，$G = Sp(n,\mathbb{R}) = \{g \in GL(2n,\mathbb{R}) \mid {}^tgJg = J\}$ $(\subset SL(2n,\mathbb{R}))$, ([佐武; p. 187]) $\mathfrak{g} = \mathfrak{sp}(n,\mathbb{R}) = \{X \in \mathfrak{gl}(2n,\mathbb{R}) \mid {}^tXJ + JX = 0\}$. 対称変換は $s(g) = {}^tg^{-1} = -JgJ$ $(g \in G)$, $s(X) = -{}^tX$ $(X \in \mathfrak{g})$.

$K = SO(2n) \cap G$ $(\simeq U(n))$, $\mathfrak{k} = \{X \mid {}^tXJ + JX = 0, X = -{}^tX\}$, $\mathfrak{p} = \{X \mid {}^tXJ + JX = 0, X = {}^tX\}$. $K \simeq U(n)$ は $U(n) \ni u = a + bi \mapsto \begin{pmatrix} a & b \\ -b & a \end{pmatrix} \in SO(2n) \cap G$ で与えられる．

詳しくは後述するが，対称空間 G/K は **Siegel 上半空間** $\mathcal{S} := \{z \in M(n,\mathbb{C}) \mid {}^tz = z, \Im z$ は正定値$\}$ として実現できる．すなわち，$\begin{pmatrix} a & b \\ c & d \end{pmatrix} \in G$ は “1 次分数変換” $\begin{pmatrix} a & b \\ c & d \end{pmatrix}.z = (az+b)(cz+d)^{-1}$ によって，$\mathcal{S}$ に正則変換として推移的に働く．$i\,1_n \in \mathcal{S}$ の固定化部分群が K で，$G/K \xrightarrow{\sim} \mathcal{S}$. なお，$n = 1$ の場合が複素上半平面であることは明らかであろう $(Sp(1,\mathbb{R}) \simeq SL(2,\mathbb{R}))$. Killing 形式は $B(X,Y) = 2(n+1)\mathrm{Trace}\,(XY)$.

2b. コンパクト斜交群

$Sp(n) := Sp(n,\mathbb{C}) \cap U(2n) = \{g \in GL(2n,\mathbb{C}) \mid {}^tgJg = J, {}^t\bar{g}g = 1_{2n}\}$ はコンパクト群．対称変換 $s(g) = {}^tg^{-1} = \bar{g}$, $K = SO(2n) \cap Sp(n,\mathbb{R})$. $\mathfrak{g} = \{X \in \mathfrak{gl}(2n,\mathbb{C}) \mid {}^tXJ + JX = 0, {}^tX + \overline{X} = 0\} \supset \mathfrak{k} = \mathfrak{so}(2n) \cap \mathfrak{sp}(n,\mathbb{R})$, $\mathfrak{p} = i\,\Im\mathfrak{g} =$

$i\,\mathfrak{p}_1$ (2a の $\mathfrak{p}$ を $\mathfrak{p}_1$ とかいた).

3a. 一般 Lorentz 群

$n = p + q$ のとき，$I_{p,q} = \left(\begin{smallmatrix} 1_p & 0 \\ 0 & -1_q \end{smallmatrix}\right) \in GL(n, \mathbb{R})$ とおく．$G = SO_0(p,q)$ は $SO(p,q) = \{\, g \in SL(n,\mathbb{R}) \mid {}^t g I_{p,q} g = I_{p,q} \,\}$ の単位元の連結成分．対称変換は $s(g) = {}^t g^{-1} = I_{p,q} g I_{p,q}$，$K = G \cap SO(n) \simeq SO(p) \times SO(q)$.

$$\begin{aligned} \mathfrak{g} &= \mathfrak{so}(p,q) = \{\, X \in \mathfrak{sl}(n,\mathbb{R}) \mid {}^t X I_{p,q} + I_{p,q} X = 0 \,\} \\ &\supset \mathfrak{k} = \{\, X \in \mathfrak{so}(p,q) \mid {}^t X + X = 0 \,\} \simeq \mathfrak{so}(p) \times \mathfrak{so}(q), \end{aligned}$$

$$\mathfrak{p} = \{\, X \in \mathfrak{so}(p,q) \mid X = {}^t X \,\} = \left\{ \begin{pmatrix} 0 & C \\ {}^t C & 0 \end{pmatrix} \mid C \in M_{p,q}(\mathbb{R}) \right\}.$$

$p = 1$ の場合，G/K は q 次元双曲空間であった.

3b. 回転群

$G = SO(n)$ として，対称変換を $s(g) = I_{p,q} g\, I_{p,q}$ $(g \in G)$，$s(X) = I_{p,q} X I_{p,q}$ $(X \in \mathfrak{g})$ とする．このとき，

$$\mathfrak{k} = \mathfrak{g}^s = \left\{ \begin{pmatrix} A & 0 \\ 0 & B \end{pmatrix} \mid A \in \mathfrak{so}(p),\, B \in \mathfrak{so}(q) \right\}$$

$$\mathfrak{p} = \mathfrak{g}^{s=-1} = \left\{ \begin{pmatrix} 0 & C \\ -{}^t C & 0 \end{pmatrix} \mid C \in M_{p,q}(\mathbb{R}) \right\}.$$

$\mathfrak{k}$ に対応する最小の群 (連結) $K = SO(p) \times SO(q)$ を考えると，G/K は (方向付け) Grassmann 多様体で単連結.

$\mathfrak{g}^\vee := \mathfrak{k} \oplus i\,\mathfrak{p} = \left\{ \left(\begin{smallmatrix} A & iC \\ -i{}^t C & B \end{smallmatrix}\right) \mid A, B, C \text{ 上の如く} \right\}$ とおくと，$\left(\begin{smallmatrix} A & iC \\ -i{}^t C & B \end{smallmatrix}\right) \mapsto \left(\begin{smallmatrix} A & C \\ -{}^t C & B \end{smallmatrix}\right)$ は Lie 環の同型 $\mathfrak{g}^\vee \xrightarrow{\sim} \mathfrak{so}(p,q)$ を与える ([He; p. 203, Ch.V, §2]).

4. 複素単純群

$G = SL(n,\mathbb{C})$，$s(g) = {}^t \bar{g}^{-1}$ に対して，$K = G^s = SU(n)$ である．(G, K ともに実 Lie 群として単純．) 直交 Lie 環は，$\mathfrak{g} = \mathfrak{sl}(n,\mathbb{C})$ の部分環として，

$$\begin{aligned} \mathfrak{k} &= \mathfrak{su}(n) = \{\, X \in \mathfrak{gl}(n,\mathbb{C}) \mid X + {}^t\overline{X} = 0,\ \mathrm{Trace}\, X = 0 \,\}, \\ \mathfrak{p} &= \{\, X \in \mathfrak{gl}(n,\mathbb{C}) \mid X = {}^t\overline{X},\ \mathrm{Trace}\, X = 0 \,\}. \end{aligned}$$

ここで，3b と同様に $i\,\mathfrak{p}$ を考えると，この場合 $i\,\mathfrak{p} = \mathfrak{k}$ であることが見てとれる.

したがって，$\mathfrak{g}^\vee := \mathfrak{k} \oplus i\mathfrak{p} = \mathfrak{k} \oplus \mathfrak{k} \simeq (\mathfrak{k})^2$ となり，対応する対称対を考えると (K^2, K) が得られ，対称空間は $K^2/K \simeq K$ となる筈である．実際，コンパクト群 K に対して $G^\vee = K^2$ とおき，対称変換を $s(g,h) = (h,g)$ $(g,h \in K)$ と定義するとよい．

後述するが，複素単純 Lie 群 G とその極大コンパクト群 K に対応する対称対 (G,K) の "双対" 対称対として，$G^\vee = K^2 \supset \Delta K$ (対角群 $\simeq K$) が得られ対応する対称空間は群多様体自身 K となる．

7.4　双対性と既約分解

以上の例を一般的に考察してみよう．

半単純 Lie 環 $\mathfrak{g}$ に対称変換 $s \in \operatorname{Aut}\mathfrak{g}$, $s \neq 1$, $s^2 = 1$ が与えられているとき，Killing 形式 B は自己同型に関して不変であるから，$B(X,Y) = B(sX, sY)$．ところが，$X \in \mathfrak{k} \Leftrightarrow sX = X$, $Y \in \mathfrak{p} \Leftrightarrow sY = -Y$ ゆえ，

$$B(X,Y) = B(sX,sY) = B(X,-Y) = -B(X,Y).$$

したがって，$B(X,Y) = 0$ ($X \in \mathfrak{k}$, $Y \in \mathfrak{p}$)．すなわち，$\mathfrak{k}$ と $\mathfrak{p}$ は Killing 形式に関して互いに直交する．

次に，B を部分空間 $\mathfrak{k} = \mathfrak{g}^s$, $\mathfrak{p} = \mathfrak{g}^{s=-1}$ に制限した形式 $B\,|\,\mathfrak{k}$, $B\,|\,\mathfrak{p}$ はまたそれぞれ $\mathfrak{k}$, $\mathfrak{p}$ 上で非退化であることに注意しよう．例えば，$X \in \mathfrak{k}$ に対して $B(X,Y) = 0$ $(\forall Y \in \mathfrak{k})$ とすると，任意の $Z \in \mathfrak{g}$ についても $Z = Z_1 + Z_2$ $(Z_1 \in \mathfrak{k}$, $Z_2 \in \mathfrak{p})$ と分解して，$B(X,Z) = B(X, Z_1 + Z_2) = B(X, Z_1) = 0$ ゆえ，$X = 0$ が導かれる．($\mathfrak{p}$ 上でも同様．)

さらに，$(\mathfrak{g}, \mathfrak{k})$ は直交対称 Lie 環と仮定すると，$\mathfrak{k}$ はコンパクト群 K の Lie 環であったから，$\mathfrak{g}$ に $\operatorname{Ad} K$ 不変な内積 (正定値対称形式) $(\cdot|\cdot)$ を入れることができ (B とは限らない)，この内積に関して

$$((\operatorname{ad} X)Y|Z) + (Y|(\operatorname{ad} X)Z) = 0 \quad (X \in \mathfrak{k},\ Y, Z \in \mathfrak{g})$$

が成り立つ (すなわち，$\operatorname{ad} X$ は交代行列，この内積に関する直交群 $O(\mathfrak{g})$ の Lie 環 $\mathfrak{o}(\mathfrak{g})$ の元)．

したがって，$\operatorname{ad} X$ の固有値はすべて純虚数 $\sqrt{-1}\,\lambda_i$ $(\lambda_i \in \mathbb{R})$ で，

$$B(X,X) = \operatorname{Trace}(\operatorname{ad} X)^2 = -\sum_i \lambda_i^2 < 0.$$

ゆえに，Killing 形式 B の $\mathfrak{k}$ への制限は負の定値形式を与える．

なお，G 自身がコンパクトならば，同様に B 自身 $\mathfrak{g}$ 上で負定値であることに注意しておこう．前節の例たちで#b にあげたものがその場合である．

双対性

コンパクト半単純 Lie 群 G に関する対称対 (G,K) とその直交対称 Lie 環 $(\mathfrak{g},\mathfrak{k})$ が与えられているとしよう．このとき，対称空間 $M=G/K$ はもちろんコンパクト Riemann 等質空間である．

s を対称変換とし，$\mathfrak{k}$, $\mathfrak{p}$ をそれぞれ ± 1 固有空間，$\mathfrak{g}=\mathfrak{k}\oplus\mathfrak{p}$, $[\mathfrak{k},\mathfrak{k}]\subset\mathfrak{k}$, $[\mathfrak{k},\mathfrak{p}]\subset\mathfrak{p}$, $[\mathfrak{p},\mathfrak{p}]\subset\mathfrak{k}$ をその分解とする．

このとき，

$$\mathfrak{g}^\vee := \mathfrak{k}\oplus\mathfrak{p}^\vee \subset \mathfrak{g}\underset{\mathbb{R}}{\otimes}\mathbb{C} = \mathfrak{g}\oplus i\,\mathfrak{g} \quad (\mathfrak{p}^\vee := i\,\mathfrak{p})$$

とおくと，$[\mathfrak{k},\mathfrak{p}^\vee]\subset\mathfrak{p}^\vee, [\mathfrak{p}^\vee,\mathfrak{p}^\vee]\subset\mathfrak{k}$ をみたすから，$(\mathfrak{g}^\vee,\mathfrak{k})$ は再び直交対称 Lie 環になる ($s\,|\,\mathfrak{p}^\vee = -\mathrm{Id}_{\,\mathfrak{p}^\vee}$ とする)．

さらに，Killing 形式について，$\mathfrak{g}$ はコンパクト型 (対応する Lie 群が半単純コンパクト群) だから，その Killing 形式 $B_\mathfrak{g}$ は $\mathfrak{g}$ 上負定値で，$B_{\mathfrak{g}^\vee}$ については $B_{\mathfrak{g}^\vee}(iY,iY)=i^2B_\mathfrak{g}(Y,Y)=-B_\mathfrak{g}(Y,Y)>0\ (0\neq Y\in\mathfrak{p})$ より，$B_{\mathfrak{g}^\vee}$ は $\mathfrak{p}^\vee = i\,\mathfrak{p}$ 上正定値になる．

定義　一般に，半単純直交対称 Lie 環 $(\mathfrak{g},\mathfrak{k})$ に対して，$\mathfrak{g}^\vee := \mathfrak{k}\oplus\mathfrak{p}^\vee \subset \mathfrak{g}\underset{\mathbb{R}}{\otimes}\mathbb{C}$ $(\mathfrak{p}^\vee := i\,\mathfrak{p})$ とおいて，$(\mathfrak{g}^\vee,\mathfrak{k})$ をその**双対** (dual) とよぶ．

双対の双対 $\mathfrak{g}^{\vee\vee}$ はまた $\mathfrak{g}$ に同型であることは明らかであろう．

上述の注意は，コンパクト型 $\mathfrak{g}$ の双対 $\mathfrak{g}^\vee=\mathfrak{k}\oplus\mathfrak{p}^\vee$ に関しては，その Killing 形式の $\mathfrak{p}^\vee$ への制限が正定値になるということであった．

話の都合上，コンパクト対称空間から出発したが，一般の半単純 Lie 群に関する対称対の場合は，単純でなければ，$\mathfrak{p}$ 上で Killing 形式は定値とは限らないことに注意しておこう．

次の補題を準備する．

補題 7.4.1　$\mathfrak{g}$ は半単純で，$(\mathfrak{g},\mathfrak{k})$ は効果的な直交 Lie 環とする．このとき，$\mathfrak{p}=\mathfrak{k}^\perp$ に関して，$[\mathfrak{p},\mathfrak{p}]=\mathfrak{k}$.

証明　$[\mathfrak{k},[\mathfrak{p},\mathfrak{p}]]\subset[[\mathfrak{k},\mathfrak{p}],\mathfrak{p}]+[\mathfrak{p},[\mathfrak{k},\mathfrak{p}]]\subset[\mathfrak{p},\mathfrak{p}]$ より，$[\mathfrak{p},\mathfrak{p}]$ は $\mathfrak{k}$ のイデアルで

ある．B に関する $[\mathfrak{p},\mathfrak{p}]$ の $\mathfrak{k}$ における直交補空間を $\mathfrak{k}_0$ とする．このとき，$X \in \mathfrak{k}_0$, $Y, Z \in \mathfrak{p}$ に対して $B([X,Y],Z) = B(X,[Y,Z]) = 0$ ゆえ，$B\,|\,\mathfrak{p}$ が非退化であることから $[\mathfrak{k}_0,\mathfrak{p}] = 0$．したがって，$[\mathfrak{k}_0,[\mathfrak{p},\mathfrak{p}]] = 0$．これから，

$$B([\mathfrak{k}_0,\mathfrak{k}],[\mathfrak{p},\mathfrak{p}]) = B(\mathfrak{k},[\mathfrak{k}_0,[\mathfrak{p},\mathfrak{p}]]) = 0$$

となり，$[\mathfrak{k}_0,\mathfrak{k}] \subset \mathfrak{k}_0$．$[\mathfrak{k}_0,\mathfrak{p}] = 0$ だから，$\mathfrak{k}_0$ は $\mathfrak{g} = \mathfrak{k} \oplus \mathfrak{p}$ のイデアルとなり，効果的という仮定から $\mathfrak{k}_0 = 0$，すなわち，$[\mathfrak{p},\mathfrak{p}] = \mathfrak{k}$． □

定義　直交対称 Lie 環 $(\mathfrak{g},\mathfrak{k})$ について，$[\mathfrak{p},\mathfrak{p}]$ $(\subset \mathfrak{k})$ が $\mathfrak{p}$ 上に (ad で) 既約に働くとき，$(\mathfrak{g},\mathfrak{k})$ を**既約** (irreducible) という．また，このとき対称 Riemann 空間 G/K は**既約**であるという．

補足　一般の対称対に関して，$[\mathfrak{p},\mathfrak{p}]$ を**ホロノミー Lie 環** (holonomy Lie algebra) という．これはホロノミー群 $(\subset GL(T_{\boldsymbol{o}}(M))$，連結とは限らぬ) の Lie 環である．

ユークリッド空間では，ホロノミー群は自明であり，これは既約とは言わない．

$\mathfrak{g}$ が半単純で効果的なときは，上の補題より $\mathfrak{k} = [\mathfrak{p},\mathfrak{p}]$ ゆえ，$\mathfrak{k}$ の $\mathfrak{p}$ への随伴表現 ($T_{\boldsymbol{o}}(M)$ へのイソトロピー表現) が既約であることに同値である．なお，後述の de Rham 分解より，既約なものは半単純型である．

コメント　7.3 節の例 1〜3 はすべて既約である．4 については，K が単純コンパクト群のとき，既約である (このとき，$G = K \times K$ は単純ではないことに注意)．

さて，既約な効果的直交対称 Lie 環 $(\mathfrak{g},\mathfrak{k})$ について考察しよう．まず，$\mathfrak{g}$ が単純ならば，既約であることを示そう．次はそのための補題である．

補題 7.4.2　$\mathfrak{g}$ が単純なとき，Killing 形式 B を分解 $\mathfrak{g} = \mathfrak{k} \oplus \mathfrak{p}$ に制限した形式について，$\mathfrak{g}$ が非コンパクト型ならば，$B\,|\,\mathfrak{k}$ は負定値で，$B\,|\,\mathfrak{p}$ は正定値である．

証明　$\mathfrak{p}$ に $\mathfrak{k}$ 不変な内積 $(\cdot|\cdot)$ を入れておき，$\varphi \in \operatorname{End}\mathfrak{p}$ を $(\varphi(X)\,|\,Y) = B(X,Y)$ $(X,Y \in \mathfrak{p})$ によって定義する．このとき不変性から $\varphi(\operatorname{ad}X|\mathfrak{p}) = (\operatorname{ad}X|\mathfrak{p})\varphi$ $(X \in \mathfrak{k})$ が成り立つ．また，φ は対称な線型同型 $(\varphi(X)\,|\,Y) = (X\,|\,\varphi(Y))$ $(X,Y \in \mathfrak{p})$ ゆえ，固有値はすべて実数である．

$$\mathfrak{p} = \mathfrak{p}_+ \oplus \mathfrak{p}_-$$

を φ の正，負の固有値に対する固有空間分解とすると，

$$[\mathfrak{k},\mathfrak{p}_\pm] \subset \mathfrak{p}_\pm, \quad (\mathfrak{p}_+|\mathfrak{p}_-) = 0.$$

ゆえに，$B(\mathfrak{p}_+,\mathfrak{p}_-) = 0$．$[\mathfrak{p}_+,\mathfrak{p}_-] \subset \mathfrak{k}$ について，$B([\mathfrak{p}_+,\mathfrak{p}_-],[\mathfrak{p}_+,\mathfrak{p}_-]) \subset$

$B(\mathfrak{k},[\mathfrak{p}_+,\mathfrak{p}_-]) = B(\mathfrak{p}_+,[\mathfrak{k},\mathfrak{p}_-]) \subset B(\mathfrak{p}_+,\mathfrak{p}_-) = 0$ で，B は $\mathfrak{k}$ 上負定値ゆえ，$[\mathfrak{p}_+,\mathfrak{p}_-] = 0$. したがって，$\mathfrak{g}_\pm = [\mathfrak{p}_\pm,\mathfrak{p}_\pm] + \mathfrak{p}_\pm$ は $\mathfrak{g}$ のイデアルで，直和分解 $\mathfrak{g} = \mathfrak{g}_+ \oplus \mathfrak{g}_-$ を得る.

仮定より $\mathfrak{g}$ は単純であったから $\mathfrak{g}$ は $\mathfrak{g}_\pm$ のどちらかに等しい. $\mathfrak{g} = \mathfrak{g}_-$ ならば，$B\,|\,\mathfrak{p} < 0$ となり，$\mathfrak{g}$ はコンパクト型となるから，非コンパクトの場合，$\mathfrak{g} = \mathfrak{g}_+$，すなわち，$B\,|\,\mathfrak{p} > 0$ でなければならない. □

系 7.4.3 $\mathfrak{g}$ が単純ならば，$(\mathfrak{g},\mathfrak{k})$ は既約である.

証明 補題より，単純ならばいずれの型でも $B\,|\,\mathfrak{p}$ は定値である. これより，$\mathfrak{p}_1$ を $\mathfrak{p}$ の $\mathfrak{k}$ 不変部分空間とすると，$\mathfrak{p} = \mathfrak{p}_1 \oplus \mathfrak{p}_2$ と $\mathfrak{k}$ 部分空間に分解する. Killing 形式の不変性により，$\mathfrak{g} = [\mathfrak{p}_i,\mathfrak{p}_i] \oplus \mathfrak{p}_i$ ($i = 1$ または 2) のいずれかが成り立たなければならず，これは $\mathfrak{p} = \mathfrak{p}_1$ または $= \mathfrak{p}_2$ を意味し，$\mathfrak{k} = [\mathfrak{p},\mathfrak{p}]$ 加群 $\mathfrak{p}$ は既約である. □

次に，既約な $(\mathfrak{g},\mathfrak{k})$ について $\mathfrak{g}$ が単純でないと仮定しよう. $\mathfrak{g}$ を単純 Lie 環に分解しておいて，$\mathfrak{g}_1$ をその 1 つの単純成分として $\mathfrak{g} = \mathfrak{g}_1 \oplus \mathfrak{g}_2$ ($\mathfrak{g}_2 \neq 0$) とかく. s を対称変換とするとき，$s\mathfrak{g}_1 = \mathfrak{g}_1$ ならば，$(\mathfrak{g}_1,\mathfrak{k}_1)$ ($\mathfrak{k}_1 = \mathfrak{g}_1^s$) が自明でない既約成分を与えるから，仮定によって $s\mathfrak{g}_1 \not\subset \mathfrak{g}_1$ である. このとき，$s\mathfrak{g}_1 \cap \mathfrak{g}_1 = 0$ である. (なぜならば，そうでないとすると，$s\mathfrak{g}_1 \cap \mathfrak{g}_1$ は単純環 $\mathfrak{g}_1$ の自明でないイデアルとなって矛盾する.) したがって，直和成分 $\mathfrak{g}_2$ を $s\mathfrak{g}_1 \subset \mathfrak{g}_2$ をみたすようにとれる.

$\mathfrak{g}' := \mathfrak{g}_1 \oplus s\mathfrak{g}_1$ とおくと，$\mathfrak{g}'$ と $s \in \mathrm{Aut}\,\mathfrak{g}'$ (対称変換) は $(\mathfrak{g},\mathfrak{k})$ の部分直交対称 Lie 環となり，既約性の仮定から $\mathfrak{g}' = \mathfrak{g}$，すなわち，$\mathfrak{g} = \mathfrak{g}_1 \oplus s\mathfrak{g}_1$. 対称変換 s は $s(X,Y) = (sY,sX)$ ($X \in \mathfrak{g}_1$, $Y \in s\mathfrak{g}_1$) とかけるから，$\mathfrak{k} = \{\,(X,sX) \mid X \in \mathfrak{g}_1\,\}$, $\mathfrak{p} = \{\,(X,-sX) \mid X \in \mathfrak{g}_1\,\}$ が直和分解 $\mathfrak{g} = \mathfrak{k} \oplus \mathfrak{p}$ を与える.

さて，この場合直交対称 Lie 環であるから，$\mathfrak{k} \simeq \mathfrak{g}_1$ はコンパクト型でなければならない. また，$\mathfrak{k} \simeq \mathfrak{g}_1$ の $\mathfrak{p} \simeq \mathfrak{g}_1$ への作用は $\mathfrak{g}_1$ の随伴表現に同値で，$\mathfrak{g}_1$ の単純性よりこれは既約である.

以上で，$\mathfrak{g}$ が単純でない場合の既約直交対称 Lie 環は，$\mathfrak{k}$ がコンパクト型単純 Lie 環で，$\mathfrak{g} = \mathfrak{k} \oplus \mathfrak{k}$, $\mathfrak{k} := \Delta\mathfrak{k} = \{\,(X,X) \in \mathfrak{k}^2 \mid X \in \mathfrak{k}\}$, $s(X,Y) = (Y,X)$ となる場合に限ることが分った. これは前節の例 4 の場合である.

この場合，$\mathfrak{g}$ の双対は $\mathfrak{g}^\vee = \mathfrak{k} \oplus i\,\mathfrak{k} = \mathfrak{k} \otimes_{\mathbb{R}} \mathbb{C}$ (複素化) で，$\mathfrak{g}^\vee$ は複素単純 Lie 環

を実 Lie 環とみなしたものである (実 Lie 環としても単純).

以上まとめて次の表を得る.

既約直交対称 Lie 環 $(\mathfrak{g}, \mathfrak{k})$		
型	コンパクト型	非コンパクト型
I 型	コンパクト型単純 Lie 環を $\mathfrak{g}$ とするもの	複素単純 Lie 環の非コンパクト型実形 $\mathfrak{g}$ ($\mathfrak{g} \otimes_{\mathbb{R}} \mathbb{C}$ も単純), $\mathfrak{k}$ は極大コンパクト型部分環
II 型	コンパクト型単純 Lie 環 $\mathfrak{k}$ の直和 $\mathfrak{g} = \mathfrak{k} \oplus \mathfrak{k} = \mathfrak{k}^2$, 対角形 $\mathfrak{g}^s = \Delta\mathfrak{k} \simeq \mathfrak{k}$ として, $(\mathfrak{g}, \mathfrak{k}) = (\mathfrak{k}^2, \Delta\mathfrak{k})$	コンパクト型単純 Lie 環 $\mathfrak{k}$ の複素化 $\mathfrak{g} = \mathfrak{k} \otimes_{\mathbb{R}} \mathbb{C}$ を実単純 Lie 環とみなしたもの, $\mathfrak{k}$ も極大コンパクト型部分環

コメント　左右がそれぞれ互いに双対をなしている.

非コンパクト型の場合, $\mathfrak{k}$ は $\mathfrak{g}$ の極大コンパクト型部分環 (随伴群に関して, $\mathrm{Ad}_{\mathfrak{g}}\mathfrak{k}$ が $\mathrm{Ad}\,\mathfrak{g}$ の極大コンパクト部分群になっている) である. すなわち, $\mathfrak{g} = \mathfrak{k} \oplus \mathfrak{p}$ に関して, Killing 形式の制限は, それぞれ $B\,|\,\mathfrak{k} < 0$, $B\,|\,\mathfrak{p} > 0$ (負および正定値) である.

さて, 名前が示すように, 一般の効果的な半単純型対称対は既約な対称対の直和に分解する.

定理 7.4.4 (de Rham 分解)　効果的な半単純型直交対称 Lie 環 $(\mathfrak{g}, \mathfrak{k})$ は順序を除いて一意的に効果的な既約なものの直和に分解できる.

$$\mathfrak{g} = \bigoplus_i \mathfrak{g}_i \supset \mathfrak{k} = \bigoplus_i \mathfrak{k}_i \quad (\mathfrak{g}_i,\ \mathfrak{k}_i \text{ はそれぞれ } \mathfrak{g}, \mathfrak{k} \text{ のイデアル}).$$

ここで, $(\mathfrak{g}_i,\ \mathfrak{k}_i)$ は既約な直交対称 Lie 環, すなわち, $\mathfrak{p} = \bigoplus_i \mathfrak{p}_i$, $\mathfrak{k}_i = [\mathfrak{p}_i, \mathfrak{p}_i]$ で, $\mathfrak{k}_i$ は $\mathfrak{p}_i$ 上に既約に働く.

証明 (粗筋のみ)　先の論法と同様に, $\mathfrak{g}$ を単純環に直和分解しておくと, 対称変換 s は単純成分を保つか, または 2 つの同型な単純成分を交換する. 後者の場合, 表の II 型の既約成分が現れる (前者の場合 I 型). □

以上を対称空間について考えると次を得る.

系 7.4.5 (分解定理) 単連結な半単純型対称空間は既約な対称空間の直積に分解する. □

注意 $(\mathfrak{g}, \mathfrak{k})$ に対応して, 単連結 Lie 群 G $(\mathrm{Lie}\, G = \mathfrak{g})$ と K $(\mathrm{Lie}\, K = \mathfrak{k})$ なる連結閉部分群を考えると, $M = G/K$ は $\mathfrak{g}$ の分解に応じて, 単連結対称空間 $M_i = G_i/K_i$ ($(\mathfrak{g}_i, \mathfrak{k}_i)$ は既約) の直積に分解する:

$$M \simeq M_1 \times M_2 \times \cdots \times M_r.$$

既約な場合は, M_i が位相的に (非) コンパクトならば, $(\mathfrak{g}_i, \mathfrak{k}_i)$ は上記の意味で (非) コンパクト**型**である. このことを考慮して, 対称空間 M の既約成分 M_i がすべて非コンパクトのとき M を非コンパクト**型**という.

一方, M がコンパクトであることとすべての既約成分 M_i がコンパクトであることは同値である.

したがって, 位相空間 M が非コンパクトであっても, 非コンパクト型とは限らない (コンパクト型成分が混ざっている場合あり). □

最後に, 一般の対称空間の分解について注意しておこう. 結論から言うと, 一般の場合はユークリッド空間と半単純型の直積に分解されるのである. すなわち, ユークリッド空間と幾つかの既約なものの直積に分解する.

ユークリッド空間 $\mathbb{R}^n$ においては, $G = O(n) \ltimes \mathbb{R}^n \supset G^0 = SO(n) \ltimes \mathbb{R}^n$, $K = O(n) \supset K^0 = SO(n)$, $\mathfrak{g} = \mathfrak{k} \oplus \mathfrak{p}$ $(\mathfrak{k} = \mathfrak{o}(n)$, $\mathfrak{p} = \mathbb{R}^n)$ で, $\mathfrak{p}$ への $\mathfrak{k}$ 作用は $\mathfrak{o}(n)$ の $\mathbb{R}^n$ への自然な作用, $\mathfrak{p}$ は可換 $[\mathfrak{p}, \mathfrak{p}] = 0$ であった. したがって, 効果的な直交対称 Lie 環において, $[\mathfrak{p}, \mathfrak{p}] = 0$ となるものを**ユークリッド型**とよぶ.

一方, 効果的直交対称 Lie 環 $(\mathfrak{g}, \mathfrak{k})$ において, $\mathfrak{g}$ が半単純ならば, $[\mathfrak{p}, \mathfrak{p}] = \mathfrak{k}$ であったことに注意しておこう (補題 7.4.1). この逆も成立するが, これは次の定理の証明中に判明する.

定理 7.4.6 (分解定理) 効果的な直交対称 Lie 環 $\mathfrak{g}$ は効果的なユークリッド型 $\mathfrak{g}_0$ と半単純型 $\mathfrak{g}_1$ の直和に分解する.

証明 (概略) $\mathfrak{g}$ の Killing 形式を B とする (非退化とは限らない). 一般の場合も分解 $\mathfrak{g} = \mathfrak{k} \oplus \mathfrak{p}$ に関して, $B(\mathfrak{k}, \mathfrak{p}) = 0$, $B \,|\, \mathfrak{k} < 0$ が成立することに注意しておこう.

$$\mathfrak{p}_0 := \{\, X \in \mathfrak{p} \mid B(X, \mathfrak{g}) = 0 \,\} = \{\, X \in \mathfrak{p} \mid B(X, \mathfrak{p}) = 0 \,\}$$

とおくと，B の不変性から，$[\mathfrak{k}, \mathfrak{p}_0] \subset \mathfrak{p}_0$ ($\mathfrak{k}$ 部分空間) となる．さらに，$\mathfrak{p}$ に $\mathfrak{k}$ 不変内積 $(\cdot|\cdot)$ を入れておき，$\mathfrak{p}_1 := \{\, X \in \mathfrak{p} \mid (X|\mathfrak{p}_0) = 0 \,\}$ (内積に関する $\mathfrak{p}_0^{\perp}$) とおくと，$\mathfrak{k}$ 加群の分解 $\mathfrak{p} = \mathfrak{p}_0 \oplus \mathfrak{p}_1$ を得る．

ここで，$\mathfrak{k}_1 := [\mathfrak{p}_1, \mathfrak{p}_1] \subset \mathfrak{k}$ とおくと，$[\mathfrak{k}, \mathfrak{p}_1] \subset \mathfrak{p}_1$ より $[\mathfrak{k}, \mathfrak{k}_1] \subset \mathfrak{k}_1$，すなわち，$\mathfrak{k}_1$ は $\mathfrak{k}$ のイデアルである．$\mathfrak{k}_1$ の $B \,|\, \mathfrak{k}$ (< 0) による直交補空間を $\mathfrak{k}_0$ とおき，

$$\mathfrak{g}_0 = \mathfrak{k}_0 \oplus \mathfrak{p}_0, \quad \mathfrak{g}_1 = \mathfrak{k}_1 \oplus \mathfrak{p}_1$$

とおくと，ベクトル空間の直和分解 $\mathfrak{g} = \mathfrak{g}_0 \oplus \mathfrak{g}_1$ を得る．ここで，$(\mathfrak{g}, \mathfrak{k})$ の対称変換 s は $\mathfrak{g}_i$ $(i = 0, 1)$ を不変にし，結局，これは $\mathfrak{g}$ のイデアルとしての分解を与えることがいえる．

すなわち，順に

$$\begin{aligned} &[\mathfrak{k}, \mathfrak{k}_0] \subset \mathfrak{k}_0, \\ &[\mathfrak{p}_0, \mathfrak{p}_1] = 0, \quad [\mathfrak{k}_1, \mathfrak{p}_0] = 0, \\ &[\mathfrak{k}_0, \mathfrak{p}_1] = 0, \quad [\mathfrak{k}_0, \mathfrak{k}_1] = 0 \end{aligned}$$

などが B の不変性から確かめられ，$\mathfrak{p}_0$ の定義から $[\mathfrak{p}_0, \mathfrak{p}_0] = 0$，すなわち，$\mathfrak{g}_0$ がユークリッド型であることも導かれる．

このようにして得た直交対称 Lie 環の分解

$$s(\mathfrak{g}, \mathfrak{k}) = (\mathfrak{g}_0, \mathfrak{k}_0) \oplus (\mathfrak{g}_1, \mathfrak{k}_1), \quad \mathfrak{p} = \mathfrak{p}_0 \oplus \mathfrak{p}_1$$

において，定義 $\mathfrak{k}_1 = [\mathfrak{p}_1, \mathfrak{p}_1]$ より，B の $\mathfrak{g}_1$ への制限 $B \,|\, \mathfrak{g}_1$ は非退化であることが導かれ，$\mathfrak{g}_1$ は半単純であることが示される． □

注意　この分解によって，$\mathfrak{k} = [\mathfrak{p}, \mathfrak{p}]$ ならば $\mathfrak{g}$ がすでに半単純であることも示されている．

系 7.4.7　単連結な対称空間はユークリッド空間と単連結半単純型対称空間の直積に同型である．後者はさらに既約なものへの直積に分解される． □

補足　ユークリッド型 ($\Leftrightarrow [\mathfrak{p}, \mathfrak{p}] = 0$) の単連結空間はユークリッド空間であることは，曲率テンソルが 0 であることからも (微分幾何的に) 結論される (命題 7.2.7 参照).

第 8 章
半単純型対称空間の構造

8.1　曲率

定理 7.2.7 によって，対称空間 $M = G/K$ の原点 $\boldsymbol{o} = \{K\} \in M$ における曲率テンソルは $R_{\boldsymbol{o}}(X, Y) = -\mathrm{ad}_{\mathfrak{p}}[X, Y]$ $(X, Y \in \mathfrak{p} \simeq T_{\boldsymbol{o}}(M))$ と表された．諸性質は，等質性により任意の点 $g.\boldsymbol{o} = gK$ においても，g による左移動で判定されるので原点におけるそれに帰着されることに注意しておく．

まず，既約な場合に断面曲率の正負を調べてみよう．

既約な効果的直交対称 Lie 環 $(\mathfrak{g}, \mathfrak{k})$ については，Killing 形式 B の $\mathfrak{p}$ への制限 $B\,|\,\mathfrak{p}$ は，

$$\text{(C) コンパクト型では } B\,|\,\mathfrak{p} < 0,$$
$$\text{(N) 非コンパクト型では } B\,|\,\mathfrak{p} > 0$$

であった．したがって，Schur の補題により，$\mathfrak{p}$ の $\mathfrak{k}$ 不変な内積は (C) の場合 $-c\,B\,|\,\mathfrak{p}$，(N) の場合 $c\,B\,|\,\mathfrak{p}$ であり，任意の Riemann 計量はこれによって定められる (c は正定数)．

1 次独立なベクトル $X, Y \in \mathfrak{p}$ が張る平行四辺形の面積を $|X \vee Y|^2$ とするとき，断面曲率は $K_{\boldsymbol{o}}(X \vee Y) := (R_{\boldsymbol{o}}(X, Y)Y \mid X)/|X \vee Y|^2$ で与えられるから，$|X \vee Y|^2 = 1$ ととると，(C), (N) に応じてそれぞれ

$$-c\,B(-[[X, Y], Y], X), \quad c\,B(-[[X, Y], Y], X)$$

となる．$B(-[[X, Y], Y], X) = -B([X, Y], [Y, X]) = B([X, Y], [X, Y]) \leq 0$ ($\because$ $[X, Y] \in \mathfrak{k}$, $B\,|\,\mathfrak{k} < 0$ ($[X, Y] = 0$ となる場合もあることに注意)) ゆえ，断面曲率は

$$\text{(C)} : K_p \geq 0, \quad \text{(N)} : K_p \leq 0$$

となる．既約分解を考えると，次の定理を得る．

定理 8.1.1 対称空間の半単純部分が (C) コンパクト型か (N) 非コンパクト型かに応じて，断面曲率はそれぞれ (C) 非負か，または (N) 非正になる．

証明 分解定理 7.4.6 および系 7.4.7 より，ユークリッド部分は平坦であることに注意して． □

補足 Ricci テンソルについても，対称形式の正負性について同様の結果が得られる．

コメント 本書では述べないが，曲率テンソルの公式は局所対称空間の Chern–Weil の特性類の計算などにも使用され，Hirzebruch の比例原理などに応用がある ([I] など参照). □

Riemann 多様体 M の連結部分多様体 N について，N の各点 $p \in N$ において，p を始点とする測地線 $\gamma(0) = p$ が $\dot{\gamma}(0) \in T_p(N)$ をみたすならば，N は γ を含むとき，N を**全測地的** (totally geodesic) という．これについて次の定理にも注意しておこう．証明は省く．

定理 8.1.2 対称空間の全測地的部分多様体は Riemann 部分多様体としてまた対称空間である．

さらに，対称対 (G, K) に関して，$M = G/K \simeq \mathrm{Exp}_{\boldsymbol{o}}\mathfrak{p}$ であったが，M の $\boldsymbol{o} = K$ を通る全測地的部分多様体は，$\mathfrak{p}$ の部分空間で $[[\mathfrak{q}, \mathfrak{q}], \mathfrak{q}] \subset \mathfrak{q}$ をみたすものに対する $\mathrm{Exp}_{\boldsymbol{o}}\mathfrak{q} = (\exp \mathfrak{q})K/K$ によって与えられるものに限る． □

証明は [He; p. 189]．$\mathfrak{q}$ を Lie triple sysytem という．

コメント 対称空間の全測地的部分多様体 N においては，M における測地線が N の測地線でもあるから，測地的対称変換で保たれており，N の対称性が導かれる．

$\mathfrak{q} = T_{\boldsymbol{o}}(N) \subset T_{\boldsymbol{o}}(M) = \mathfrak{p}$ において，$\mathfrak{k}$ の部分環 $[\mathfrak{q}, \mathfrak{q}] = \mathfrak{k}_1 \subset \mathfrak{k}$ は，$\mathfrak{p}$ の部分空間 $\mathfrak{q}$ を保たねばならないから，$[\mathfrak{k}_1, \mathfrak{q}] \subset \mathfrak{q}$，すなわち，$[[\mathfrak{q}, \mathfrak{q}], \mathfrak{q}] \subset \mathfrak{q}$ が成り立つ．詳細は上記文献を見よ．

8.2 コンパクト型対称空間

効果的直交対称 Lie 環 $(\mathfrak{g}, \mathfrak{k})$ がコンパクト型のとき，対応するコンパクト対称対 (G, K) は分類されている．このためには詳しい議論が必要であるが，その議論そのものは，いまや広く興味をもたれている主題とは思われないので，ここでは簡単に結果のみを紹介しておこう.

7.3 節の例 4, また 7.4 節の既約直交対称 Lie 環の表のコンパクト型 II 型の場合, すなわち, 連結単純コンパクト群 K に対して, $G = K \times K/\Delta K \simeq K$ の場合, 対応する Lie 環を同じくするものは, K の普遍被覆群 $\widetilde{K}$ を同じくするものに限る. これは, $\widetilde{K}$ の中心を $\widetilde{Z}$ とするとき, $\pi_1(K) \simeq S \subset \widetilde{Z}$ なる部分群 S に対して, $K \simeq \widetilde{K}/S$ として与えられる.

ところで, 単連結コンパクト群 $\widetilde{K}$ の中心 $\widetilde{Z}$ はその weight 群をルート群で割った剰余群に等しいことが知られており (有限可換群), したがって分類はこの表を見ればよい (表: [岩], [Bou2]).

一般のコンパクト型 $(\mathfrak{g}, \mathfrak{k})$ の場合, まず次の補題に注意しておく.

補題 8.2.1 単連結コンパクト群においては, 対称変換 s の固定化部分群は連結である. □

証明は [He; p. 272, Th. 7.2].

注意 単連結でない場合成立しない. $G = SO(3)$, $s = \begin{pmatrix} -1_2 & 0 \\ 0 & 1 \end{pmatrix}$ による共役変換において, 固定化部分群は

$$G^s = \left\{ \begin{pmatrix} \sigma & 0 \\ 0 & \det \sigma \end{pmatrix} \middle| \sigma \in O(2) \right\} \simeq O(2).$$

対応する対称空間は $S^2 \simeq SO(3)/SO(2) \times 1 \to SO(3)/G^s \simeq \mathbb{P}^2(\mathbb{R})$.

なお, 後述するが非コンパクト型半単純群の場合は, 連結の仮定のみでも成立する.

補題により, 単連結コンパクト群 $\widetilde{G}$ の場合, $K = \widetilde{G}^s$ として, $(\widetilde{G}, K)$ のみが対応する対称対である ($(\widetilde{G}^s)_0 \subset K \subset \widetilde{G}^s$ ゆえ).

一般の連結コンパクト群 G の場合, $\widetilde{G}$ を G の普遍被覆群, $\widetilde{Z}$ を $\widetilde{G}$ の中心とすると, $\widetilde{Z}$ の部分群 $S \subset \widetilde{Z}$ に対して $G \simeq \widetilde{G}/S$ となるが, この場合, $\mathfrak{k}$ に対応する (連結とは限らない) 部分群 K はどのようなものになるかは, 次の定理が示している.

定理 8.2.2 (コンパクト型分類) $(\mathfrak{g}, \mathfrak{k})$ をコンパクト型直交対称 Lie 環, s を対称変換とする. $\widetilde{G} \supset \widetilde{Z} \supset S$ を上記の設定とし, $\widetilde{K} = \widetilde{G}^s$ を $\mathfrak{k}$ に対応する部分群とする (補題により連結).

$$K_S := \{ g \in \widetilde{G} \mid g^{-1}s(g) \in S \}$$

とおくと，これは $\widetilde{K}$ を含む．

このとき，$(\mathfrak{g}, \mathfrak{k})$ に対応する $G = \widetilde{G}/S$ の部分群 K は，

$$\widetilde{K} \subset K^* \subset K_S$$

なる $\widetilde{G}$ の部分群に対して，

$$K = K^*/K^* \cap S$$

となる．

また，上述の如く任意に S, K^* をえらぶと，(G, K) は $(\mathfrak{g}, \mathfrak{k})$ に対応する対称対である． □

証明は [He; p. 274, Th. 8.1]．

コメント 1 任意の G に対し，$\mathfrak{k}$ に対応する連結部分群を K とすると，(G, K) は対称対である．定理で，$K^* = \widetilde{K}$ ととれば，$K = \widetilde{K}/\widetilde{K} \cap S \subset \widetilde{G}/S = G$ であるから．

コメント 2 E_8, F_4, G_2 型のコンパクト群は唯一つ $(\widetilde{Z} = \{e\})$ ゆえ，この場合，対称対も $(\widetilde{G}, \widetilde{K})$ のみである．

8.3 代数群について

次の目標である非コンパクト型対称空間の構造を調べるにあたって，いわゆる「代数群」の論法を用いる．代数群については，5.2 節で定義だけはしたが，後述するように理論のこの部分は，実質的には半単純実代数群とその Lie 環論でもあるから，このあたりで代数群についてもう少し触れておくのも良いかと思う．詳しい議論は他書に任せてここでは要点のみを記す．(参考書は [太西], [佐 2], [堀], [Bo1,2], [Pr], [Sa2], [Sp2] などいろいろある．)

一般に，代数群とは，代数多様体であってかつ群構造をもち，その群演算が代数多様体としての射 (morphism) になっているものである．

本書では主に実および複素数体上の代数群しか扱わないが，もちろん，代数多様体とは一般の体 (さらに環！) 上の対象であり，そのことが保型関数論を始めいろんな分野への利益をもたらしているので，少々一般化して述べよう．

範囲を少し特殊化して，「線型」代数群について話をしぼる．その母体は体 k 上の一般線型群 $GL(n, k)$ である．定義によって

$$GL(n,k) = \{\, x = (x_{ij}) \in M_n(k) \mid \det x \neq 0 \,\} \subset M_n(k) \simeq k^{n^2}$$

で，これは n 次正方行列全体のなす**アフィン空間** k^{n^2} の中で $\det x \neq 0$ で定義される部分集合である．

一般に，アフィン空間 k^N に関して，k 係数多項式の集合 $\{ f_\alpha(X) \in k[X] \mid \alpha \in A \}$ (N 不定元を $X = (X_i)_{1 \le i \le N}$ と略記) の共通零点集合 $\{ x = (x_i) \in k^N \mid f_\alpha(x) = 0 \ (\alpha \in A) \}$ を**代数的集合**という．k^N の部分集合族として代数的集合全体を考えると，これは k^N の "閉集合" としての公理をみたす．すなわち，$\emptyset$, k^N は代数的集合；V, W を代数的集合とすると，$V \cup W$ も代数的集合，$\{V_\alpha\}_{\alpha \in A}$ を代数的集合の族とすると，$\bigcap_{\alpha \in A} V_\alpha$ も代数的集合である．この位相を **Zariski 位相**という．

この意味では，$GL(n,k)$ はアフィン空間 k^{n^2} の中で Zariski 開集合であるが，1 次元増やしたアフィン空間 $M_n(k) \times k$ の中で

$$G := \{ (x,y) \in M_n(k) \times k \mid y \det x = 1 \}$$

を考えると，$GL(n,k) \ni x \mapsto (x, (\det x)^{-1}) \in G \subset M_n(k) \times k$ によって，$GL(n,k)$ は n^2+1 次元アフィン空間 $M_n(k) \times k$ の Zariski 閉集合とみなせる．

このようなアフィン空間の Zariski 閉集合と**同型**な空間を**アフィン代数的多様体**という．実際は，同型の意味をいうには "射" などの概念を確立しておかねばならないのだが，そのためにはまず k の代数的閉包 $\bar{k}$ (あるいはそれを含む大きな代数的閉体 ($\mathbb{C}$ みたいな)) 上で考え，"層" などの構造を用いるのが普通である．

ここではとりあえず，射は有理関数，とくに多項式関数などで定義される写像としておく．すると $GL(n,k)$ における群演算，乗法は明らかに多項式，逆元をとる操作は余因子行列を用いた有理関数 (分母は $\det x$) となり，群演算は代数多様体としての射である．

この意味で，$GL(n,k)$ は代数群であり，かつアフィン多様体である．$GL(n,k)$ の Zariski 閉集合で，行列演算で部分群をなす $G \subset GL(n,k)$ (すなわち，Zariski 閉部分群) を**線型** (または，**アフィン**) **代数群** (linear (affine) algebraic group) という．実は，アフィン代数多様体が (多様体の射とマッチする) 群構造をもつならば，必ず上のようにある一般線型群の Zariski 閉部分群と同型になることが証明できる．

体 k が閉体でないときは，実はもっと立ち入った議論が必要なのであるが (とくに，k の標数が正の場合)，本書では標数が 0，とくに $\mathbb{R} \subset \mathbb{C}$ の場合しか扱わないので少々気楽にしても許される．まず，k が閉体ではないとき，$\bar{k}$ をその代数的

閉包とする．$GL(n,\bar{k})$ の部分群が，$\{X_{ij}\}_{1\le i,j\le n}$ および Y の k 係数多項式の族 $\{f_\alpha(X_{ij},Y)\in k[X_{ij},Y]\}_{\alpha\in A}$ の共通零点集合

$$G=\{\,(x_{ij})\in GL(n,\bar{k})\mid f_\alpha(x_{ij},\det(x_{ij})^{-1})=0\ (\alpha\in A)\,\}$$

として与えられているとき，G を **$\boldsymbol{k}$ 上定義された** (あるいは単に，**$\boldsymbol{k}$**) **代数群**といい，

$$G(k)=GL(n,k)\cap G$$

を G の **$\boldsymbol{k}$ (有理) 点** (k-rational point) のなす群という．これは，f_α が k 係数であるから意味をもつ．このときさらに k 可換代数 K (例えば k の拡大体) に対して，

$$G(K)=\{\,(x_{ij})\in GL(n,K)\mid f_\alpha(x_{ij},\det(x_{ij})^{-1})=0\ (\alpha\in A)\,\}$$

と定義しても K 有理点のなす群が得られる．

この記法に従うと，最初に与えた代数群 G は $\bar{k}$ 有理点のなす群 $G(\bar{k})$ であるから，記号のアクロバットを行って，G はむしろ k 可換代数 K に対して，群 $G(K)$ を与える関手と考える方が素直であろう．実際，G は k 代数の圏から，群の圏への関手になっている．(“群スキーム” という．)

すでに，我々は多くの例を知っている．

例 (古典群)

1. 特殊線型群：$SL(n,K)=\{\,x\in GL(n,K)\mid \det x=1\,\}$.
2. 直交群：K の標数は 2 ではないとする．
$O(n,K)=\{\,x\in GL(n,K)\mid {}^t xx=1_n\,\},\quad SO(n,K)=O(n,K)\cap SL(n,K)$
3. 斜交群：$Sp(n,K)=\{\,x\in GL(2n,K)\mid {}^t gJg=J\,\},\quad J:=\begin{pmatrix}0&1_n\\-1_n&0\end{pmatrix}$.
4. 通常 $U(n)=\{\,g\in GL(n,\mathbb{C})\mid {}^t\bar{g}g=1_n\,\}$ と定義されるユニタリ群も，ある $\mathbb{R}$ 上定義された代数群 G の $\mathbb{R}$ 有理点がなす群 $G(\mathbb{R})$ とみなされる．ユニタリ行列を実数行列でかくと，$g=x+iy\in U(n)\Leftrightarrow x,\,y\in M_n(\mathbb{R});\ {}^t xx+{}^t yy=1_n,\ {}^t xy-{}^t yx=0$ ゆえ，$\mathbb{R}$ 上の代数群を $G(\mathbb{C}):=\{\,(x,y)\in M_n(\mathbb{C})^2\mid {}^t xx+{}^t yy=1_n,\ {}^t xy-{}^t yx=0\,\}$ と定義すると，実有理点の群は $G(\mathbb{R}):=\{\,(x,y)\in M_n(\mathbb{R})^2\mid {}^t xx+{}^t yy=1_n,\ {}^t xy-{}^t yx=0\,\}\simeq U(n)$ でユニタリ群となる．なお，複素有理点の群は $G(\mathbb{C})\ni(x,y)\mapsto x+iy\in GL(n,\mathbb{C})$ が同型を与える．

一般にもコンパクト Lie 群は (簡約 (reductive) な) 代数群の実有理点の群と見なせる ([Ch; Ch.VI]).

5. (代数の自己同型群) Lie 環 $\mathfrak{g}$ の自己同型群

$$\mathrm{Aut}\,\mathfrak{g} := \{\, g \in GL(\mathfrak{g}) \mid [gX, gY] = g[X,Y]\ (X, Y \in \mathfrak{g}) \,\}$$

は $\mathfrak{g}$ が実 Lie 環ならば $\mathbb{R}$ 上の，複素ならば $\mathbb{C}$ 上の代数群である．

これは，$\mathfrak{g}$ の基底をとり，構造定数から表される係数をもつ多項式を不変にする条件が定義方程式を与えることから分かる．一般の多項代数系に関しても同様である．

コメント 代数群，さらに一般に群スキームの立場で話をするとき記号 G は可換代数 K に対して群 $G(K)$ を与える関手と思うのが自然であると述べた．実際，任意の可換代数 K に対して一般線型群は $GL(n,K) = \{\, x \in M_n(K) \mid \det x \in K^\times \}$ ($K^\times$ は K の乗法可逆元のなす群) と定義され，上の例 1〜3 もすべて可換環 K に対して定義される．そうすると，$GL(n,K)$ を始めとする古典的な記号が何となく座りが悪い気がする向きは，$GL_n(K)$, $SL_n(K)$, $O_n(K)$, $Sp_n(K)$ などを使うようになった．これで，代数群は "$G = GL_n, SL_n, \ldots$" と安心して書けるようになった．とくに，直交群や回転群などは伝統的に $O(n) \supset SO(n)$ が使われており，本書でもこのような伝統に従ってきたが，いま述べた体を明示するやり方だともちろん $O(n) = O_n(\mathbb{R}) \supset SO(n) = SO_n(\mathbb{R})$ などとなるわけだ．また，斜交群もサイズを下付で表すようになってから $Sp(n,K)$ を $Sp_{2n}(K)$ とかく方が多数派になったようだ．

なお，古典群が一般の可換環に対して定義されるという理論は，$\mathbb{Z}$ 上の Chevalley 群スキームとして纏められた．

Zariski 位相と古典位相に関する注意

n 次元ユークリッド空間 $\mathbb{R}^n$ の距離が定義する位相を古典位相という．一方，代数多様体を定義するにあたって，多項式の集合の共通零点を閉集合とする位相を Zariski 位相といった．古典位相は Hausdorff の分離公理をみたすが，Zariski 位相の分離性はずっと弱い (T_0)．多項式関数の零点は古典位相でも閉集合だから，代数多様体 ($\mathbb{R}$ または $\mathbb{C}$ 上の) Zariski 位相での閉 (または開) 集合は古典位相でもそうである．すなわち，代数多様体 M について，M_{Zar}, M_{an} をそれぞれ Zariski および古典位相 (analytic) で考えた位相空間とすると，恒等写像 $M_{\mathrm{an}} \to M_{\mathrm{Zar}}$ は連続写像であり，逆はそうではない．すなわち，Zariski 位相は古典より粗い．(例えば，極端な例として $\mathbb{R}$ または $\mathbb{C}$ の全体ではない部分集合で Zariski 閉なものは有限集合に限る．)

さらに注意しておくと，代数群，Lie 群の諸例でよく問題になる連結性や既約性 (代数多様体としての) は，双方の位相で異なることがある．(連結 $\Leftrightarrow$ 2 つの空でない開部分集合の直和にかけない．既約 $\Leftrightarrow$ 2 つの空でない真の閉部分集合の和にかけない．)

例 $\mathbb{R}^\times = GL(1,\mathbb{R}) \subset GL(1,\mathbb{C}) = \mathbb{C}^\times$ において，乗法群 $\mathbb{C}^\times$ はどちらの位相でも連結既約である．一方，実部分 (代数) 群である $\mathbb{R}^\times$ は $\mathbb{C}^\times$ の Zariski 位相での閉包は $\mathbb{C}^\times$ 自身 (すなわち稠密) であるが，古典位相では $\mathbb{R}^\times$ は閉である．また，$\mathbb{R}^\times$ は古典位相では連結ではなく，古典位相での連結成分 $\mathbb{R}_{>0}$ は**代数群**の実有理点集合としては表せない．

$GL(n,\mathbb{R}) \subset GL(n,\mathbb{C})$ でも同様である．$GL(n,\mathbb{R})$ の古典位相での単位成分 (Lie 群として連結) $GL(n,\mathbb{R})_+ := \{\, x \in GL(n,\mathbb{R}) \mid \det x > 0 \,\}$ は代数群の実有理点集合としては表せない．

すでに古典群の例であげたように，実は半単純 Lie 群は実または複素代数群 (の連結成分) の被覆群でもある．(慣例として，実数体上定義された代数群の実有理点のなす群も**実代数群**という．) 正確には次の定理で述べられる．

定理 8.3.1 $\mathfrak{g}$ を実半単純 Lie 環とすると，代数群 $\operatorname{Aut}\mathfrak{g}$ は $\mathfrak{g}$ をその Lie 環とする Lie 群である．さらに，$\mathfrak{g}$ の随伴群 $\operatorname{Ad}\mathfrak{g} = \operatorname{Int}\mathfrak{g} := \langle e^{t\operatorname{ad}X} \mid t \in \mathbb{R},\, X \in \mathfrak{g}\rangle_{\text{生成}} \subset GL(\mathfrak{g})$ は (Lie 群としての古典位相での) その単位成分である．

いい替えると，$\mathfrak{g}$ の複素化を $\mathfrak{g}_\mathbb{C} = \mathfrak{g} \underset{\mathbb{R}}{\otimes} \mathbb{C}$ とすると，複素代数群 $\operatorname{Aut}\mathfrak{g}_\mathbb{C} \subset GL(\mathfrak{g}_\mathbb{C})$ は $\mathbb{R}$ 上定義された代数群 G で，$G(\mathbb{C}) = \operatorname{Aut}\mathfrak{g}_\mathbb{C} \supset G(\mathbb{R}) = \operatorname{Aut}\mathfrak{g} \supset \operatorname{Ad}\mathfrak{g} = (\operatorname{Aut}\mathfrak{g})^0$ となる．

証明 定理の Lie 環版を示す．

$\mathfrak{g}$ を半単純 Lie 環とすると，中心が自明であるから随伴表現 $\operatorname{ad} : \mathfrak{g} \xrightarrow{\sim} \operatorname{ad}\mathfrak{g} \subset \mathfrak{gl}(\mathfrak{g})$ は忠実である ($(\operatorname{ad}X)Y := [X,Y]$ $(X,Y \in \mathfrak{g})$)．ここで，$\mathfrak{d} := \operatorname{Der}\mathfrak{g} = \{\, \partial \in \mathfrak{gl}(\mathfrak{g}) \mid \partial[X,Y] = [\partial X, Y] + [X, \partial Y]\ (X,Y \in \mathfrak{g}) \,\}$ ($\mathfrak{g}$ の導分) とおくと，$\mathfrak{d}$ は $\mathfrak{gl}(\mathfrak{g})$ の部分 Lie 環で，$\bar{\mathfrak{g}} := \operatorname{ad}\mathfrak{g}$ をイデアルとして含む．なぜなら，

$$[\partial, \operatorname{ad}X] = \operatorname{ad}(\partial X) \quad (X \in \mathfrak{g},\, \partial \in \mathfrak{d}) \tag{$*$}$$

が成り立ち，$[\mathfrak{d}, \bar{\mathfrak{g}}] \subset \bar{\mathfrak{g}}$ となるからである．

よって，$B_{\mathfrak{d}}$, $B_{\bar{\mathfrak{g}}}$ をそれぞれの Killing 形式とすると，$B_{\bar{\mathfrak{g}}} = B_{\mathfrak{d}} \,|\, \bar{\mathfrak{g}}$ である．いま，$\bar{\mathfrak{g}}^{\perp} := \{\partial \in \mathfrak{d} \mid B_{\mathfrak{d}}(\partial, \overline{X}) = 0\ (\forall \overline{X} \in \bar{\mathfrak{g}})\}$ とおくと，$\bar{\mathfrak{g}} \simeq \mathfrak{g}$ は半単純ゆえ，$\bar{\mathfrak{g}}^{\perp} \cap \bar{\mathfrak{g}} = 0$.

$\bar{\mathfrak{g}}^{\perp}$ も $\mathfrak{d}$ のイデアルゆえ，$[\bar{\mathfrak{g}}^{\perp}, \bar{\mathfrak{g}}] \subset \bar{\mathfrak{g}}^{\perp} \cap \bar{\mathfrak{g}} = 0$. したがって，$\partial \in \bar{\mathfrak{g}}^{\perp}$ ならば，(∗) より $[\partial, \mathrm{ad}\, X] = \mathrm{ad}\,(\partial X) = 0\ (\forall X \in \mathfrak{g})$. ad は単射だから，$\partial X = 0\ (X \in \mathfrak{g})$，よって $\partial = 0$. すなわち $\bar{\mathfrak{g}}^{\perp} = 0$. これは $\bar{\mathfrak{g}} = \mathfrak{d}$ を意味する．

以上より，Lie 群 (実代数群)$\mathrm{Aut}\, \mathfrak{g}$ の Lie 環は $\mathfrak{d} = \bar{\mathfrak{g}} \simeq \mathfrak{g}$ となり定理がいえる．

□

次に，非コンパクト型の考察に重要な**自己随伴** (self-adjoint) 表現の性質について述べておく．

$(\mathfrak{g}, \mathfrak{k})$ を半単純非コンパクト型直交対称 Lie 環で s を対称変換とする．Killing 形式 B に対して，$\mathfrak{g}$ の内積を

$$(\, X \mid Y \,) := -B(X, sY) \quad (\, X, Y \in \mathfrak{g}\,)$$

と定義する．s の ± 1 固有空間分解 $\mathfrak{g} = \mathfrak{k} \oplus \mathfrak{p}$ の性質より，これは $\mathrm{Ad}\, \mathfrak{k}$ 不変な内積で ($\mathrm{Ad}\, \mathfrak{g}$ 不変ではない),

$$(\, [X, Y] \mid Z \,) = (\, Y \mid [X, Z] \,) \quad (\, X \in \mathfrak{p},\ Y, Z \in \mathfrak{g}\,)$$

をみたす．

また，$g \in GL(\mathfrak{g})$ が B 不変，$B(gX, gY) = B(X, Y)\ (X, Y \in \mathfrak{g})$ ならば，

$$(\, gX \mid Y \,) = (\, X \mid s^{-1} g^{-1} sY \,) \quad (\, X, Y \in \mathfrak{g}\,) \tag{∗∗}$$

をみたす．

$\mathrm{Aut}\, \mathfrak{g}$ は B を不変にするから，内積 $(\cdot \mid \cdot)$ に関する正規直交基底をとっておくと，行列表示は (∗∗) より

$${}^{t}g = s^{-1} g^{-1} s \in s^{-1} (\mathrm{Aut}\, \mathfrak{g}) s = \mathrm{Aut}\, \mathfrak{g}$$

(${}^{t}g$ は g の転置行列)，すなわち，代数群 $\mathrm{Aut}\, \mathfrak{g}$ は

$${}^{t}(\mathrm{Aut}\, \mathfrak{g}) = \mathrm{Aut}\, \mathfrak{g} \quad (\text{転置不変 (self-adjoint)}).$$

よって，その単位成分である $\mathrm{Ad}\, \mathfrak{g}$ に関しても

$${}^{t}(\mathrm{Ad}\, \mathfrak{g}) = \mathrm{Ad}\, \mathfrak{g}$$

が成り立つ．

定義 (慣例)　非コンパクト型半単純実 Lie 環 $\mathfrak{g}$ の対称変換 s で，その ± 1 固有空間分解 $\mathfrak{g} = \mathfrak{k} \oplus \mathfrak{p}$ が $B \,|\, \mathfrak{k} < 0$, $B \,|\, \mathfrak{p} > 0$，すなわち直交対称 Lie 環になるよう

なものを **Cartan 包合** (involution)，その分解を **Cartan 分解** (decomposition) という．

理由は次の Cartan の定理にあるのだろう．

定理 8.3.2 (Cartan) 非コンパクト型半単純 Lie 環は Cartan 包合をもち，共役 (内部自己同型) を除いて一意的である．

証明の粗筋 $\mathfrak{g}$ の複素化 $\mathfrak{g}_{\mathbb{C}}$ のコンパクト実形 $\mathfrak{g}_u$ で，σ を $\mathfrak{g}_u$ に関する複素共役とするとき，$\sigma(\mathfrak{g}) = \mathfrak{g}$ となるようなものが存在することがいえる．(既出であるが，コンパクト実形とは，その複素化が $\mathfrak{g}_{\mathbb{C}}$ になり，対応する Lie 群がコンパクトであるような実部分環である．存在と共役を除いての一意性が証明されている．) このとき，

$$\mathfrak{k} = \mathfrak{g}^{\sigma} = \mathfrak{g}_u \cap \mathfrak{g}, \quad \mathfrak{p} = \mathfrak{g}^{\sigma=-1} := \{\, X \in \mathfrak{g} \mid \sigma X = -X \,\}$$

とおくと，$\mathfrak{g} = \mathfrak{k} \oplus \mathfrak{p}$, $\mathfrak{g}_u = \mathfrak{k} \oplus i\mathfrak{p}$，すなわち，$\sigma \,|\, \mathfrak{g} = s$ が $\mathfrak{g}$ の Cartan 包合を与える． □

以上の結果をまとめて，次を得る．

定理 8.3.3 (自己随伴表現) 半単純 Lie 環 $\mathfrak{g}$ には，次をみたす内積が存在する．代数群 $\mathrm{Ad}\,\mathfrak{g} \subset \mathrm{Aut}\,\mathfrak{g} \subset \mathfrak{gl}(\mathfrak{g})$ の作用の転置はまたそれぞれの代数群に属する．すなわち，

$${}^{t}(\mathrm{Ad}\,\mathfrak{g}) = \mathrm{Ad}\,\mathfrak{g}, \quad {}^{t}(\mathrm{Aut}\,\mathfrak{g}) = \mathrm{Aut}\,\mathfrak{g}.$$

なお，この内積は Cartan 分解の $\mathfrak{k}$ では不変である．

簡約代数群

以上述べてきた半単純 Lie 環に対応する随伴群と同型群に関する性質は，いわゆる簡約代数群とよばれる重要なクラス特有のものである．応用上も大切なので，ここで一般論を少々紹介しておこう．

まず，代数的閉体 $\bar{k}$ 上の線型代数群 $G = G(\bar{k})$ について，極大な連結可解正規部分群 RG を G の**根基** (radical) という．この性質をもつ部分群は必然的に閉で最大になり一意的であることが示される．

Lie 環論における根基の類似であることは明らかであろう．したがって，根基が自明 $RG = \{e\}$ なる G を**半単純** (semi-simple) 代数群とよぶ．

次に，代数群特有のものとして，元 $g \in G$ が半単純，および冪単という概念が

ある．これは一応次のように定義する．

一般線型群 $GL(n,\bar{k})$ の元が対角化可能のとき**半単純**，すべての固有値が 1 のとき**冪単元** (unipotent) といった．

任意の元 $g \in GL(n,\bar{k})$ は半単純元 s と冪単元 u の可換な積 $g = su = us$ と一意的にかけることが (乗法的) Jordan 分解の定理である．これは，任意の行列 $x \in M_n(\bar{k})$ が一意的に $x = s + n$, $sn = ns$ (s は半単純，n は冪零) とかけるという普通の (加法的) Jordan 分解の乗法版にあたる．

これに関して次が重要である．

定理 8.3.4 (Chevalley) 線型代数群 $G \subset GL(n,\bar{k})$ (閉部分群) に関して，$g \in G$ を $GL(n,\bar{k})$ の元として Joerdan 分解 $g = su = us$ すると，$s, u \in G$ である．さらに，この分解は閉部分群として他の埋め込み $G \subset GL(m,\bar{k})$ から考えても同じである．

すなわち，Jordan 分解 $g = su = us$ は一般線型群の閉部分群としての実現によらない． □

この定理によって，線型代数群 G について，その元が半単純，または冪単であるということが意味をもつ．

対角成分がすべて 1 である上半 3 角行列全体のなす $GL(n,\bar{k})$ の部分群を U_n と記すと，U_n の元はすべて冪単である．逆に，G を冪単元のみからなる $GL(n,\bar{k})$ の部分群とすると，これは U_n のある部分群に共役である．すなわち，$gGg^{-1} \subset U_n$ となる $g \in GL(n,\bar{k})$ が存在する (Lie–Kolchin)．U_n は抽象群としては冪零群であることに注意しておこう．

すべての元が冪単元であるような代数群を**冪単群**という．U_n や下 3 角行列の群はその例である．

定義 線型代数群 G において，極大な連結冪単正規部分群は最大で一意的である．これを R_uG と記し，**冪単根基** (unipotent radical) とよぶ．$R_uG = \{e\}$ なるとき，**簡約群** (reductive group) とよぶ．

コメント R_uG は根基 RG の冪単元すべてからなることが証明される． □

定義から，半単純群は簡約である．さらに，簡約群 G においては，その根基 RG はトーラス群 (体の乗法群の直積 $(\bar{k}^{\times})^r$) に同型で，G の中心 Z の単位成分 Z^0 に等しい．

したがって，G/Z^0 は半単純群で，G が連結ならば，$G=(RG)[G,G]$．ここに，$[G,G]$ は G の交換子群 (導来群) で最大の連結半単純正規部分群である．

注意 1　「簡約」という性質は代数群特有のものであるが，複素代数群 G が簡約のとき $\mathfrak{g}$ をその Lie 環とすると，上のコメントによりトーラスである根基 RG は中心になり，Lie 環の直和分解 $\mathfrak{g}=\mathfrak{z}\oplus\mathfrak{g}'$ ($\mathfrak{g}'=[\mathfrak{g},\mathfrak{g}]$ は半単純，$\mathfrak{z}=\mathrm{Lie}\,(RG)$ は $\mathfrak{g}$ の中心イデアル) を得る．

これをモデルにして，Lie 環が中心と半単純部分の直和になるとき，「簡約」Lie 環とよぶ向きもあるが，ここではこの用法は採らない．なぜなら自明な例として代数群 $G=\mathbb{C}\times G'$ で G' が半単純なとき，加法群 $\mathbb{C}$ は中心で Lie 環も $\mathbb{C}\oplus\mathfrak{g}'$ と分解するが，代数群としては $\mathbb{C}$ は冪単で $R_uG=\mathbb{C}$ であるから簡約ではないから．(代数群としての同型は $\mathbb{C}\simeq\{\left(\begin{smallmatrix}1&x\\0&1\end{smallmatrix}\right)\mid x\in\mathbb{C}\}$．)

注意 2　よく知られているように，半単純 Lie 環の有限次元表現は完全可約 ($\Leftrightarrow$ 既約表現の直和) であった (Hermann Weyl)．

標数が 0 の体上の簡約代数群もこの性質で特徴付けられる．すなわち，代数群が簡約であることと任意の有理表現 ($G\to GL(m,\bar{k})$ が代数群の射) が完全可約であることは同値である．

ところが，正標数の場合これは成立しない．(すべての表現が完全可約な連結群はトーラス (永田雅宜)；関連する話題として，Mumford 予想と Haboush の定理がある．)

例 1　$G\subset GL(n,\bar{k})$ を連結閉部分群とする．この自然表現が既約ならば G は簡約群である．(証明：冪単根基 $U:=R_uG$ で固定される $\bar{k}^n$ の部分空間を $V=\{v\in\bar{k}^n\mid gv=v\ (g\in U)\}$ とおくと，Lie–Kolchin の定理より $V\neq 0$．一方，U は G の正規部分群ゆえ G の作用で保たれる．既約性より，$V=\bar{k}^n$，すなわち $U=\{e\}$．) これより，多くの古典群の簡約性が導かれる．さらに中心が有限であれば，半単純である．

例 2　$G\subset GL(n,\mathbb{C})$ を $\mathbb{R}$ 上定義された転置不変 (${}^tG=G$) な閉部分群とすると，$\mathbb{R}$ 上の簡約群である．(次節，極分解より．)

8.4　非コンパクト型対称空間の構造

大分準備が整ったので，いよいよ目標の非コンパクト型について語ろう．まず，第 5 章 5.3 節であげた $GL(n,\mathbb{R})$ の極分解について思い出そう．

$GL(n,\mathbb{R})$ の自己同型 $\sigma(g) = {}^t g^{-1}$ を対称変換とすると，σ がひき起こす Lie 環の包合写像は $\sigma'(X) = -{}^t X$ ($X \in \mathfrak{gl}(n,\mathbb{R}) = M_n(\mathbb{R})$) で，直交対称 Lie 環 $(\mathfrak{gl}(n,\mathbb{R}), \mathfrak{o}(n))$ を得る．ここで，

$$\mathfrak{o}(n) = \{ X \in \mathfrak{gl}(n,\mathbb{R}) \mid {}^t X + X = 0 \} \quad (\text{交代行列})$$
$$\tilde{\mathfrak{p}} = \{ X \in \mathfrak{gl}(n,\mathbb{R}) \mid {}^t X = X \} \quad (\text{対称行列}).$$

連結ではないが，対応する対称対は $(GL(n,\mathbb{R}), O(n))$ とする．指数写像 $\exp : \tilde{\mathfrak{p}} \to \widetilde{P} \subset GL(n,\mathbb{R})$ は微分同相写像を与えた．ここに，

$$\widetilde{P} = \{ e^X \mid X \in \tilde{\mathfrak{p}} \}$$

は正定値対称行列全体のなす空間である．

このとき，一意分解

$$GL(n,\mathbb{R}) = O(n)\widetilde{P} = \widetilde{P}\,O(n)$$

を与えるのが極分解であった．$(g = k\,e^X \ (k \in O(n),\ X \in \tilde{\mathfrak{p}}).)$

とくに，連結成分，$SL(n,\mathbb{R})$ などに制限すると，

$$GL(n,\mathbb{R})^0 = SO(n)\widetilde{P},$$
$$SL(n,\mathbb{R}) = SO(n)\widetilde{P_1} \quad (\widetilde{P_1} = \widetilde{P} \cap SL(n,\mathbb{R}))$$

を得た．

もっと一般に，$G = G(\mathbb{R}) \subset GL(n,\mathbb{R})$ を実代数群とし，G が転置不変なとき，同様なことが成り立つことを示そう．

定理 8.4.1 (極分解) $G \subset GL(n,\mathbb{R})$ を実代数群で，${}^t G = G$ をみたすものとする．$\mathfrak{g} \subset \mathfrak{gl}(n,\mathbb{R})$ を G の Lie 環とし，$\mathfrak{p} = \mathfrak{g} \cap \tilde{\mathfrak{p}} = \{ X \in \mathfrak{g} \mid {}^t X = X \}$, $K = G \cap O(n)$ とおくと，

$$K \times \mathfrak{p} \xrightarrow{\sim} G \quad ((k,\, X) \mapsto k\,e^X)$$

は微分同相である．

なお，このとき，G は簡約群である．

証明 $GL(n,\mathbb{R})$ の極分解を用い，記号も前の通りとする．$g \in G$ の $GL(n,\mathbb{R})$ での分解を $g = k\,e^X$ $(k \in O(n),\ X \in \tilde{\mathfrak{p}})$ とする．このとき，$k \in K$, $X \in \mathfrak{p}$ をいう．G は σ で保たれるから，$\sigma(g)^{-1} g = {}^t g\, g = e^{{}^t X\, t} k k e^X = e^{2X} \in G$ である．よって，任意の $m \in \mathbb{Z}$ に対して $(e^{2X})^m = e^{2mX} \in G$.

ここで G は代数群であるから，任意の $t \in \mathbb{R}$ に対しても $e^{tX} \in G$ (定義多項式

において，$\mathbb{Z}$ 上 0 ゆえ $\mathbb{R}$ 上 0)．ゆえに，$X \in \mathfrak{g}$ かつ $X \in \tilde{\mathfrak{p}}$ ゆえ，$X \in \mathfrak{g} \cap \tilde{\mathfrak{p}} = \mathfrak{p}$．すなわち，$e^X \in G$ かつ $k = e^{-X}g \in G \cap O(n) = K$．

G の簡約性については次の通り．一般的に，$\mathbb{R}$ 上の代数群については冪単根基 R_uG も $\mathbb{R}$ 上定義されるので簡約性については実点 $R_uG(\mathbb{R})$ が自明なことを示せばよい (ことが分かっている)．

$u \in R_uG(\mathbb{R})$ とすると，R_uG も自己同型 σ で保たれているから $\sigma(u^{-1})u = {}^tuu$ も冪単である．ところが，上の論法が示すように ${}^tuu \in \exp \mathfrak{p}$ は正値対称行列ゆえ，半単純元となり単位元に等しい．すなわち，${}^tuu = e$ ゆえ $u \in O(n)$ となりこれも半単純元であり，かつ冪単元ゆえ，結局 $u = e$ となる． □

系 8.4.2 $\mathfrak{g}$ を半単純非コンパクト型 Lie 環，s を対称変換とする．$G = \operatorname{Int}\mathfrak{g} = \operatorname{Ad}\mathfrak{g} = (\operatorname{Aut}\mathfrak{g})^0$ について，$K = G^s$ (s の固定点) とすると，K は極大コンパクト部分群で連結であり，$\mathfrak{g} = \mathfrak{k} \oplus \mathfrak{p}$ を Cartan 分解とすると，$K \times \mathfrak{p} \xrightarrow{\sim} G$ ($(k, X) \mapsto k\,e^X$)) は微分同相である．

ゆえに，非コンパクト型対称空間 M は $\mathfrak{p} \xrightarrow{\sim} G/K = M$ ($X \mapsto e^X K$) に同相であり，とくに単連結である．

証明 G は代数群 $\operatorname{Aut}\mathfrak{g}$ の (位相群としての) 単位成分で $\mathfrak{g}$ に内積を 8.3 節のように導入しておくと自己随伴 ${}^t\operatorname{Aut}\mathfrak{g} = \operatorname{Aut}\mathfrak{g} \subset GL(\mathfrak{g})$ であった，$G \subset \operatorname{Aut}\mathfrak{g}$ に定理を適用すると系を得る．

K の極大性については，$K \subsetneq L$ をコンパクト群とすると，$g \in L \setminus K$ を分解して $g = k\,e^X$ ($X \neq 0$) とできて，$e^X = k^{-1}g \in L$．これより $e^{mX} \in L$ ($m \in \mathbb{Z}$) であるが，また $e^{mX} \in \exp \mathfrak{p} \simeq \mathfrak{p}$ において発散無限列を与えるから矛盾である．

□

定理 8.4.3 (極大コンパクト群の共役性) 中心有限な連結半単純 (非コンパクト) 群の極大コンパクト部分群は互いに共役である．また，極大コンパクト部分群の正規化群は自分自身である．

証明 (Cartan の固定点定理，またはその特殊化．6.5 節で既出) K' を G のコンパクト部分群とし，対称空間 $M = G/K$ に作用させる (K は 1 つの極大コンパクト部分群)．M は完備な単連結非正曲率空間であるから，Cartan の定理によってコンパクト群 K' は M に固定点 gK をもつ．すなわち，M で $K'gK = gK$．よって，$K' \subset gKg^{-1}$．したがって，K' が極大ならば，$K' = gKg^{-1}$．

つぎに，極大コンパクト部分群 K に対し，$gKg^{-1} = K$ $(g \in G)$ とし，系 8.4.2 を用いる．このとき，$gK \in M = G/K = \exp \mathfrak{p}$ は K 固定点である ($\because$ $KgK = gKK = gK$)．$gK = \exp X$ $(X \in \mathfrak{p})$ とすると，$\operatorname{Ad} KX = X$．$X \neq 0$ とすると，$\mathbb{R}X$ ($\mathfrak{p}$ の直線) も K で固定される．$\mathfrak{p}$ は K の既約表現空間と仮定して良いからこれは矛盾．したがって，$X = 0$，すなわち，$gK = K$．即ち，$g \in K$．□

結局，以上まとめて次を得る．

まとめ

非コンパクト型対称空間 $M = G/K$ ($G = \operatorname{Ad} \mathfrak{g} \supset K$ (固定化部分群)) においては，M は単連結で，K は極大コンパクト部分群であり，極大コンパクト部分群は互いに共役である．なお，K の正規化群は K 自身である．

また，M はユークリッド空間に同相で，Riemann 空間としては非正曲率完備な空間である．

8.5 ルート系についてまとめ

ここで，岩澤分解など半単純群の詳しい構造について必須のルート系についてまとめておこう．ほとんどすべての Lie 環の教科書には，複素半単純 Lie 環とそのルート系については解説してあるので，ここでは要点のみを述べる ([松島 1], [佐 3], [谷], [伊 2], [岩], [Bou2], [Se1], [Hu])．

有限次元ユークリッド空間 E (実ベクトル空間で内積 $(\cdot \mid \cdot)$ を備えたもの) において，元 $\alpha \neq 0$ に直交する超平面 $\alpha^{\perp} = H_\alpha := \{ x \in E \mid (\alpha \mid x) = 0 \}$ に関する鏡映を $s_\alpha \in O(E)$ (直交群) とかく．すなわち，

$$s_\alpha(x) = x - \frac{2\,(\alpha \mid x)}{\|\alpha\|^2}\alpha \quad (x \in E,\ \|\alpha\|^2 := (\alpha|\alpha)\,).$$

定義 E の 0 を含まない有限部分集合 Δ が**ルート系** (root system) であるとは，次をみたすときをいう．

(1) $E = \mathbb{R}\,\Delta$ (Δ は E を生成する),

(2) Δ は任意の鏡映 s_α $(\alpha \in \Delta)$ で保たれる ($s_\alpha \Delta = \Delta\ (\,\alpha \in \Delta\,)$),

(3)

$$\frac{2\,(\alpha \mid \beta)}{\|\alpha\|^2} \in \mathbb{Z} \quad (\alpha, \beta \in \Delta\,).$$

Δ の元を**ルート**という．

$s_\alpha \alpha = -\alpha$ ゆえ，$\alpha \in \Delta$ ならば $-\alpha \in \Delta$．また条件 (3) より，$\alpha \in \Delta$ のとき，正数倍 $c\alpha \in \Delta$ $(c \neq 1)$ ならば $\frac{1}{2}$ か，または 2 のいずれかである．$c = 1$ しか許されないときルート系 Δ は**被約** (reduced) という．

ルートに関する鏡映が生成する群 $W = \langle s_\alpha \mid \alpha \in \Delta \rangle \subset O(E)$ を Δ の **Weyl 群**という．W は有限集合 Δ の置換群ゆえ，有限群である．

ルート系に関する種々の詳しい性質は参考書を見て頂くことにして，ほんの基本的なことのみ述べておく．

ルート系 Δ が与えられたとき，開集合 $E \setminus \bigcup_{\alpha \in \Delta} H_\alpha$ の連結成分を **Weyl の部屋** (chamber) という，略して単に部屋ともいう．(この各々は原点を頂点とする錐体である．この錐体の閉包を Weyl の部屋というときもある．)

1) Weyl 群は部屋の集合に単純かつ推移的に働く．したがって，Weyl 群 W の位数は部屋の個数に等しい．

2) 1 つの部屋の内点 x を固定するとき，

$$\Delta(x) := \{\, \alpha \in \Delta \mid (\alpha \mid x) > 0 \,\}$$

とおくと，$\alpha, \beta \in \Delta(x)$ かつ，$\alpha + \beta \in \Delta \Rightarrow \alpha + \beta \in \Delta(x)$．また，$\Delta = \Delta(x) \sqcup -\Delta(x)$ (直和)．

部屋を固定したとき，その部屋の内点 x のとり方によらないから，$\Delta(x)$ は部屋に対して決まる．

3) ルート系の部分集合 $\Delta_+ \subset \Delta$ が 2) の性質，すなわち，

$$\Delta = \Delta_+ \sqcup -\Delta_+,\ (\Delta_+ + \Delta_+) \cap \Delta \subset \Delta_+$$

をみたすとき，Δ_+ を正ルート系，$\Delta_- := -\Delta_+$ を負ルート系という．

4) 正ルート系 Δ_+ が定められたとき，$\alpha = \beta + \gamma$ $(\beta, \gamma \in \Delta_+)$ とかけない $\alpha \in \Delta_+$ を**単純**ルートという．単純ルートの集合 $\Pi \subset \Delta$ をルートの**基本系** (fundamental system) (あるいは**基** (base)) という．Π の元は互いに 1 次独立で，E の基をなす．

逆に，ルート系の基 Π で，すべてのルートは同符号の整数和

$$\sum_{\alpha_i \in \Pi} m_i \alpha_i \quad (m_i \text{ はすべて } \geq 0,\ \text{またはすべて } \leq 0)$$

とかけるとき，Π はある正系 Δ_+ に対する基である．$\#\Pi = \dim E$ を Δ の**階数**

(rank) という.

5) 1) より，Weyl 群は，正系の集合 $\simeq$ 基の集合に単純推移的に働く.

6) 有限個のルート系 $\Delta_i \subset E_i$ $(i \in I)$ が与えられたとき，ユークリッド空間の直和 $E := \bigoplus_{i\in I} E_i$ の部分集合 $\Delta := \bigsqcup_{i\in I} \Delta_i \subset E$ はルート系である．ここに，$\Delta_i \perp \Delta_j$ $(i \neq j)$．逆に，ルート系 Δ がこのような直和分解をもたないとき，**既約**という．任意のルート系は既約なものに直和分解する.

7) 既約な (被約) ルート系の分類は基本系の Dynkin (Schläfli) 図形によって表されている ([辞典] など.) □

ルート系と半単純 Lie 環の対応はよく知られている.

例 (A 型) $\mathfrak{g} = \mathfrak{g}l(n, \mathbb{R}) \supset \mathfrak{h} := \{ a = \mathrm{diag}(a_1, a_2, \ldots, a_n) \mid a_i \in \mathbb{R} \}$ (a は対角成分が $a_1, a_2, \ldots, a_n$ である対角行列) において，$\alpha_{ij}(a) = a_i - a_j$ $(i \neq j)$ とおくと，$\alpha_{ij} \in \mathfrak{h}^* := \mathrm{Hom}_{\mathbb{R}}(\mathfrak{h}, \mathbb{R})$．$e_{ij} \in \mathfrak{g}$ を (i, j) 成分のみ 1 で他は 0 である基本行列とすると，$[a, e_{ij}] = \alpha_{ij}(a) e_{ij}$ $(a \in \mathfrak{h})$．$\varepsilon_i \in \mathfrak{h}^*$ を $\varepsilon_i(a) = a_i$ と定義すると，$\mathfrak{h}^* = \sum_{1 \leq i \leq n} \mathbb{R}\varepsilon_i \simeq \mathbb{R}^n$．$\mathfrak{h}^*$ の内積を $(\varepsilon_i \mid \varepsilon_j) = \delta_{ij}$ によって入れておくと，(ε_i) は正規直交基で，$\alpha_{ij} = \varepsilon_i - \varepsilon_j$ ゆえ，

$$\|\alpha_{ij}\|^2 = 2,\ (\alpha_{ij} \mid \alpha_{jk}) = \pm\delta_{ik}\ (i \neq k),\ \alpha_{ji} = -\alpha_{ij}$$
$$s_{\alpha_{ij}}\varepsilon_k = \varepsilon_k\ (i, j \neq k),\ s_{\alpha_{ij}}\varepsilon_i = \varepsilon_j,\ s_{\alpha_{ij}}\varepsilon_j = \varepsilon_i$$

を得る．そこで，$E = (\sum_{1 \leq i \leq n} \varepsilon_i)^\perp \subset \mathfrak{h}^*$ とおくと，$\alpha_{ij} \in E$ で α_{ij} たちは E を張る．したがって $\Delta = \{ \alpha_{ij} \mid i \neq j \} \subset E$ は既約かつ被約なルート系であり，Weyl 群は $s_{\alpha_{ij}}$ が n 文字の互換 (i, j) に対応する n 次対称群に同型である.

$\Delta_+ = \{ \alpha_{ij} \mid i < j \}$ は 1 つの正系を与え，これに対する基は $\Pi = \{ \alpha_{i,i+1} \mid 1 \leq i < n \}$，階数は $n - 1$ である.

Lie 環 $\mathfrak{g} = \mathfrak{g}l(n, \mathbb{R})$ は簡約群のそれであるが，部分単純 Lie 環 $\mathfrak{sl}(n, \mathbb{R}) \subset \mathfrak{g}$ についても，$\mathfrak{h}_0 = \mathfrak{h} \cap \mathfrak{g} = \{ a \in \mathfrak{h} \mid \sum_i \varepsilon_i(a) = 0 \}$ について同様に $\alpha_{ij} \in \mathfrak{h}_0^* = E$ と考えて，同じルート系を得る.

$\mathfrak{h}$ の $\mathfrak{g}$ に対する随伴作用は可換であるから，$\mathrm{ad}\,(a)$ $(a \in \mathfrak{h})$ に関する同時固有空間分解ができて，

$$\mathfrak{g} = \mathfrak{n}_+ \oplus \mathfrak{h} \oplus \mathfrak{n}_-$$

$(\mathfrak{n}_\pm := \sum_{j-i>\pm 1} \mathbb{R}e_{ij},\ \mathbb{R}e_{ij} = \mathfrak{g}_{\alpha_{ij}} = \{\, x \in \mathfrak{g} \mid [a,x] = \alpha_{ij}(a)\,x\ (a \in \mathfrak{h})\,\})$ を得ることに注意しておこう．$\mathfrak{h}$, $\mathfrak{n}_\pm$ はいずれも部分環で，$\mathfrak{b}_\pm = \mathfrak{h} \oplus \mathfrak{n}_\pm$ は極大可解 Lie 環で Borel 部分環とよばれる．

複素半単純 Lie 環とルート系

一般にも複素半単純 Lie 環 $\mathfrak{g}$ に被約ルート系が対応することは周知である．

$\mathfrak{g}$ の随伴表現 $\mathrm{ad} : \mathfrak{g} \to \mathfrak{gl}(\mathfrak{g})$ は忠実であった．したがって，$\mathfrak{g}$ の元 X が**半単純**または**冪零**であるということを $\mathrm{ad}\,X$ が $\mathfrak{gl}(\mathfrak{g})$ の元としてそうであることと定義することができる．

定義と定理　以下 $\mathfrak{g}$ は複素半単純 Lie 環とする．

1) すべての元が半単純であるような極大可換部分環を **Cartan 部分環**という．Cartan 部分環は $\mathrm{Ad}\,\mathfrak{g}$ の元によって互いに共役である．

2) 極大可解部分環を **Borel 部分環**という．Borel 部分環は $\mathrm{Ad}\,\mathfrak{g}$ の元によって互いに共役である．

3) $\mathfrak{g}$ の Cartan 部分環 $\mathfrak{h}$ を 1 つ固定する．$\alpha \in \mathfrak{h}^*$ を $\mathfrak{h}$ 上の線型形式とするとき，α に関する同時固有空間を

$$\mathfrak{g}_\alpha := \{\, X \in \mathfrak{g} \mid [H,X] = \alpha(H)X\ (H \in \mathfrak{h})\,\}$$

とおく．($\mathrm{ad}\,H$ は $\mathfrak{g}$ 上半単純に注意．) このとき，$\Delta := \{\alpha \neq 0 \mid \mathfrak{g}_\alpha \neq 0\} \subset \mathfrak{h}^*$ として，$E = \mathbb{R}\Delta$ とおくと，E の適当な内積の下で $\Delta \subset E$ はルート系をなす．実際，$\mathfrak{g}$ のある実形 $\mathfrak{g}_0$ ($\mathfrak{g}_0 \otimes_{\mathbb{R}} \mathbb{C} = \mathfrak{g}$) で $\mathfrak{h}_0 \otimes_{\mathbb{R}} \mathbb{C} = \mathfrak{h}$ となるようなものが存在する ($\mathfrak{h}_0 \subset \mathfrak{g}_0$，"分裂型" という)．このとき，$E = \mathfrak{h}_0^* \subset \mathfrak{h}^*$ をとればよい．このような $\mathfrak{h}_0$ に Killing 形式を制限すると内積が得られる．(前の例で，$\mathfrak{g} = \mathfrak{sl}(n,\mathbb{C}) \supset \mathfrak{g}_0 = \mathfrak{sl}(n,\mathbb{R})$.)

さらに，Weyl 群は $G = \mathrm{Ad}\,\mathfrak{g}$ とおいて，$N_G(\mathfrak{h}) = \{g \in G \mid g\mathfrak{h} = \mathfrak{h}\} \supset Z_G(\mathfrak{h}) = \{g \in G \mid gH = H\ (H \in \mathfrak{h})\}$ とするとき，$W = N_G(\mathfrak{h})/Z_G(\mathfrak{h}) \subset GL(\mathfrak{h})$ と実現される ($\mathfrak{h}$ を実部分空間 $\mathfrak{h}_0$ におき替え，さらに双対をとって E への直交変換とも見なせる)．

4) 3) の設定で，Δ は被約で，$\dim \mathfrak{g}_\alpha = 1$ $(\alpha \in \Delta)$．Δ の正系 Δ_+ を固定すると $(\Delta_- = -\Delta_+)$，$\mathfrak{b}_\pm := \mathfrak{h} \oplus \sum_{\alpha \in \Delta_\pm} \mathfrak{g}_\alpha$ は $\mathfrak{g}$ の Borel 部分環で $\mathfrak{n}_\pm := \sum_{\alpha \in \Delta_\pm} \mathfrak{g}_\alpha$ は $\mathfrak{b}_\pm$ の冪零根基 (群の冪単根基に対応する)．

8.6　岩澤分解など

8.4 節で述べた Cartan 分解 $G = K \exp \mathfrak{p}$ は $GL(n, \mathbb{R})$ の場合

$$GL(n,\mathbb{R}) = O(n)\,\widetilde{P} \quad (\widetilde{P} \text{ は正定値対称行列のなす集合})$$

の一般化であった．

似たような分解で，線型代数学で学ぶ Schmidt の直交化法は

$$GL(n,\mathbb{R}) = O(n)\,B \quad (B \text{ は上 (下でも可) 3 角行列のなす (Borel) 部分群})$$

という積分解の方法と思える．一意分解にしようとするときは，さらに B の対角成分をすべて正に限ればよい．($\mathbb{C}$ 上では $O(n)$ の替わりにユニタリ群 $U(n)$ とし，複素 3 角群 B の対角成分はやはり正 (実数！) とする．) 特殊線型群に限れば，$SL(n,\mathbb{R}) = SO(n)\,B'$ ($B' = B \cap SL(n,\mathbb{R})$) となり，$SO(n)$ は連結極大コンパクト部分群である．

この分解を一般化したものが**岩澤分解**である．これは B' の部分をさらに対角形と冪単形に分解し，

$$A := \left\{ a = \begin{pmatrix} a_1 & & 0 \\ & \ddots & \\ 0 & & a_n \end{pmatrix} \,\middle|\, \prod_{1 \le i \le n} a_i = 1,\ a_i > 0 \right\},$$

$$N := \left\{ n = \begin{pmatrix} 1 & & * \\ & \ddots & \\ 0 & & 1 \end{pmatrix} \right\}$$

とおいて，

$$SL(n,\mathbb{R}) = SO(n)\,A\,N \quad (g = k\,a\,n)$$

と一意分解する形で与えられる．

一般の構成を述べよう．簡単のため，G を非コンパクト型の連結実半単純 Lie 群で中心有限 (極大コンパクト部分群 K の存在のため) とする．対応する対称変換を s とかき，(G,K) ($K = G^s$) を対称対とし，Lie 環の Cartan 分解を $\mathfrak{g} = \mathfrak{k} \oplus \mathfrak{p}$ とする．

ここで，$\mathfrak{k}$, $\mathfrak{p}$ の元は共に ($\mathrm{ad}\,\mathfrak{g} \subset \mathfrak{gl}(\mathfrak{g})$ の元として) 半単純であったことに注意しておく．

さて，$\mathfrak{p}$ の可換な部分環 $\mathfrak{a} \subset \mathfrak{p}$ で極大となるものをとる．(Cartan 部分環の類

似で，**極大分裂トーラス部分環**といい，存在と $\mathrm{Ad}\,K$ による共役性が証明される.）$\dim_{\mathbb{R}} \mathfrak{a}$ を対称空間（または対称対）G/K の**階数**という（コンパクト型についてもこの定義の明らかな類似を採る）．$\mathfrak{a}$ は可換な半単純元のなす部分環であるから，Cartan 部分環に対するときと同様に，同時固有空間分解が（**実**空間 $\mathfrak{g}$ のなかで）できる．すなわち，

$$\mathfrak{g} = \bigoplus_{\alpha \in \mathfrak{a}^*} \mathfrak{g}_\alpha \quad (\mathfrak{g}_\alpha := \{\, X \in \mathfrak{g} \mid [H, X] = \alpha(H)X,\ (H \in \mathfrak{a}) \,\}).$$

$\Delta := \{\, \alpha \in \mathfrak{a}^* \mid \alpha \neq 0,\ \mathfrak{g}_\alpha \neq 0 \,\}$ を $(\mathfrak{g}, \mathfrak{a})$ に関する**制限** (restricted) ルート系といい，直和分解 $\mathfrak{g} = \mathfrak{g}_0 \oplus \sum_{\alpha \in \Delta} \mathfrak{g}_\alpha$ を得る．ここで，$\mathfrak{g}_0 = \{\, X \in \mathfrak{g} \mid [H, X] = 0\ (H \in \mathfrak{a}) \,\} =: \mathfrak{z}_{\mathfrak{g}}(\mathfrak{a})$（$\mathfrak{a}$ の中心化環）である．

制限ルート系も $\Delta \subset \mathfrak{a}^*$（$\mathfrak{a}^*$ には Killing 形式による内積が入る）として，8.5 節で述べたルート系の公理をみたす.

ただし，一般には複素の場合と異なり，被約とは限らず，また $\dim_{\mathbb{R}} \mathfrak{g}_\alpha = 1$ でもない．

Weyl 群は同様に $W = N_G(\mathfrak{a})/Z_G(\mathfrak{a})$ として与えられる（G は $\mathfrak{a}$ に随伴作用).

制限ルート系 Δ に関する分解において，$\mathfrak{a} \subset \mathfrak{g}_0$ で $\mathfrak{g}_0$ は対称変換 s で保たれるから，$s = \pm 1$ 分解として

$$\mathfrak{g}_0 = \mathfrak{m} \oplus \mathfrak{a} \quad (\mathfrak{m} := \mathfrak{g}_0 \cap \mathfrak{k}).$$

また，Δ の正系 Δ_+ を 1 つ固定し，$\mathfrak{n}_+ := \bigoplus_{\alpha \in \Delta_+} \mathfrak{g}_\alpha$ とおいたとき，$s\,\mathfrak{n}_+ = \mathfrak{n}_- := \bigoplus_{\alpha \in \Delta_-} \mathfrak{g}_\alpha$ となり，2 つの部分環 $\mathfrak{n}_\pm$ が得られ，部分環の直和

$$\mathfrak{g} = \mathfrak{a} \oplus \mathfrak{m} \oplus \mathfrak{n}_+ \oplus \mathfrak{n}_-,$$
$$\mathfrak{g} = \mathfrak{k} \oplus \mathfrak{a} \oplus \mathfrak{n}_+ = \mathfrak{k} \oplus \mathfrak{a} \oplus \mathfrak{n}_-$$

を得る．

実際，$s(X + sX) = X + sX$ $(X \in \mathfrak{n}_\pm)$ より，$X + sX \in \mathfrak{k}$．また，$\mathfrak{k} \cap \mathfrak{n}_\pm = 0$, $\mathfrak{k} \oplus \mathfrak{n}_+ = \mathfrak{m} \oplus \mathfrak{n}_\pm \oplus s\mathfrak{n}_\mp$ などから導かれる．

以上を群 G に移した命題が岩澤分解である．

定理 8.6.1 (岩澤分解)　非コンパクト型の連結実半単純 Lie 群 G において，K, A, N をそれぞれ $\mathfrak{g} = \mathrm{Lie}\,G$ の部分 Lie 環 $\mathfrak{k}$, $\mathfrak{a}$, $\mathfrak{n}_+$ に対応する連結部分群とするとき，多様体としての写像

$$K \times A \times N \ni (k,\,a,\,n) \mapsto k\,a\,n \in G$$

は (解析的) 微分同相である.

証明 分解の一意性を示そう. $kan = k_1a_1n_1$ $(k, k_1 \in K,\, a, a_1 \in A,\, n, n_1 \in N)$ とすると, $k_1^{-1}kann_1^{-1} = a_1$. よって, $kan = a_1$ のとき, $k = n = e$, $a = a_1$ を示せばよい. $n = a^{-1}k^{-1}a_1$ に対称変換 s を施すと $s(k) = k$, $s(a) = a^{-1}$ より, $s(n) = ak^{-1}a_1^{-1} = a^2na_1^{-2}$ $(k^{-1} = ana_1^{-1})$.

ところが, N, $s(N)$ は冪単代数群で, A は N を正規化するから (N は AN の最大冪単正規部分群), $s(n) = a^2na_1^{-2} \in s(N) \cap AN = s(N) \cap N = \{e\}$ より, $s(n) = e = n$, $a^2 = a_1^2$. $A \simeq \exp \mathfrak{a}$ はベクトル群 $\mathfrak{a} \simeq \mathbb{R}^r$ に同型ゆえ, $a = a_1$. よって一意性がいえた.

微分同相であること, すなわち全射であることは, Lie 環の直和分解 $\mathfrak{g} = \mathfrak{k} \oplus \mathfrak{a} \oplus \mathfrak{n}_+$ より, 写像の微分が (k, a, n) において同型であり, さらに開かつ閉写像なること (G/AN はコンパクト多様体であることなどを使う, 放物型の話) などから導かれるが詳細は略す ([He], [Sp1] など). □

コメント 定理の内容を $G = KAN$ (一意分解) とかく. 積の順序は $G = NAK = ANK$ などと変えてもよい. (可解群 $AN = NA$ の「冪単根基」が N である. 代数群としての正式の用法では, $\widetilde{A} \simeq (\mathbb{R}^\times)^r$ (乗法群, 非連結実 Lie 群) の Lie 群としての単位成分が A である.)

また, G が非連結の場合でも, 適当な修正を加えて成立する. 例えば G が簡約代数群 $G(\mathbb{C})$ の実形 $G(\mathbb{R})$ (非連結かも) の場合でも, 極大コンパクト部分群 K (非連結かも) に対して成立する (A, N は連結).

例 1 (3.4 節で既出) $SL(2, \mathbb{R}) = NAK$. ここに,

$$N = \left\{ n(x) = \begin{pmatrix} 1 & x \\ 0 & 1 \end{pmatrix} \middle|\, x \in \mathbb{R} \right\},$$

$$A = \left\{ a(y) = \begin{pmatrix} \sqrt{y} & 0 \\ 0 & \sqrt{y}^{-1} \end{pmatrix} \middle|\, y > 0 \right\} \simeq \mathbb{R}_{>0},$$

$$K = \left\{ k(\theta) = \begin{pmatrix} \cos\theta & -\sin\theta \\ \sin\theta & \cos\theta \end{pmatrix} \middle|\, \theta \in \mathbb{R} \right\} \simeq SO(2).$$

$g \in SL(2, \mathbb{R})$ は一意表示 $g = n(x)a(y)k(\theta)$ をもつ. 上半平面 $\mathfrak{H} = \{\, z = x + yi \mid y > 0 \,\}$ への 1 次分数変換の作用で

$$g.i = n(x)a(y)k(\theta).i = x + y\,i$$

として現れる.

なお, Lie 環の分解は $\mathfrak{sl}(2,\mathbb{R}) = \mathfrak{so}(2) \oplus \mathfrak{a} \oplus \mathfrak{n}_+$ ($\mathfrak{so}(2)$ は 2 次交代行列, $\mathfrak{a}$ は Trace 0 の対角行列, $\mathfrak{n}_+$ は上 3 角冪零行列の集合がなす Lie 環).

例 2 $\mathfrak{g}$ が分裂型, すなわち, $\mathfrak{a} \underset{\mathbb{R}}{\otimes} \mathbb{C}$ が $\mathfrak{g} \underset{\mathbb{R}}{\otimes} \mathbb{C}$ の Cartan 部分環になる場合は制限ルート系は複素 Lie 環 $(\mathfrak{g} \underset{\mathbb{R}}{\otimes} \mathbb{C},\ \mathfrak{a} \underset{\mathbb{R}}{\otimes} \mathbb{C})$ と同じである.

$SL(n,\mathbb{R})$, $Sp(n,\mathbb{R})$ などが分裂型である. なお, 複素半単純 Lie 環は共役を除いて唯一つ分裂型の実形をもつ.

例 3 (一般 Lorentz 群) $I = \begin{pmatrix} -1 & 0 \\ 0 & 1_n \end{pmatrix}$, $G = SO_0(1,n)$ ($SO(1,n) = \{\, g \in SL(n+1,\mathbb{R}) \mid {}^t g\, I\, g = I \,\}$ の単位成分), $\mathfrak{g} = \mathfrak{so}(1,n) = \{\, X \in \mathfrak{gl}(n+1,\mathbb{R}) \mid XI + I\,{}^t X = 0 \,\}$. Lie 環について,

$$\mathfrak{g} = \mathfrak{so}(1,n) = \left\{ \begin{pmatrix} 0 & {}^t\boldsymbol{b} \\ \boldsymbol{b} & D \end{pmatrix} \,\middle|\, \boldsymbol{b} \in \mathbb{R}^n,\ {}^t D + D = 0 \right\}$$

$$\mathfrak{k} = \left\{ \begin{pmatrix} 0 & 0 \\ 0 & D \end{pmatrix} \,\middle|\, D \in \mathfrak{so}(n) \right\} \simeq \mathfrak{so}(n)$$

$$\mathfrak{p} = \left\{ \begin{pmatrix} 0 & {}^t\boldsymbol{b} \\ \boldsymbol{b} & 0 \end{pmatrix} \,\middle|\, \boldsymbol{b} \in \mathbb{R}^n \right\}$$

とおくと, 対称変換を $s\,X = -{}^t X$ とする直交対称 Lie 環を与える.

次に,

$$H_0 = \begin{pmatrix} 0 & 1 & \\ 1 & 0 & \raisebox{1ex}{0} \\ 0 & & 0 \end{pmatrix} \in \mathfrak{p}, \quad \mathfrak{a} = \mathbb{R}\,H_0 \subset \mathfrak{p}$$

$$X_\pm(\boldsymbol{x}) = \begin{pmatrix} 0 & & {}^t\boldsymbol{x} \\ & & \pm{}^t\boldsymbol{x} \\ \boldsymbol{x} & \mp\boldsymbol{x} & 0 \end{pmatrix} \in \mathfrak{g} \quad (\boldsymbol{x} \in \mathbb{R}^{n-1})$$

に対して, $[H_0,\, X_\pm(\boldsymbol{x})] = \pm X_\pm(\boldsymbol{x})$ となる. すなわち, $\alpha \in \mathfrak{a}^*$, $\alpha(H_0) = 1$ をルートとして, $X_\pm(\boldsymbol{x}) \in \mathfrak{g}_{\pm\alpha}$ (ルート空間). したがって, この場合 $\mathfrak{n}_\pm = \mathfrak{g}_{\pm\alpha} = \{\, X_\pm(\boldsymbol{x}) \mid \boldsymbol{x} \in \mathbb{R}^{n-1} \,\} \simeq \mathbb{R}^{n-1}$ は $n-1$ 次元可換環 ($[X_\pm(\boldsymbol{x}), X_\pm(\boldsymbol{y})] =$

$0\ (\boldsymbol{x},\, \boldsymbol{y} \in \mathbb{R}^{n-1})$).

岩澤分解 $\mathfrak{g} = \mathfrak{k} \oplus \mathfrak{a} \oplus \mathfrak{n}_+$, $\mathfrak{n}_+$ に対する冪単群 N の元は

$$\exp X_\pm(\boldsymbol{x}) = \begin{pmatrix} 1+\frac{1}{2}\|\boldsymbol{x}\|^2 & -\frac{1}{2}\|\boldsymbol{x}\|^2 & {}^t\boldsymbol{x} \\ \frac{1}{2}\|\boldsymbol{x}\|^2 & 1-\frac{1}{2}\|\boldsymbol{x}\|^2 & {}^t\boldsymbol{x} \\ \boldsymbol{x} & -\boldsymbol{x} & 0 \end{pmatrix} \quad (\,\boldsymbol{x} \in \mathbb{R}^{n-1}\,)$$

であり，$\mathbb{R}^{n-1} \ni \boldsymbol{x} \mapsto \exp X_+(\boldsymbol{x}) \in N$ が可換群の同型を与える．

岩澤分解は $SO_0(1,n) = SO(n)\,A\,N$, で $A = \{\, \exp t\,H_0 = \left(\begin{smallmatrix} \cosh t & \sinh t \\ \sinh t & \cosh t \end{smallmatrix}\right) \mid t \in \mathbb{R}\,\}$，制限ルート系は $\Delta = \{\pm\alpha\}$.

例 4　$G = SU(1,n) = U(1,n) \cap SL(n+1,\mathbb{C})$．ただし，$I$ は例 3 と同じ行列で，$U(1,n) = \{\, g \in GL(n+1,\mathbb{C}) \mid {}^t\bar{g}\,I\,g = I\,\}$．$s(g) = {}^t\bar{g}^{-1} = I\,g\,I$, $s(X) = -{}^t\overline{X}$ が対称変換．$K = S(U(1)\times U(n)) := \left(\begin{smallmatrix} U(1) & 0 \\ 0 & U(n) \end{smallmatrix}\right) \cap SL(n+1,\mathbb{C})$.

$$\begin{aligned} \mathfrak{g} = \mathfrak{su}(1,n) &= \{\, X \in \mathfrak{sl}(n+1,\mathbb{C}) \mid {}^t\overline{X}\,I + I\,X = 0\,\} \\ &= \left\{ \begin{pmatrix} -\mathrm{Trace}\,D & {}^t\boldsymbol{z} \\ \bar{\boldsymbol{z}} & D \end{pmatrix} \,\middle|\, {}^t\overline{D} + D = 0,\ \boldsymbol{z} \in \mathbb{C}^n \right\} \\ \mathfrak{k} &= \left\{ \begin{pmatrix} -\mathrm{Trace}\,D & 0 \\ 0 & D \end{pmatrix} \,\middle|\, {}^t\overline{D} + D = 0 \right\} \\ \mathfrak{p} &= \left\{ \begin{pmatrix} 0 & {}^t\boldsymbol{z} \\ \bar{\boldsymbol{z}} & 0 \end{pmatrix} \,\middle|\, \boldsymbol{z} \in \mathbb{C}^n \right\} \end{aligned}$$

が直交対称 Lie 環を与える．

$H_0 \in \mathfrak{p}$ を例 3 と同じ元とし，$\mathfrak{a} = \mathbb{R}\,H_0 \subset \mathfrak{p}$ とする．以下例 3 の類似を行う．

$$Z_\pm(\boldsymbol{z}) = \begin{pmatrix} 0 & & {}^t\boldsymbol{z} \\ & & \pm{}^t\boldsymbol{z} \\ \bar{\boldsymbol{z}} & \mp\bar{\boldsymbol{z}} & 0 \end{pmatrix} \in \mathfrak{g} \quad (\,\boldsymbol{z} \in \mathbb{C}^{n-1}\,)$$

とおくと，$[H_0, Z_\pm(\boldsymbol{z})] = \pm Z_\pm(\boldsymbol{z})$．ゆえに，ルート $\alpha(H_0) = 1\ (\alpha \in \mathfrak{a}^*)$ に対して $\mathfrak{g}_\pm = \{\, Z_\pm(\boldsymbol{z}) \mid z \in \mathbb{C}^{n-1}\,\}$ がルート $\pm\alpha$ に関するルート空間である．

しかし，例 3 と異なり今度は $Z_\pm(\boldsymbol{z})$ は可換ではない．さらに，ルート空間はこれだけではない．

$$Y_{\pm} = i \begin{pmatrix} \pm 1 & -1 & \\ 1 & \mp 1 & 0 \\ 0 & & 0 \end{pmatrix} \in \mathfrak{su}(1,n)$$

とおくと，$Y_+ = [Z_+({}^t(i,0,\ldots,0)), Z_+({}^t(1/2,0,\ldots,0))]$ で，$[H_0, Y_+] = 2\,Y_+ ([H_0, Y_-] = -2Y_-)$．すなわち，$\mathbb{R}\,Y_{\pm} = \mathfrak{g}_{\pm 2\alpha}$ はルート $\pm 2\alpha$ に関するルート空間になる．

これより $(\mathfrak{g}, \mathfrak{a})$ に関する制限ルート系は $\Delta = \{\pm\alpha, \pm 2\alpha\}$ で被約ではない (階数は 1)．ルート空間の次元は $\dim \mathfrak{g}_{\pm 2\alpha} = 1$, $\dim \mathfrak{g}_{\alpha} = 2(n-1)$．

岩澤分解については，$\mathfrak{n}_{\pm} = \mathfrak{g}_{\pm\alpha} \oplus \mathfrak{g}_{\pm 2\alpha}$ で，

$$\mathfrak{g} = \mathfrak{k} \oplus \mathfrak{a} \oplus \mathfrak{g}_{\alpha} \oplus \mathfrak{g}_{2\alpha}.$$

ちなみに，

$$[Z_{\pm}(z), Z_{\pm}(w)] = 2\,\Im({}^t z\bar{w})\, i \begin{pmatrix} 1 & \mp 1 & \\ \pm 1 & -1 & 0 \\ 0 & & 0 \end{pmatrix} = \pm 2\,\Im({}^t z\bar{w})\, Y_{\pm}$$

群の分解表示は任せる．

注意　$SL(2,\mathbb{R})$ と $SU(1,1)$ は $SL(2,\mathbb{C})$ の中で共役で，$SU(1,1)$ は分数変換で単位円板 $D_1 = \{z \in \mathbb{C} \mid \|z\| < 1\}$ に推移的に働く (上半平面 $\mathfrak{H}$ と D_1 は正則同型)．またこれは中心で剰余すると Lorentz 群 $S0_0(1,2)$ に同型であった．後述するように，$SU(1,n)/$(中心) は，複素 n 次元単位球 $D_n = \{z \in \mathbb{C}^n \mid \|z\| < 1\}$ の正則変換群で，等長群の単位成分でもある．

Cartan 分解 $G = KAK$

岩澤分解と関連して，Cartan 分解 $G = K \exp \mathfrak{p}$ を変形したものがある．

実対称行列は直交行列で対角化可能であった．すなわち，$\tilde{\mathfrak{p}}$ を n 次実対称行列のなす空間，$\tilde{\mathfrak{a}}$ $(\subset \tilde{\mathfrak{p}})$ を対角行列のなす部分空間とすると，$X \in \tilde{\mathfrak{p}}$ に対して，$k \in O(n)$ で $kXk^{-1} \in \tilde{\mathfrak{a}}$ となるものがとれる．すなわち，

$$\tilde{\mathfrak{p}} = \bigcup_{k \in O(n)} k\,\tilde{\mathfrak{a}}\,k^{-1}$$

とかける．

このことは半単純型対称対 (G, K), $(\mathfrak{g}, \mathfrak{k})$ でも成立する．すなわち，次の定理

が成り立つ.

定理 8.6.2 (Cartan 分解) $(\mathfrak{g}, \mathfrak{k})$ を半単純型直交対称 Lie 環, $\mathfrak{g} = \mathfrak{k} \oplus \mathfrak{p}$ を付随する分解とする. $\mathfrak{a}$ を $\mathfrak{p}$ の極大可換部分環とすると,

$$\mathfrak{p} = \bigcup_{k \in K} (\mathrm{Ad}\, k)\mathfrak{a}.$$

群の形に直すと,

$$\exp \mathfrak{p} = \bigcup_{k \in K} k\, A\, k^{-1} \quad (\, A = \exp \mathfrak{a}\,).$$

したがって, $G = KAK$, または対称空間 $M = G/K$ において, M は全測地的部分空間 $A \simeq AK/K$ の K 軌道で覆われる. □

証明は, 非コンパクト型として, $\mathfrak{p} = gAg^{-1}$ に注意し, 岩澤分解 $g = kan$ を用いる. 極小放物型部分群 (MAN のこと) に関する "Bruhat" 分解の一意性から導くのであるが詳細は略する ([Sp1; p.23]).

$G = KAK$ は $G = K \exp \mathfrak{p}$ から明らかである. 分解 $G = KAK$ ではもちろん, 元の分解の一意性はない. この分解も $G = K \exp \mathfrak{p}$ と同じく **Cartan 分解**とよばれる.

コメント $X \in \mathfrak{p}$ に対し, $e^{tX}.\boldsymbol{o}$ $(t \in \mathbb{R})$ が対称空間の原点 $\boldsymbol{o} = K \in G/K = M$ を通る測地線であった. したがって, 階数が 1 ($\dim \mathfrak{a} = 1$) のときは, 距離が等しい任意の 2 線分 $\overline{pq}, \overline{p_1q_1}$ に対し, まず p_1 を p に移し, p を原点 $\boldsymbol{o}$ と考えると, $\overline{\boldsymbol{o}q}, \overline{\boldsymbol{o}q_1}$ は $\exp \mathfrak{p}$ における測地線であり, q, q_1 は $\boldsymbol{o}$ から等距離ゆえ, $kq_1 \in A$($\overline{\boldsymbol{o}q}$ を延ばした測地線) となる $k \in K$ がとれる. すなわち, $g\,\overline{p_1q_1} = \overline{pq}$ となる等長変換 $g \in G$ がとれる.

このことを, 階数 1 の対称空間は **2 点等質空間** (two-point homogeneous space) であるという.

逆に, 2 点等質な Riemann 空間は, ユークリッド空間, 円周, 階数 1 の対称空間に限ることが証明されている (Wang, Tits, 長野正 [He; p. 355]).

第 9 章
Hermite 対称空間

9.1　複素多様体

Riemann 対称空間のうち，とくに複素多様体になり付随する諸概念も自然にそれに従うもの (対称変換が正則であるなど) を Hermite 的という．様々な応用上，保型関数論など他の数学分野とのつながりの観点からもとくに重要なクラスであるので，この章で紹介する．さらに詳しいことは，[松島 2], [今], [KN; Ch. IX], [陳] などを参照されたい．

その準備のため複素多様体にまつわる基礎概念を復習しておこう．

C^∞ 多様体 M の定義において，局所座標を定義する開被覆 $\{U_\alpha\}$ に対して，複素アフィン空間 $\mathbb{C}^n$ の開集合の族 $V_\alpha \subset \mathbb{C}^n$ をとり，同相 $\varphi_\alpha : U_\alpha \overset{\sim}{\to} V_\alpha$ に関して

$$\varphi_\alpha \circ \varphi_\beta^{-1} | \varphi_\beta(U_\alpha \cap U_\beta) : \varphi_\beta(U_\alpha \cap U_\beta) \longrightarrow \varphi_\alpha(U_\alpha \cap U_\beta)$$

が $\mathbb{C}^n$ の開集合どうしの同相写像として (C^∞ よりさらに強く) **正則** (holomorphic) (複素解析的) 写像であるようにできるとき，n 次元**複素 (解析的)** (complex (analytic)) 多様体という．C^∞ 多様体での位相的性質 (Hausdorff 性，可算性など) はそのまま仮定し，また本書ではいままでと同様 (暗黙のうちに) 連結性なども仮定したりする．

$\mathbb{C}^n$ の領域，あるいは開集合はそのまま複素多様体の例であり，既出の例では，上半平面，複素射影空間 $\mathbb{P}^n(\mathbb{C}) = \bigcup_{0 \le i \le n} U_i = (\mathbb{C}^{n+1} \setminus \{0\})/\mathbb{C}^\times$ ($U_i \simeq \mathbb{C}^n$) などもそうである．

定義から，複素多様体の開集合 U の上では正則 (holomorphic) 関数の空間 $\mathcal{O}_M(U) := \Gamma(U, \mathcal{O}_M)$ が備わっている (記号 $\mathcal{O}_M$ を**構造層** (structure sheaf) という)．

いま U を $\mathbb{C}^n$ の開集合とし，$\mathbb{C}^n$ の座標系を $z = (z^i)$ とする．実 $2n$ 次元空間としての座標系を $(z^i) = (x^i + \sqrt{-1}\,y^i)$ (すなわち，$\mathbb{C}^n = \mathbb{R}^n + \sqrt{-1}\,\mathbb{R}^n$ とみ

なす) とかくとき，1 次微分形式として，$dz^i := dx^i + \sqrt{-1}\,dy^i \in \Omega^1(U_{\mathbb{R}})^c := \Omega^1(U_{\mathbb{R}}) \underset{\mathbb{R}}{\otimes} \mathbb{C}$ がとれる ($\Omega^1(U_{\mathbb{R}})$ は U を実多様体 $U_{\mathbb{R}}$ とみなしたときの，その上の C^∞ 微分形式の空間)．しかし，$\Omega^1(U_{\mathbb{R}})^c$ は $\mathbb{C}$ 上 $2n$ 次元ゆえ，さらに基をなすには $d\bar{z}^i := dx^i - \sqrt{-1}\,dy^i$ を追加しなければいけない．$C^\infty(U_{\mathbb{R}})$ を $U_{\mathbb{R}}$ 上の $\mathbb{C}$ 値 C^∞ 関数のなす環とするとき，$\Omega^1(U_{\mathbb{R}})^c = \sum_{i=1}^{n}(C^\infty(U_{\mathbb{R}})\,dz^i + C^\infty(U_{\mathbb{R}})\,d\bar{z}^i)$ である．

$(dz^i, d\bar{z}^i)$ の双対基として，ベクトル場を

$$\partial_{z^i} := \frac{\partial}{\partial z^i} = \frac{1}{2}(\partial_{x^i} - \sqrt{-1}\,\partial_{y^i}), \quad \partial_{\bar{z}^i} := \frac{\partial}{\partial \bar{z}^i} = \frac{1}{2}(\partial_{x^i} + \sqrt{-1}\,\partial_{y^i}),$$

$$\left(\,\partial_{x^i} = \frac{\partial}{\partial x^i},\ \partial_{y^i} = \frac{\partial}{\partial y^i}\,\right)$$

と定義する (符号に注意！)．

$U_{\mathbb{R}}$ 上の $\mathbb{C}$ 値 C^∞ 関数 $f \in C^\infty(U_{\mathbb{R}})$ が U 上で正則である (すなわち，$f \in \mathcal{O}_M(U)$) ことは，偏微分方程式系

$$\partial_{\bar{z}^i} f = 0 \quad (1 \leq i \leq n)$$

をみたすことと同値である (**Cauchy–Riemann 系**という)．この系は過剰決定系として楕円型であることから，f を例えば超関数と仮定しても解は解析的になる．

$$\Omega^{1,0}(U) := \sum_{1\leq i\leq n} C^\infty(U_{\mathbb{R}})\,dz^i, \quad \Omega^{0,1}(U) := \sum_{1\leq i\leq n} C^\infty(U_{\mathbb{R}})\,d\bar{z}^i,$$

$$\mathfrak{X}^{1,0}(U) := \sum_{1\leq i\leq n} C^\infty(U_{\mathbb{R}})\,\partial_{z^i}, \quad \mathfrak{X}^{0,1}(U) := \sum_{1\leq i\leq n} C^\infty(U_{\mathbb{R}})\,\partial_{\bar{z}^i},$$

とかくが，$\mathcal{O}(U) = \mathcal{O}_M(U) \subset C^\infty(U_{\mathbb{R}})$ を U 上の正則関数がなす環とするとき，$\Omega^1(U) := \sum_{1\leq i\leq n} \mathcal{O}(U)\,dz^i\,(\subset \Omega^{1,0}(U))$ を**正則 (1 次) 形式**の空間，$\mathfrak{X}(U) := \sum_{1\leq i\leq n} \mathcal{O}(U)\,\partial_{z^i}\,(\subset \mathfrak{X}^{1,0}(U))$ を**正則ベクトル場**の空間という．

実多様体上の $\mathbb{C}$ 値 C^∞ 級の範囲での微分

$$d : C^\infty(U_{\mathbb{R}}) \to \Omega^1(U_{\mathbb{R}})^c = \Omega^{1,0}(U) \oplus \Omega^{0,1}(U)$$

は

$$d = \partial + \bar{\partial} \quad (\,\partial : C^\infty(U_{\mathbb{R}}) \to \Omega^{1,0}(U),\ \bar{\partial} : C^\infty(U_{\mathbb{R}}) \to \Omega^{0,1}(U_{\mathbb{R}})\,)$$

と分解され，Cauchy–Riemann 方程式系は単に $\bar{\partial} f = 0$ とかける．(定義によって $\bar{\partial} f = \sum_{1\leq i\leq n} \partial_{\bar{z}^i} f d\bar{z}^i$．)

以上の局所的な概念は複素多様体上に自然に拡張される.

n 次元複素多様体 M は下部構造として実 $2n$ 次元多様体 $M_{\mathbb{R}}$ とみなせ，接束 $T(M_{\mathbb{R}})$，余接束 $T^*(M_{\mathbb{R}})$ が定義されている (それぞれファイバーは実 $2n$ 次元ベクトル空間). このとき，ベクトル束の複素化 (ファイバーである実ベクトル空間の複素化) を $T(M_{\mathbb{R}})\underset{\mathbb{R}}{\otimes}\mathbb{C}$, $T^*(M_{\mathbb{R}})\underset{\mathbb{R}}{\otimes}\mathbb{C}$ とすると，上に行ったベクトル場と微分形式の分解に応じて

$$T(M_{\mathbb{R}})\underset{\mathbb{R}}{\otimes}\mathbb{C} = T^{1,0}(M) \oplus T^{0,1}(M),$$
$$T^*(M_{\mathbb{R}})\underset{\mathbb{R}}{\otimes}\mathbb{C} = T^{*\,1,0}(M) \oplus T^{*\,0,1}(M)$$

という複素ベクトル束の直和分解が得られる. すなわち，局所的に座標近傍 $U \subset M$ 上での C^∞ 切断の空間が，それぞれ

$$\Gamma(U, T^{1,0}(M)) = \mathfrak{X}^{1,0}(U), \quad \Gamma(U, T^{0,1}(M)) = \mathfrak{X}^{0,1}(U),$$
$$\Gamma(U, T^{*\,1,0}(M)) = \Omega^{1,0}(U), \quad \Gamma(U, T^{*\,0,1}(M)) = \Omega^{0,1}(U)$$

となるようなものである.

複素化 $T(M_{\mathbb{R}})\underset{\mathbb{R}}{\otimes}\mathbb{C}$ における係数の複素共役 $\alpha \mapsto \bar{\alpha}$ $(\alpha \in \mathbb{C})$ がひき起こすベクトル束の反自己同型を θ とかくと，実ベクトル束 $T(M_{\mathbb{R}})$ は θ の固定点で,

$$\theta T^{1,0}(M) = T^{0,1}(M), \quad \theta T^{*\,1,0}(M) = T^{*\,0,1}(M)$$

となる. θ は切断の空間にも拡張され，$\theta(\partial_z) = \partial_{\bar{z}}$, $\theta(dz) = d\bar{z}$ となることなどにも注意しておこう. 記号 θ は複素共役記号 $\bar{\ }$ で表す習慣に従って

$$\overline{T}^{1,0} = T^{0,1}, \quad \overline{\mathfrak{X}}^{1,0} = \mathfrak{X}^{0,1}, \quad \overline{\Omega}^{1,0} = \Omega^{0,1}$$

などとも記す.

さて，M は複素多様体であるから $\mathfrak{X}^{1,0}(M) = \Gamma(M, T^{1,0}(M))$ $(\subset \mathfrak{X}(M_{\mathbb{R}}))$ の元について，$[\sum_i f_i \partial_{z^i}, \sum_j g_j \partial_{z^j}] = \sum_{i,j} (\partial_{z^i} g_j - \partial_{z^j} f_i) \partial_{z^i}$ をみたす. すなわち，ベクトル場の部分空間 $\mathfrak{X}^{1,0}(M)$ は

$$[\,\mathfrak{X}^{1,0}(M),\, \mathfrak{X}^{1,0}(M)\,] \subset \mathfrak{X}^{1,0}(M) \tag{1}$$

をみたす. いい替えれば，“分布” $T^{1,0}(M) \subset T(M_{\mathbb{R}})\underset{\mathbb{R}}{\otimes}\mathbb{C}$ は可積分である.

実は，このことが実多様体 $M_{\mathbb{R}}$ を複素多様体と見なせる重要な条件であることが知られている.

概複素構造

それを紹介するために，まず実ベクトル空間の概複素構造を導入する．V を実ベクトル空間とするとき，$J^2 = -1_V$ をみたす線型写像を考える．このとき，J の最小多項式 (実係数) は x^2+1 であるから，J の固有値は $\pm\sqrt{-1}$ である．ところで，J は実行列として表示できるので，$V \underset{\mathbb{R}}{\otimes} \mathbb{C}$ における $\pm\sqrt{-1}$ 固有空間 $V_\pm$ は同次元 n で，直和分解 $V \underset{\mathbb{R}}{\otimes} \mathbb{C} = V_+ \oplus V_-$ ($V_\pm := \{v \in V \underset{\mathbb{R}}{\otimes} \mathbb{C} \mid Jv = \pm\sqrt{-1}v\}$) を得る (最小多項式が重根をもたぬから J は半単純)．$\dim_{\mathbb{R}} V = \dim_{\mathbb{C}} V \underset{\mathbb{R}}{\otimes} \mathbb{C} = 2\dim_{\mathbb{C}} V_\pm = 2n$，また θ を $V \underset{\mathbb{R}}{\otimes} \mathbb{C}$ の複素共役写像とすると，$\theta V_\pm = V_\mp$ となることにも注意しておこう．

また，$\theta V_\pm = V_\mp$ となる分解 $V \underset{\mathbb{R}}{\otimes} \mathbb{C} = V_+ \oplus V_-$ を与えることと，J を与えることは同値である．

このように，偶数次元実ベクトル空間 V において，J を施す操作を $\sqrt{-1}$ スカラー倍する操作とみなして，複素ベクトル空間 V_+ と考えることにより複素構造が入る．すなわち，$v \in V$ へのスカラー $\mathbb{C}$ 倍を $(a + b\sqrt{-1})\,v = av + bJv$ ($a, b \in \mathbb{R}$) と定義する．

多様体に戻ろう．実 $2n$ 次元多様体 $M_{\mathbb{R}}$ の接束 $T(M_{\mathbb{R}})$ にベクトル束としての準同型 J で $J^2 = -\mathrm{Id}$ をみたすものが与えられたとき，$M_{\mathbb{R}}$ は**概複素構造** (almost complex structure) J をもつといい，このとき $M_{\mathbb{R}}$ を**概複素**多様体という．(すなわち，各点 $p \in M_{\mathbb{R}}$ の接空間 T_p の線型準同型 $J_p \in \mathrm{End}_{\mathbb{R}} T_p$ で $J_p^2 = -1_{T_p}$ をみたし，J_p は p に C^∞ に依っているもの．)

概複素構造が与えられたとき，複素化 $T(M_{\mathbb{R}}) \underset{\mathbb{R}}{\otimes} \mathbb{C}$ は各点 $p \in M_{\mathbb{R}}$ で J_p の $\pm\sqrt{-1}$ 固有空間分解に応じた直和分解

$$T(M_{\mathbb{R}}) \underset{\mathbb{R}}{\otimes} \mathbb{C} = T^{1,0}(M_{\mathbb{R}}) \oplus T^{0,1}(M_{\mathbb{R}}) \tag{2}$$

をもつ ($T^{1,0}$(または $T^{0,1}$) がそれぞれ V_+(または V_-) に対応する)．

M がもともと複素多様体で，$M_{\mathbb{R}}$ を実多様体とみなしたものとするとき，$T^{1,0}(M_{\mathbb{R}})$ は上の方で $T^{1,0}$ とかいたものであることは明らかであろう．しかし，一般に概複素多様体に対して，積分可能条件 (1) の類似は成立しない．

概複素多様体 $(M_{\mathbb{R}}, J)$ の分解 (2) において，同様に $(1,0)$ 型ベクトル場の空間を $\mathfrak{X}^{1,0}(M_{\mathbb{R}}) := \Gamma(M_{\mathbb{R}}, T^{1,0}(M_{\mathbb{R}}))$ とかき，交換子に関して

$$[\mathfrak{X}^{1,0}(M_{\mathbb{R}}), \mathfrak{X}^{1,0}(M_{\mathbb{R}})] \subset \mathfrak{X}^{1,0}(M_{\mathbb{R}}) \tag{3}$$

が成り立つとき，概複素多様体は積分可能という．このとき，次の定理は有名である．

定理 9.1.1 (Newlander–Nirenberg) 積分可能な概複素多様体は複素多様体である．すなわち，$(M_{\mathbb{R}}, J)$ は複素多様体 M を実多様体と見なしたもので，J は $\sqrt{-1}$ を乗ずるスカラー倍である． □

コメント 条件 (3) は Nijenhuis テンソルとよばれる

$$N(X,Y) := [JX, JY] - [X,Y] - J[X,JY] - J[JX,Y] \quad (X, Y \in \mathfrak{X}(M_{\mathbb{R}}))$$

を定義すると，$N = 0$ と同値であることが示される．

9.2 等質複素多様体の例

Lie 群が複素多様体に正則変換群として推移的に働いているとき等質複素多様体といおう．

複素 Lie 群はもちろん定義から左右の作用でそのような例になっており，またその複素閉部分群による商多様体は等質複素多様体になる (複素部分多様体の定義は通常通りで，商の複素構造についてはいささかの議論を要するが詳細は省く)．要は，G を複素 Lie 群 H をその複素閉部分群するとき，その Lie 環について $\mathfrak{h} = \mathrm{Lie}\, H$ は $\mathfrak{g} = \mathrm{Lie}\, G$ の複素部分空間になり，複素商ベクトル空間 $\mathfrak{g}/\mathfrak{h}$ が商空間の原点 $\boldsymbol{o} = H \in G/H$ の接空間とみなせ，接束 $T(G/H) = G \times_H (\mathfrak{g}/\mathfrak{h})$ に G 不変な複素構造が入っているのである．

代表的な例をあげよう．5.3 節の例 2 で述べたものの複素版である．

例 1 (複素 Grassmann 多様体) $Gr(m,n) := GL(m+n, \mathbb{C})/P_{m,n}$，ただし

$$P_{m,n} := \left\{ \begin{pmatrix} A & \star \\ 0 & B \end{pmatrix} \in GL(m+n, \mathbb{C}) \,\middle|\, A \in GL(m, \mathbb{C}),\ B \in GL(n, \mathbb{C}) \right\}$$

を考える．$M_m(m+n) := \{ V \subset \mathbb{C}^{m+n} \mid \dim V = m \}$ (m 次元線型部分空間全体) とおくと，$GL(m+n, \mathbb{C})$ は $M_m(m+n)$ に (左から) 推移的に働き，部分空間 $V_0 := \{{}^t(\overbrace{*, \ldots, *}^{m}, 0, \ldots, 0)\} \in M_m(m+n)$ の固定化部分群が $P_{m,n}$ となる．すなわち，同型 $GL(m+n, \mathbb{C})/P_{m,n} \xrightarrow{\sim} M_m(m+n)$ $(g\, P_{m,n} \mapsto g\, V_0)$ を得る．

実は，同型 $Gr(m,n) \simeq Gr(n,m)$ が成り立つ (転置による双対性，canonical

ではない).

とくに，$Gr(1,n)$ は $\mathbb{C}^{n+1}$ の複素直線の集合 $M_1(n+1)$ に等しく，複素 n 次元射影空間 $\mathbb{P}^n(\mathbb{C})$ である.

ユニタリ群 $U(m+n) := \{ g \in GL(m+n,\mathbb{C}) \mid {}^t\bar{g}g = 1_{m+n} \}$ に対して，$P_{m+n} \cap U(m+n) = \left\{ \left(\begin{smallmatrix} g_1 & 0 \\ 0 & g_2 \end{smallmatrix} \right) \middle| g_1 \in U(m),\ g_2 \in U(n) \right\} \simeq U(m) \times U(n)$ だから，$Gr(m,n) = U(m+n)/U(m) \times U(n) = SU(n+m)/S(U(m) \times U(n))$ $(S(U(m) \times U(n)) := SU(m+n) \cap (U(m) \times U(n)))$ とかける (ここで，ユニタリ群は複素 Lie 群ではないこと注意).

この表示により $SU(m+n)$ は単連結コンパクト群ゆえ，Grassmann 多様体は単連結コンパクトである.

さらに，$I_{m,n} := \left(\begin{smallmatrix} -1_m & 0 \\ 0 & 1_n \end{smallmatrix} \right)$ による対称変換 $g \mapsto I_{m,n} g I_{m,n}$ $(g \in SU(m+n))$ によって，既約対称空間になっている.

例 2 (旗多様体 (flag manifold)**)** Grassmann 多様体を一般化したものである. $0 < n_1 < n_2 < \cdots < n_r < n$ に対して，$F^n_{n_1,n_2,\ldots,n_r} := \{ (V_1 \subset V_2 \subset \cdots \subset V_r) \mid \dim V_i = n_i,\ V_i は \mathbb{C}^n の線型部分空間 \}$ を型 $(n_1, n_2, \ldots, n_r) = (n_i)$ の旗のなす集合とする. 例 2 を一般化した部分群 $P_{n_1,n_2,\ldots,n_r} = P_{(n_i)}$ $((n_1, n_2 - n_1, \ldots, n - n_r) = (n_i)$ に対応してブロック分けをする) を定義して，同型 $GL(n,\mathbb{C})/P_{(n_i)} \xrightarrow{\sim} F^n_{n_1,n_2,\ldots,n_r} =: F^n_{(n_i)}$ を得る $(Gr(m,n) = F^{m+n}_m)$. また，コンパクト群の商としての表示も

$$F^n_{(n_i)} = U(n)/(P_{(n_i)} \cap U(n)) = SU(n)/(P_{(n_i)} \cap SU(n)),$$
$$(\,P_{(n_i)} \cap U(n) \simeq U(n_1) \times U(n_2 - n_1) \times \cdots \times U(n - n_r)\,)$$

など同様に得られ，やはり単連結コンパクト複素多様体であることが分かる (対称空間とは限らない). 部分群 $P_{(n_i)}$ は**放物型部分群** (parabolic subsgroup) とよばれる.

とくに，$n_i = i$ $(1 \le i < n)$ のとき，$P_{(i)_{1 \le i < n}}$ は上 3 角行列のなす $GL(n,\mathbb{C})$ の極大連結可解部分群で，**Borel 部分群**とよばれ B と記すことが多い. さらに，$T := B \cap U(n) \simeq U(1)^n$ は対角成分の絶対値が 1 の対角行列がなす部分群で $U(n)$ の極大トーラス部分群である.

この場合旗多様体は $U(n)/T$ とも表示され，**full** flag manifold とよばれる.

旗多様体は一般の体上でも定義される代数多様体で表現論など各方面で重要な役割を果たす. 部分群 $P_{(n_i)}$ は**放物型部分群** (parabolic subsgroup) とよばれる.

Borel 部分群と放物型部分群 (一般論)

この機会に関連する代数群からの一般論を少し紹介しておこう．代数的閉体上の線型代数群 G の (Zariski) 閉部分群 H に対し，商 G/H は G が (代数的) 正則に働く代数多様体の構造を一意的にもつ．これは代数群の基本定理の一つであって，もちろん，証明には Chevalley の軌道定理や Zariski の主定理などを必要とする ([Bo2], [Sp2], [堀], [太西], …など代数群の教科書参照).

G の連結可解部分群は極大なものをもち (必然的に閉)，それを **Borel 部分群**という．Borel 部分群は互いに共役で，Borel 部分群による商空間は射影多様体 (適当な次元の射影空間の閉部分多様体に同型) である，というのが Borel の基本定理である．

さて，代数幾何で射影多様体を拡張した概念に**完備** (complete) というものがある．Hausdorff 位相空間でのコンパクトという性質に類似するもので，開被覆ではなく "普遍的閉"，すなわち，「代数多様体 X が**完備** $\Leftrightarrow$ 任意の代数多様体 Y に対して射影 $X \times Y \to Y$ が閉写像」と定義される．実際，射影空間は完備であり，完備な多様体の閉部分多様体はまた完備である，したがって，射影多様体は完備であることが証明される (逆は成立しない)．また，複素数体上の代数多様体については，($\mathbb{C}$ から来る古典位相で) コンパクトであることと完備であることが同値であることも示される．

さて，Borel 部分群を含む閉部分群を**放物型** (parabolic) というが，P を G のある Borel 部分群 B を含む放物型部分群とすると，$G/B \twoheadrightarrow G/P$ は完備空間からの全射であるから，G/P も完備である (射影的であることも示される)．逆に，G のある部分群 P による商空間 G/P が完備であれば，P は放物型であることも証明される．

上の例 2 はそのような例を与えており，$GL(n,\mathbb{C})$ の Borel 部分群は上 3 角行列のなす部分群 $P_{(i)_{1\leq i<n}}$ に共役であり，放物型部分群は $P_{(n_i)}$ の形の部分群に共役である．

少し脇道に入るが，この話は 8.6 節の岩澤分解とも関係するので続けよう．複素数体 $\mathbb{C}$ とそれを含む実数体 $\mathbb{R}$ が関係する場合の注意である．G を $\mathbb{R}$ 上定義された代数群とする．すなわち，$G = G(\mathbb{C}) \subset GL(n,\mathbb{C})$ として，G は $x_{ij}, \det(x_{ij})^{-1}$ の実係数多項式の零点集合として定義され，$G(\mathbb{R}) = G(\mathbb{C}) \cap GL(n,\mathbb{R})$ が実 Lie 群となっている場合である．このとき $G(\mathbb{R})$ の Lie 環を $\mathfrak{g}_{\mathbb{R}}$ とすると $\mathrm{Lie}\, G(\mathbb{C}) =$

$\mathfrak{g}_{\mathbb{R}} \underset{\mathbb{R}}{\otimes} \mathbb{C}$ となる.

複素代数群 $G(\mathbb{C})$ の Borel 部分群で $\mathbb{R}$ 上定義されたものは必ずしも存在しない. G の $\mathbb{R}$ 上定義された極大トーラス部分群 A で, $\mathbb{R}$ 上分裂する ($A(\mathbb{R}) \simeq (\mathbb{R}^{\times})^r$ ($r = \dim A$)) ものが存在するとき, $\mathbb{R}$ 上**分裂型** (split) という (8.6 節, 例 2 の定義と同値である. Chevalley 型ともいう). $GL(n,\mathbb{R})$, $SL(n,\mathbb{R})$, $Sp(n,\mathbb{R})$ などがその例である. 分裂型であれば, $\mathbb{R}$ 上定義された Borel 部分群は存在する.

Borel 部分群は $\mathbb{C}$ 上では極小放物型であるが, G が $\mathbb{R}$ 上定義されているとき, $\mathbb{R}$ 上定義された Borel 部分群は存在しなくても, $\mathbb{R}$ 上定義された極小放物型部分群は存在する. すなわち, $G(\mathbb{C})$ の ($\mathbb{R}$ 上定義されていないかもしれない) Borel 部分群を含むもので $\mathbb{R}$ 上定義されている極小な放物型部分群である.

岩澤分解との関係は次のとおりである. G を $\mathbb{R}$ 上定義された連結半単純代数群とし, 実 Lie 群 $G(\mathbb{R})$ を考える. これは Lie 群としては連結とは限らないので, 連結条件をつけたいときは $G(\mathbb{R})^0$ (Lie 群位相での単位成分) を考える. G の $\mathbb{R}$ 上定義された**極小**放物型部分群を P とし, その冪単根基を $\widetilde{N} := R_u P$ とするとこれは $\mathbb{R}$ 上定義されていて, さらに P の $\mathbb{R}$ 上定義された簡約部分群 L が存在して, $P = L\widetilde{N}$ とかける (Langlands 分解).

L の中心に含まれるトーラス部分群で $\mathbb{R}$ 上分裂する極大なものを $\widetilde{A}$ とする. 実 Lie 群 $G(\mathbb{R})$ の極大コンパクト部分群を K とするとき, $N := \widetilde{N}(\mathbb{R})$, $A := \widetilde{A}(\mathbb{R})^0$ ($\simeq (\mathbb{R}_{>0})^r$) (Lie 群としての単位成分をとる) とおいて, 実多様体として

$$G(\mathbb{R}) = KAN \simeq K \times A \times N$$

と一意的に表示される, というのが岩澤分解であった.

例 3 (Grassmann の双対対称空間) 例 1 の複素 Grassmann 多様体に対応する直交対称 Lie 環を記述する. 実 Lie 環として

$$\mathfrak{g} = \mathfrak{su}(m+n) = \{\, X \in \mathfrak{gl}(m+n,\mathbb{C}) \mid {}^t X + \overline{X} = 0,\ \mathrm{Trace}\, X = 0 \,\}$$

で対称変換は $I_{m,n} = \begin{pmatrix} -1_m & 0 \\ 0 & 1_n \end{pmatrix}$ による内部自己同型であったから,

$$\mathfrak{k} = \left\{ \begin{pmatrix} X_1 & 0 \\ 0 & X_2 \end{pmatrix} \middle| \, {}^t X_i + \overline{X}_i = 0 \ (i = 1, 2),\ \mathrm{Trace}\, X_1 + \mathrm{Trace}\, X_2 = 0 \right\},$$

$$\mathfrak{p} = \left\{ \begin{pmatrix} 0 & Y \\ -{}^t\overline{Y} & 0 \end{pmatrix} \middle| \, Y \in M_{m,n}(\mathbb{C}) \right\}.$$

である．したがって，$(\mathfrak{g}, \mathfrak{k})$ の双対は

$$\begin{aligned}\mathfrak{g}^\vee &= \mathfrak{k} \oplus \sqrt{-1}\mathfrak{p} \\ &= \{\, X \in \mathfrak{gl}(m+n, \mathbb{C}) \mid {}^t I_{m,n} X + I_{m,n} \overline{X} = 0, \ \mathrm{Trace}\, X = 0 \,\} =: \mathfrak{su}(m, n)\end{aligned}$$

である．対応する対称対は，したがって

$$G = SU(m,n) := \{\, g \in GL(m+n, \mathbb{C}) \mid {}^t g\, I_{m,n}\, \bar{g} = I_{m,n}, \ \det g = 1 \,\}$$
$$K = S(U(m) \times U(n)) = SU(m+n) \cap (U(m) \times U(n))$$

とかける．

非コンパクト型対称空間 $M = G/K$ は，そのままでは複素多様体とは見なせない．ところが，双対のコンパクト型対称空間 $M^\vee := SU(m+n)/S(U(m) \times U(n)) = Gr(m,n) = SL(m+n, \mathbb{C})/(SL(m+n, \mathbb{C}) \cap P_{m,n})$ は複素等質空間の構造をもっていた．(Riemann 空間の等長変換としてコンパクト群は働くが，正則変換として働く大きい群 $SL(m+n)$ などは，等長変換群ではないことに注意．)

ところで，非コンパクト型の等長変換群 (の被覆) $G = SU(m,n)$ も $SL(m+n, \mathbb{C})$ の部分群であるから，コンパクト型 $M^\vee$ への正則変換としては働いている．そこで，原点を $\boldsymbol{o} = SL(m+n, \mathbb{C}) \cap P_{m,n} \in M^\vee$ にとり，$\boldsymbol{o}$ の $G = SU(m,n)$ 軌道を考えると，

$$G.\boldsymbol{o} = G/(G \times P_{m,n}) = G/K \subset M^\vee$$

となり，次元を比較すると

$$\dim_{\mathbb{R}} M = \dim_{\mathbb{R}} G/K = \dim_{\mathbb{R}} \sqrt{-1}\mathfrak{p} = \dim_{\mathbb{R}} \mathfrak{p} = \dim_{\mathbb{R}} M^\vee (= 2mn).$$

すなわち，この場合，非コンパクト型対称空間 $M = G/K$ は mn 次元複素多様体 $M^\vee = Gr(m,n)$ の開集合となり，複素多様体の構造をもつことが分かった．

有界領域への 1 次分数変換としての作用

非コンパクト型 $M = G/K$ のコンパクト型双対 $M^\vee$ への開埋め込み $M \subset M^\vee$ をもっと具体化しよう．

$GL(m+n, \mathbb{C})$ の部分群 N_- を

$$N_- := \left\{ u(Z) := \begin{pmatrix} 1_m & 0 \\ Z & 1_n \end{pmatrix} \,\middle|\, Z \in M_{n,m}(\mathbb{C}) \right\}$$

と定義して $Gr(m,n) = GL(m+n, \mathbb{C})/P_{m,n}$ に働かせ，原点 $\boldsymbol{o} = P_{m,n}$ の軌道を考えると

$$N_-.\boldsymbol{o} = N_-/(N_- \cap P_{m,n}) = N_- \simeq M_{n,m}(\mathbb{C}) \simeq \mathbb{C}^{mn}$$

となる.

$$g = \begin{pmatrix} a & b \\ c & d \end{pmatrix} \in SU(m,n) \quad (\, a \in M_m(\mathbb{C}),\, d \in M_n(\mathbb{C}),\, {}^t c \in M_{m,n}(\mathbb{C})\,)$$

を $u(Z) \in N_-$ に働かせると,

$$g.u(Z) = \begin{pmatrix} a + b\,Z & b \\ c + d\,Z & d \end{pmatrix}.$$

ここでもし $a + bZ \in M_m(\mathbb{C})$ が可逆ならば,

$$g.u(Z) = \begin{pmatrix} 1 & 0 \\ (c + d\,Z)(a + b\,Z)^{-1} & 1 \end{pmatrix} \begin{pmatrix} a + b\,Z & b \\ 0 & d \end{pmatrix}$$

と分解し, $N_-.\boldsymbol{o} = N_-$ での表示は

$$g.u(Z) = u((c + d\,Z)(a + b\,Z)^{-1})$$

とかける.

ここで, $N_- \simeq M_{n,m}(\mathbb{C})$ の有界領域を次のように定義する.

$$D := \{\, Z \in M_{n,m}(\mathbb{C}) \mid 1_m - {}^t\overline{Z}Z > 0 \text{ (正定値)} \,\}.$$

このとき次が成り立つ.

主張 $Z \in D$ ならば $g \in SU(m,n)$ に対して $a + b\,Z \in GL(m,\mathbb{C})$ で $(c + d\,Z)(a + b\,Z)^{-1} \in D$. さらに, g の D への 1 次分数変換作用を

$$g.Z = (c + d\,Z)(a + b\,Z)^{-1} \qquad (\bigstar)$$

と定義すると, $SU(m,n)$ は D にこの作用で推移的に働く.

証明 $g \in SU(m,n)$ の条件をかくと, ${}^t\bar{a}a - {}^t\bar{c}c = 1_m$, ${}^t\bar{d}d - {}^t\bar{b}b = 1_n$ ${}^t\bar{a}b - {}^t\bar{c}d = 0$ である. このことから, $Z \in M_{m,n}(\mathbb{C})$ に対して,

$${}^t\overline{(a + b\,Z)}(a + b\,Z) - {}^t\overline{(c + d\,Z)}(c + d\,Z) = 1_m - {}^t\overline{Z}Z$$

が成り立つ. 実際, 展開して a, b, c, d の条件を直接代入すると分かる.

これより, $Z \in D$ ならば $1_m - {}^t\overline{Z}Z$ が正定値, ${}^t\overline{(c + d\,Z)}(c + d\,Z)$ が非負であるから, ${}^t\overline{(a + b\,Z)}(a + b\,Z)$ が正定値でなければならず, したがって $a + b\,Z$ は可逆である.

次に, $Y := (c + d\,Z)(a + b\,Z)^{-1}$ とおくと, 直接計算で

$$ {}^t\overline{(a+bZ)}(1_m - {}^t\overline{Y}Y)(a+bZ)^{-1} = 1_m - {}^t\overline{Z}Z > 0 $$

となる．ゆえに，$1_m - {}^t\overline{Y}Y > 0$ となり，$SU(m,n)$ は 1 次分数変換で D への正則変換を与える． □

以上まとめると，$M = SU(m,n)/K$ はコンパクト複素対称空間 $M^\vee = Gr(m,n) = GL(m+n,\mathbb{C})/P_{m,n} = SU(m+n)/K$ の開集合として実現され (Borel 埋め込みという)，$G = SU(m,n)$ の作用は $G \subset GL(m+n,\mathbb{C})$ としての $M^\vee$ への作用に同変である．

さらに，$M^\vee$ の原点 $\boldsymbol{o}$ の N_- 軌道は $M_{n,m} \simeq \mathbb{C}^{mn}$ に同型で，$\boldsymbol{o}$ の $G = SU(m,n)$ 軌道はその有界領域 $D := \{\, Z \in M_{n,m}(\mathbb{C}) \mid 1_m - {}^t\overline{Z}Z > 0 \}$ をなし (Harish–Chandra 埋め込みという)，G の作用は 1 次分数変換 (★) で表される．

注意 1 $m = 1$ ならば，$D = \{\, z \in \mathbb{C}^n \mid \|z\|^2 < 1 \}$ (n 次元複素球体) で，$SU(1,n)$ は 1 次分数変換群である．

注意 2 1 次分数変換作用を $(aZ+b)(cZ+d)^{-1}$ とかく流儀の方が多いかとおもうが，これは最初に放物型部分群を「上半」ではなく「下半」$P_- := {}^tP_{m,n}$(転置) にとり，まったく同じ議論を行うと，$N_+ := {}^tN_- \simeq M_{m,n}(\mathbb{C})$ への 1 次分数変換 $(aZ+b)(cZ+d)^{-1}$ が出現して同様の結果が得られる．

これはコンパクト対称空間 $M^\vee$ の複素構造のとり方に対応している (「正則」対「反正則」)．

9.3 複素対称空間の構造

前節の論法を一般の半単純型対称空間に適用しよう．半単純型対称空間 $M = G/K$ が G の作用が正則変換群を与えるような複素構造をもつとする．対称対 (G,K) は概効果的 (必要があれば，さらに効果的，このとき G は随伴群) と仮定してもよい．直交対称 Lie 環 $(\mathfrak{g},\mathfrak{k})$ はしたがって効果的である．

原点 $\boldsymbol{o} = K \in G/K$ における接空間 $T_{\boldsymbol{o}}(M) = \mathfrak{p}$ は，複素構造が与える分解 $T_{\boldsymbol{o}}(M) \underset{\mathbb{R}}{\otimes} \mathbb{C} = T_{\boldsymbol{o}}^{1,0} \oplus T_{\boldsymbol{o}}^{0,1}$ に対応して，複素ベクトル空間としての分解

$$ \mathfrak{p}^c := \mathfrak{p} \underset{\mathbb{R}}{\otimes} \mathbb{C} = \mathfrak{p}_+ \oplus \mathfrak{p}_-, \quad \overline{\mathfrak{p}_+} = \mathfrak{p}_- $$

をもつ ($\overline{\mathfrak{p}_+}$ は複素共役で，$x \in \mathfrak{p}^c$ に関して $x \in \mathfrak{p} \Leftrightarrow \bar{x} = x$)．ここでさらに，$\mathfrak{p}^c = \mathfrak{p}_+ \oplus \mathfrak{p}_-$ は K 加群 (K の随伴表現空間) としての直和分解でなければならない．

さて，C^∞ ベクトル束として $T(M)\underset{\mathbb{R}}{\otimes}\mathbb{C} = G\times_K \mathfrak{p}^c$ の分解 $T(M)\underset{\mathbb{R}}{\otimes}\mathbb{C} = T^{1,0}\oplus T^{0,1}$ に対応するのが $T^{1,0} = G\times_K \mathfrak{p}_+$, $T^{0,1} = G\times_K \mathfrak{p}_-$ である．したがって，概複素構造の積分条件に対応するのが

$$[\mathfrak{p}_+,\mathfrak{p}_+]\subset\mathfrak{p}_+ \quad (\Leftrightarrow [\mathfrak{p}_-,\mathfrak{p}_-]\subset\mathfrak{p}_-)$$

である．ところが対称対であるから，$[\mathfrak{p}_\pm,\mathfrak{p}_\pm]\subset\mathfrak{k}^c := \mathfrak{k}\underset{\mathbb{R}}{\otimes}\mathbb{C}$. したがって，$\mathfrak{k}^c\cap\mathfrak{p}^c = 0$ ゆえ，$[\mathfrak{p}_\pm,\mathfrak{p}_\pm] = 0$ でなければならない．すなわち，$\mathfrak{p}_\pm$ は K 加群 $([\mathfrak{k},\mathfrak{p}_\pm]\subset\mathfrak{p}_\pm)$ であって，かつ $\mathfrak{g}^c := \mathfrak{g}\underset{\mathbb{R}}{\otimes}\mathbb{C}$ の**可換**な部分 Lie 環である．

以上の設定で，複素半単純 Lie 環 $\mathfrak{g}^c$ の部分空間を

$$\mathfrak{q}_\pm := \mathfrak{k}^c\oplus\mathfrak{p}_\pm$$

とおくと，$\mathfrak{q}_\pm$ は部分環で，$\mathfrak{p}_\pm$ はその可換なイデアルである．これから，$\mathfrak{q}_\pm$ はいわゆる「放物型」とよばれる部分環になることが分かるのだが，そのために代数群の知識を借りる．

そこで，G は $\mathbb{R}$ 上定義された連結複素代数群 $G^c = G(\mathbb{C})$ の実形 $G(\mathbb{R})$ の単位成分と仮定しよう (例えば随伴群 $G = \mathrm{Ad}\,\mathfrak{g}$)．Lie 環について，$\overline{\mathfrak{p}_\pm} = \mathfrak{p}_\mp$ より，$\overline{\mathfrak{q}_\pm} = \mathfrak{q}_\mp$ で $\mathfrak{k}^c = \mathfrak{q}_+\cap\mathfrak{q}_-$ ゆえ，複素共役と対称変換を考えることにより，$\mathfrak{g}\cap\mathfrak{q}_\pm = \mathfrak{k}$ を得る．

$Q_\pm$, K^c, $N_\pm$ をそれぞれ複素部分 Lie 環 $\mathfrak{q}_\pm$, $\mathfrak{k}^c$, $\mathfrak{p}_\pm$ に対応する G^c の (連結複素) 部分群とする (記号の不一致許せ！ 伝統との齟齬)．このとき，これらはいずれも代数的 (閉) 部分群で，一意分解 $Q_\pm = K^cN_\pm$ をもち $N_\pm = R_uQ_\pm$ (冪単根基) である．

実際，K はコンパクト群であったから複素化 K^c は簡約部分群で $\mathfrak{g}\cap\mathfrak{q}_\pm = \mathfrak{k}$ より，群については $G\cap Q_\pm = G\cap K^c =: \widetilde{K}\supset K$ を得る．実は，我々の仮定の下では $\widetilde{K} = K$ でしかも連結であることが証明される (後述)．

次に，$[\mathfrak{k}^c,\mathfrak{p}_\pm]\subset\mathfrak{p}_\pm$, $[\mathfrak{p}_\pm,\mathfrak{p}_\mp]\subset\mathfrak{k}^c$ より $\mathrm{ad}\,X$ $(X\in\mathfrak{p}_\pm)$ は $\mathfrak{g}^c$ 上で固有値は 0，すなわち冪零かつ可換であり，群 $(\exp:\mathfrak{p}_\pm \xrightarrow{\sim})$ $N_\pm = \exp\mathfrak{p}_\pm$ は代数群としては冪単かつ加法群である．

コンパクト型の場合

G がコンパクト群とすると，G は複素化 G^c の極大コンパクト部分群としてよく，G^c の「コンパクト実形」とよばれるものである．このとき，複素多様体

G^c/Q_- の原点 $\boldsymbol{o} = Q_-$ の G 軌道をみると

$$G^c/Q_- \supset G.\boldsymbol{o} \simeq G/G \cap Q_- = G/\widetilde{K}.$$

両者の次元を比較すると，$\dim_{\mathbb{R}} \mathfrak{p} = \dim_{\mathbb{R}} G/K \dim_{\mathbb{R}} G/\widetilde{K} \le \dim_{\mathbb{R}} G/Q_- = 2\dim_{\mathbb{C}} \mathfrak{p}_+$．したがって，これらの次元はすべて等しく，$G/\widetilde{K} = G/\boldsymbol{o}$ は G^c/Q_- の開集合である．一方，G はコンパクトと仮定しているから閉集合でもあり，連結性より結局両者は一致して，$G/\widetilde{K} = G^c/Q_-$ はコンパクト複素 (代数) 多様体である．

ここで Borel の定理より，G^c/Q_- がコンパクト ($\mathbb{C}$ の古典位相での言葉．Zariski 位相では完備といった) ならば，Q_- は Borel 部分群を含む，すなわち (定義により) **放物型**であることが導かれる．

さらにこのとき，G^c/Q_- は単連結な (有理的) 射影多様体であることが分かっている．(単連結性は，放物型は連結で G^c の中心を含むから，商 G^c/Q_- は $\mathrm{Lie}\, G^c = \mathfrak{g}^c$ となる群のとり方によらず同型で，G^c を単連結にとれば，Q_- が連結ゆえ分かる．有理射影的は Plücker 埋め込みと big cell の存在 (Borel–Chevalley の定理).)

我々のコンパクト複素多様体 $M = G/K$ は $K \subset \widetilde{K}$ より，有限被覆 $G/K \to G/\widetilde{K} = G/Q_-$ をなすが，G/Q_- が単連結ゆえ，結局 $K = \widetilde{K}$，すなわち，$M = G/K$ 自身単連結である．

重大な結果　コンパクト型複素対称空間 G/K は単連結で，したがって K は連結である．

注意 1　非コンパクト型対称空間は Cartan 分解により exp でユークリッド空間に位相同型であったから，いつでも単連結である．

注意 2　同じ直交対称 Lie 環をもつものでも，一方は複素構造が入り，他は否であることがある．例えば，$S^2 = \mathbb{P}^1(\mathbb{C})$ (Riemann 球面＝複素直線) と $S^2/\{\pm 1\} = \mathbb{P}^2(\mathbb{R})$ (実射影平面，$\mathbb{P}^1(\mathbb{C})$ を反正則包合 $z \mapsto -\bar{z}^{-1}$ で割った空間).

分類 (コンパクト型)

以上の考察により，コンパクト型複素対称空間は複素半単純代数群 G^c の特殊な放物型部分群 Q，すなわち冪単根基 $N = R_u Q$ が可換群になるようなものの分類に帰着することが分かった．さらに，単連結ゆえそれは既約なものの直積になり，対応する部分 Lie 環 $\mathfrak{q} = \mathrm{Lie}\, Q$ の分類に帰着する．これは，複素単純 Lie 環ルート系の性質から容易に導かれるので，以下それを説明する．

与えられたデータは次のとおりである．複素単純 Lie 環 $\mathfrak{g}^c$ に関して，

$$\mathfrak{g}^c = \mathfrak{k}^c \oplus \mathfrak{p}_+ \oplus \mathfrak{p}_-, \quad \mathfrak{q}_\pm = \mathfrak{k}^c \oplus \mathfrak{p}_\pm \text{ は放物型で } \mathfrak{p}_\pm \text{ は可換.}$$

さて，$\mathfrak{q}_-$ は放物型ゆえ，$\mathfrak{g}^c$ のある Borel 部分環 (G^c の Borel 部分群の Lie 環) $\mathfrak{b}_-$ を含む．ここでさらに，$\mathfrak{b}_- = \mathfrak{b}_k \oplus \mathfrak{p}_-$ ($\mathfrak{b}_k = \mathfrak{b}_- \cap \mathfrak{k}^c$ は $\mathfrak{k}^c$ の Borel 部分環) となるようにとれることに注意しよう．実際，$\mathfrak{q}_-$ の冪零根基 $\mathfrak{p}_-$ は $\mathfrak{q}_-$ の任意の Borel 部分環に含まれるから $\mathfrak{b}_-/\mathfrak{p}_- \subset \mathfrak{q}_-/\mathfrak{p}_- \xrightarrow{\sim} \mathfrak{k}^c$，よって $\mathfrak{b}_k \subset \mathfrak{k}^c$ を $\mathfrak{b}_-/\mathfrak{p}_-$ の像にえらんでおけばよい．

かくして $\mathfrak{b}_-$ の Cartan 部分環は $\mathfrak{k}^c$ の Cartan 部分環 $\mathfrak{h}^c$ ととれる (実形 $\mathfrak{k}$ の Cartan 部分環 $\mathfrak{h}$ の複素化としてよい，このことを対 $(\mathfrak{g}, \mathfrak{k})$ が同階数 (same rank) であるという)．$(\mathfrak{g}^c, \mathfrak{h}^c)$ に関するルート系を Δ とすると，正系と $\mathfrak{h}^c$ を含む Borel 部分環が 1：1 に対応する．すなわち，正系 Δ_+ に対して，$\mathfrak{b}_: = \mathfrak{h}^c \oplus \sum_{\alpha \in \Delta_+} \mathfrak{g}_\alpha$ ($\mathfrak{g}_\alpha := \{\, H \in \mathfrak{g}^c \mid [H, X] = \alpha(H)X \ (H \in \mathfrak{h}^c)\}$ は α の固有空間) を対応させる．我々の設定では，上の $\mathfrak{b}_-$ に対して，負系 $\Delta_- = -\Delta_+$ が対応するように正系をえらんでおく．すなわち，

$$\mathfrak{b}_- = \mathfrak{h}^c \oplus \sum_{\alpha \in \Delta_-} \mathfrak{g}_\alpha.$$

このとき，$\Delta_k := \{\, \alpha \in \Delta \mid \mathfrak{g}_\alpha \subset \mathfrak{k}^c \,\}$ は $(\mathfrak{k}^c, \mathfrak{h}^c)$ に関するルート系で

$$\mathfrak{k}^c = \mathfrak{h}^c \oplus \sum_{\alpha \in \Delta_k} \mathfrak{g}_\alpha, \quad \mathfrak{p}_\pm = \sum_{\alpha \in \Delta_\pm \setminus \Delta_k} \mathfrak{g}_\alpha,$$

$$\mathfrak{b}_k = \mathfrak{h}^c \oplus \sum_{\alpha \in \Delta_k \cap \Delta_-} \mathfrak{g}_\alpha$$

を得る．

次に，Π を正系 Δ_+ の基とする，すなわち，Π は Δ_+ の単純ルートの集合で，$\Delta_+ = \Delta \cap \mathbb{Z}_{\geq 0}\Pi$ となる．$\mu \in \Delta_+$ をこの正系に関する**最高ルート** (highest root) とする，すなわち，$\mu + \alpha \notin \Delta \ (\forall \alpha \in \Pi)$.

$$\mu = \sum_{1 \leq i \leq l} m_i \alpha_i \quad (\Pi = \{\alpha_1, \alpha_2, \ldots, \alpha_l\})$$

となる係数 m_i を仮に α_i の**重み**ということにして，単純ルート α_i にその重みを付けた Dynkin 図形は次のようになる ([辞典]).

最高ルートの重み付き Dynkin 図形

(A_l) 1 — 1 — 1 - - - 1 — 1 — 1 (頂点の数 $l \geqq 1$，上付き数字はすべて 1)

(B_l) 1 — 2 — 2 - - - 2 — 2 ⇒ 2 (頂点の数 $l \geqq 2$)

(C_l) 2 — 2 — 2 - - - 2 — 2 ⇐ 1 (頂点の数 $l \geqq 3$)

(D_l) 1 — 2 — 2 - - - 2 — 2 <(1, 1) (頂点の数 $l \geqq 4$)

(E_6) 1 — 2 — 3 — 2 — 1，3 の下に 2

(E_7) 2 — 3 — 4 — 3 — 2 — 1，4 の下に 2

(E_8) 2 — 4 — 6 — 5 — 4 — 3 — 2，6 の下に 3

(F_4) 2 — 3 ⇒ 4 — 2

(G_2) 2 ⇛ 3

さて，$\Pi_k := \Delta_k \cap \Pi$ は $\Delta_k \cap \Delta_+$ の単純ルートの集合ゆえ，Δ_k の基をなし，

$$\Delta \setminus \Delta_k = \{ \sum_{1 \leq i \leq l} n_i \alpha_i \mid n_i \neq 0 \text{ となる } \alpha_i \notin \Pi_k \text{ あり} \}$$

となる．(ちなみに，これが $\mathfrak{q}_\pm = \mathfrak{k}^c \oplus \mathfrak{p}_\pm$ が放物型であるための条件である．)

次に，$\mathfrak{p}_\pm$ の可換性から，$\#(\Pi \setminus \Pi_k) = 1$ が導かれる．なぜなら，もし $\alpha_i, \alpha_j \notin \Pi_k$ $(i \neq j)$ とし，最高ルート $\mu = \cdots + m_i \alpha_i + \cdots + m_j \alpha_j + \cdots$ $(m_i, m_j > 0)$ を考える．このとき μ から単純ルートを適当に引いていくと，どこかで，$\mu' = \cdots + m_i \alpha_i + \cdots + m_j \alpha_j + \cdots$，$\mu'' = \mu' - \alpha_j = \cdots + m_i \alpha_i + \cdots + (m_j - 1)\alpha_j + \cdots \in \Delta_+$ となるものが存在する．すると，$\mathfrak{g}_{\mu'}, \mathfrak{g}_{\mu''} \subset \mathfrak{p}_+$ で

$[\mathfrak{g}_{\alpha_j}, \mathfrak{g}_{\mu''}] = \mathfrak{g}_{\mu'} \neq 0$ となり，可換性に反する．

よって，$\mathfrak{q}_\pm$ は極大放物型で，唯一つの $\alpha_{i_0} \in \Pi$ に対して，$\Pi_k = \Pi \setminus \{\alpha_{i_0}\}$ と表される．すなわち，

$$\mathfrak{p}_\pm = \sum_{\alpha \in \Delta_\pm \setminus \Delta_k} \mathfrak{g}_\alpha, \quad (\Delta_\pm \setminus \Delta_k = \{ \sum_{1 \leq i \leq l} n_i \alpha_i \in \Delta_\pm \mid n_{i_0} \neq 0 \}).$$

最後に次の重要な結論が得られる．抜かれる単純ルート $\alpha_{i_0} \notin \Pi_k$ の重みについては，$m_{i_0} = 1$ であり，逆にこのとき，$\mathfrak{p}_\pm$ は可換である．

実際，$m_{i_0} > 1$ とすると，上段の論法と同様に $\nu = \cdots + m_{i_0}\alpha_{i_0} + \cdots$, $\nu' = \nu - \alpha_{i_0} \in \Delta_+$ なるものが存在し，$[\mathfrak{g}_\nu, \mathfrak{g}_{\alpha_{i_0}}] \neq 0$ となり，$\mathfrak{p}_+$ の可換性に反する．逆に $m_{i_0} = 1$ とすると，$\alpha \in \Delta_+ \setminus \Delta_k$ に関して $\alpha = \cdots + \alpha_{i_0} + \cdots$ ゆえ，$\alpha, \beta \in \Delta_+ \setminus \Delta_k$ ならば $\alpha + \beta \notin \Delta_+$ $([\mathfrak{g}_\alpha, \mathfrak{g}_\beta] = 0)$ となり，$\mathfrak{p}_\pm$ は可換である．

以上で，コンパクト型の既約複素対称空間のルート系による分類が完成した．

定理 既約コンパクト型対称空間 $M = G/K$ が G を正則変換群の部分群とする複素構造をもてば，G の複素化 G^c の放物型部分群 Q が存在して，$M = G/K = G^c/Q$ となる (単連結有理的射影多様体)．このとき，K の極大 (位相的) トーラス部分群 T は G の Cartan 部分群にもなり，Lie 環について，$\mathrm{Lie}\, T =: \mathfrak{h} \subset \mathfrak{h}^c \subset \mathfrak{k}^c \subset \mathfrak{q} := \mathrm{Lie}\, Q \subset \mathfrak{g}^c$ となる．$(\mathfrak{g}^c, \mathfrak{h}^c)$ に関するルート系を Δ とすると，$(\mathfrak{k}^c, \mathfrak{h}^c)$ に関する Δ_k はその部分ルート系となる．

ここで，Δ の負系を $\mathfrak{g}_\alpha \subset \mathfrak{q}$ $(\alpha \in \Delta_-)$ とえらぶことができ，$\Delta_k \subset \Delta$ の基 $\Pi_k \subset \Pi$ を正系 $\Delta_+ = -\Delta_-$ に対応するものとすると，

$$\Pi_k = \Pi \setminus \{ \alpha_{i_0} \} \quad (\alpha_{i_0} \text{ の最高ルートにおける係数は } m_{i_0} = 1)$$

である．

コメント 定理に従って，重み付き Dynkin 図形をみれば既約複素対称空間の分類が得られる．例外型 E_8, F_4, G_2 には重みが 1 の単純ルートはないので，対応する対称空間はない．B, C, E_7 型には唯一つ存在する．A 型には各単純ルートを 1 つ抜いたものが対応し，階数 l 個だけ存在する．Grassmann 多様体 $M = SU(n+m)/S(U(n) \times U(m))$ である ($l = n + m - 1$ 個のなかには双対性から同型なものがある)．

非コンパクト型は双対性から

次に，非コンパクト型既約な複素対称空間 $M = G/K$ を考える．$\mathfrak{g} = \mathfrak{k} \oplus \mathfrak{p}$ を

Cartan 分解とすると，$\mathfrak{g}_u := \mathfrak{k} \oplus \sqrt{-1}\mathfrak{p} \subset \mathfrak{g}^c$ に対応するコンパクト群 $G_u \subset G^c$ が双対的なコンパクト型対称空間 $M^\vee = G_u/K$ を与える．M の複素構造を与える分解 $\mathfrak{p}^c = \mathfrak{p} \underset{\mathbb{R}}{\otimes} \mathbb{C} = \mathfrak{p}_+ \oplus \mathfrak{p}_-$ は $(\sqrt{-1}\mathfrak{p}) \underset{\mathbb{R}}{\otimes} \mathbb{C} \simeq \mathfrak{p} \underset{\mathbb{R}}{\otimes} \mathbb{C}$ ゆえ，双対 $M^\vee$ の複素構造も与えている．$\mathfrak{q}_- = \mathfrak{k}^c \oplus \mathfrak{p}_-$ に対応する G^c の放物型部分群 Q をとると，複素多様体として $M^\vee = G_u/K = G^c/K$ であった．

そこで，9.2 節の例 3 で Grassmann に対して行った論法と同様に，(今度は) 冪単群を $N = \exp \mathfrak{p}_+ = RuQ_+$ $(\mathrm{Lie}\, Q_+ = \mathfrak{k}^c \oplus \mathfrak{p}_+)$ と取り，$M^\vee$ の開集合 $N \simeq N.\boldsymbol{o} = NQ/Q$ $(\simeq \mathbb{C}^n,\ n := \dim_{\mathbb{C}} \mathfrak{p}_+ = \#(\Delta_+ \setminus \Delta_k))$ を考える．

非コンパクト群 $G(\subset G^c)$ の原点 $\boldsymbol{o} = Q \in M^\vee$ の軌道は，$G \cap Q = K$ であったから $G.\boldsymbol{o} \simeq G/(G \cap Q) = G/K = M$ となり，コンパクト多様体 $M^\vee$ の開領域になる．ところが実は 9.2 節の例の如く一般にも $GQ \subset NQ \subset G^c$ が成り立ち，$M \simeq G.\boldsymbol{o} \subset N.\boldsymbol{o} \simeq \mathbb{C}^n$ と複素ユークリッド空間 $\mathbb{C}^n$ の開集合と表せ，さらに**有界**領域になっていることも証明される．

埋め込み $M \subset M^\vee$ を **Borel 埋め込み**，$M \subset N(\subset M^\vee)$ を **Harish–Chandra 埋め込み**という．

このように，複素対称空間は，複素ユークリッド空間の有界領域で正則対称変換をもつもの，すなわち**有界対称領域**として実現される．(対称変換はこの有界領域の “Bergman 計量” という Hermite 計量に関して等長変換になっており，したがって我々の設定「複素構造をもつ Riemann 対称空間」にマッチしている．)

コメント　すでに見たように，コンパクト型複素対称空間は単連結であったので，直交対称 Lie 環 $(\mathfrak{g}, \mathfrak{k})$ から (同型を除いて) 唯一つ決まり，ルート系で分類された．

非コンパクトの場合は Riemann 対称空間は始めから単連結で唯一つである．複素構造は分解 $\mathfrak{p}^c = \mathfrak{p}_+ \oplus \mathfrak{p}_-$ のとり方で決まっているが，放物型部分 Lie 環 $\mathfrak{q}_\pm = \mathfrak{k}^c \oplus \mathfrak{p}_\pm$ は互いに随伴作用で共役であるので $Q_\pm$ いずれをとっても同型である．

したがって，複素対称空間はルート系 (Π, Π_k) からコンパクトおよび非コンパクト型が 1 つずつ決まる．

例 (Siegel 円板と上半空間)　C 型に対応する唯一つの場合である．

$J := \begin{pmatrix} 0 & 1_n \\ -1_n & 0 \end{pmatrix}$，$I := \begin{pmatrix} 0 & 1_n \\ 1_n & 0 \end{pmatrix}$ とおいて，

$Sp(n,\mathbb{C}) := \{\, g \in GL(2n,\mathbb{C}) \mid {}^t gJg = J \,\}$ (複素シンプレクティック群),

$$\widetilde{G} := \{\, g \in GL(2n,\mathbb{C}) \mid \bar{g} = IgI \,\} = \left\{ \begin{pmatrix} a & b \\ \bar{b} & \bar{a} \end{pmatrix} \in GL(2n,\mathbb{C}) \,\middle|\, a, b \in M_n(\mathbb{C}) \right\},$$

$$G := Sp(n,\mathbb{C}) \cap \widetilde{G} = \left\{ \begin{pmatrix} a & b \\ \bar{b} & \bar{a} \end{pmatrix} \,\middle|\, {}^t a\bar{a} - {}^t b\bar{b} = 1_n \right\},$$

$s(g) = {}^t\bar{g}^{-1}$ $(\, g \in G \subset SU(n,n)\,)$

と定義すると，s は G の対称変換で，

$$K = G^s = \left\{ \begin{pmatrix} a & 0 \\ 0 & \bar{a} \end{pmatrix} \,\middle|\, a \in U(n) \right\}.$$

対応する Lie 環は

$$\mathfrak{g} = \left\{ \begin{pmatrix} X & Y \\ \overline{Y} & \overline{X} \end{pmatrix} \,\middle|\, {}^t\overline{X} = -X,\ {}^tY = Y \right\},$$

$$\mathfrak{k} = \left\{ \begin{pmatrix} X & 0 \\ 0 & \overline{X} \end{pmatrix} \,\middle|\, X \in \mathfrak{u}(n) \right\},$$

$$\mathfrak{p} = \left\{ \begin{pmatrix} 0 & Y \\ \overline{Y} & 0 \end{pmatrix} \,\middle|\, {}^tY = Y \right\} (\simeq \{n \text{ 次複素対称行列}\}).$$

このとき，G の複素化は

$$G^c = Sp(n,\mathbb{C}),$$

$$K^c = \left\{ \begin{pmatrix} a & 0 \\ 0 & {}^ta^{-1} \end{pmatrix} \,\middle|\, a \in GL(n,\mathbb{C}) \right\},$$

$$\mathfrak{p}^c = \left\{ \begin{pmatrix} 0 & Z \\ Y & 0 \end{pmatrix} \,\middle|\, {}^tY = Y,\ {}^tZ = Z \right\} = \mathfrak{p}_+ \oplus \mathfrak{p}_-,$$

$$\mathfrak{p}_+ = \left\{ \begin{pmatrix} 0 & Z \\ 0 & 0 \end{pmatrix} \,\middle|\, {}^tZ = Z \right\},\ \mathfrak{p}_- = \left\{ \begin{pmatrix} 0 & 0 \\ Y & 0 \end{pmatrix} \,\middle|\, {}^tY = Y \right\}.$$

$Q_\pm := K^c \exp \mathfrak{p}_\pm$ は $\mathrm{Lie}\, Q_\pm = \mathfrak{k}^c \oplus \mathfrak{p}_\pm$ となる放物型．コンパクト型対称空間は $M^\vee := G^c/Q_- = G_u/K$ ($G_u = Sp(n) := Sp(n,\mathbb{C}) \cap U(2n)$ は G のコンパクト双対).

$$N := \left\{ \begin{pmatrix} 1_n & Z \\ 0 & 1_n \end{pmatrix} \middle| \, {}^tZ = Z \in M_n(\mathbb{C}) \right\} = \exp \mathfrak{p}_+$$

とおくと,

$$N \simeq N.\boldsymbol{o} = NQ_-/Q_- \quad (M^\vee \text{ における } \boldsymbol{o} \text{ の } N \text{ 軌道}).$$

さて, $g = \left(\begin{smallmatrix} a & b \\ \bar{b} & \bar{a} \end{smallmatrix}\right) \in G$ を $\left(\begin{smallmatrix} 1_n & Z \\ 0 & 1_n \end{smallmatrix}\right) \in N$ に働かせると,

$$g \begin{pmatrix} 1_n & Z \\ 0 & 1_n \end{pmatrix} = \begin{pmatrix} a & aZ+b \\ \bar{b} & \bar{b}Z+\bar{a} \end{pmatrix}. \tag{$\star$}$$

ここで, 9.2 節の $SU(m,n)$ の例と同様に, $1_n - {}^t\overline{Z}Z > 0$ ならば, $\bar{b}Z + \bar{a}$ が可逆 ($\in GL(n,\mathbb{C})$) であることが示せて,

$$(\star) = \begin{pmatrix} 1_n & (aZ+b)(\bar{b}Z+\bar{a})^{-1} \\ 0 & 1_n \end{pmatrix} \begin{pmatrix} a-(aZ+b)(\bar{b}Z+\bar{a})^{-1}\bar{b} & 0 \\ \bar{b} & (\bar{b}Z+\bar{a}) \end{pmatrix}$$

となる.

したがって, G の $\mathcal{D} := \{ Z \in M_n(\mathbb{C}) \mid {}^tZ = Z,\, 1_n - {}^t\overline{Z}Z > 0 \}$ への 1 次分数変換としての作用

$$\begin{pmatrix} a & b \\ \bar{b} & \bar{a} \end{pmatrix}.Z = (aZ+b)(\bar{b}Z+\bar{a})^{-1} \quad (Z \in \mathcal{D})$$

が得られる. $0 \in \mathcal{D}$ の固定化部分群が $K \simeq U(n)$ ゆえ, $G/K \simeq \mathcal{D} \subset N$ は Harish–Chandra 埋め込みである. $\mathcal{D}$ は n 次複素対称行列の空間 $N \simeq \mathbb{C}^{n(n+1)/2}$ の有界領域で **Siegel の円板**とよばれる.

上半空間モデル

なお, $Sp(n,\mathbb{C})$ の実形を G の替わりに実シンプレクティック群 $Sp(n,\mathbb{R}) := \{ g \in Sp(n,\mathbb{C}) \mid \bar{g} = g \} = \{ g \in GL(2n,\mathbb{R}) \mid {}^tgJg = J \}$ と採る方が多いかもしれない (とくに保型関数論). これは, 同型 $\widetilde{G} \ni g \mapsto IgI \in GL(2n,\mathbb{R})$ によって, $\widetilde{G}$ が $GL(2n,\mathbb{C})$ の (捩じれた) 1 つの実形になっていることに由来する.

前段の言い替えにすぎないが, 始めから $Sp(n,\mathbb{R})$ の場合を紹介しよう. 領域

$$\mathcal{S} := \{ Z \in M_n(\mathbb{C}) \mid {}^tZ = Z,\, \Im Z > 0 \} \subset \mathbb{C}^{n(n+1)/2}$$

を **Siegel 上半空間**という. $\mathcal{S}$ に $Sp(n,\mathbb{R})$ を 1 次分数変換

$$\begin{pmatrix} a & b \\ c & d \end{pmatrix}.Z = (aZ+b)(cZ+d)^{-1} \quad (\, Z \in \mathcal{S}\,)$$

で働かせることができるのであるが，まずそれを見よう．

そのために，$M_{2n,n}(\mathbb{C})$ への自然な働き

$$\begin{pmatrix} a & b \\ c & d \end{pmatrix}\begin{pmatrix} u \\ v \end{pmatrix} = \begin{pmatrix} au+bv \\ cu+dv \end{pmatrix} \quad (\, u,\, v \in M_n(\mathbb{C})\,)$$

を考える．

いま，$Z \in M_n(\mathbb{C})$ に対し，$\left(\begin{smallmatrix} u \\ v \end{smallmatrix}\right) = g\left(\begin{smallmatrix} Z \\ 1_n \end{smallmatrix}\right)$ $(g \in Sp(n,\mathbb{R}))$ とおくと，次が成り立つ．

$$Z \in \mathcal{S} \Longleftrightarrow ({}^t u \ \ {}^t v)J\begin{pmatrix} u \\ v \end{pmatrix} = 0 \text{ かつ } -i\,({}^t u \ \ {}^t v)J\begin{pmatrix} \bar{u} \\ \bar{v} \end{pmatrix} > 0. \qquad (\star\star)$$

実際, ${}^t gJg = J$ より $\left(\begin{smallmatrix} u \\ v \end{smallmatrix}\right) = g\left(\begin{smallmatrix} Z \\ 1_n \end{smallmatrix}\right)$ を代入すると, 右辺の第 1 式は $({}^t Z \ \ 1_n)J\left(\begin{smallmatrix} Z \\ 1_n \end{smallmatrix}\right) = {}^t Z - Z$, 第 2 式は ${}^t Z - \overline{Z} = Z - \overline{Z} = 2i\,\Im Z$ となり, $Z \in \mathcal{S}$ の条件 ${}^t Z = Z$, $\Im Z > 0$ と同値である．

$(\star\star)$ より $v = cZ+d$ が可逆であることが分かる．なぜなら，$v\,x = 0$ $(x \in \mathbb{C}^n)$ とすると，$(\star\star)$ の第 2 式において $({}^t u \ \ {}^t v)J\left(\begin{smallmatrix} \bar{u} \\ \bar{v} \end{smallmatrix}\right) = {}^t u\bar{v} - {}^t v\bar{u}$ は非退化 Hermite 行列で，${}^t x({}^t u\bar{v} - {}^t v\bar{u})\bar{x} = ({}^t x {}^t u)(\overline{vx}) - {}^t(vx)(\overline{ux}) = 0$ から $x = 0$ でなければならない．ゆえに v は可逆である．

さらに $(\star\star)$ から $Z \in \mathcal{S}$ ならば，$uv^{-1} \in \mathcal{S}$ が導かれる．すなわち，$(aZ+b)(cZ+d)^{-1} \in \mathcal{S}$ $(Z \in \mathcal{S})$ を得る．(左右から，v^{-1} または $\bar{v}^{-1}$ を乗ぜよ！)

さて，$g \mapsto {}^t g^{-1}$ が $Sp(n,\mathbb{R})$ の対称変換で，対応する極大コンパクト部分群は

$$K_1 := Sp(n,\mathbb{R}) \cap O(2n) \simeq U(n)$$

である．ここで $U(n) \in a+b\,i \mapsto \left(\begin{smallmatrix} a & -b \\ b & a \end{smallmatrix}\right) \in K_1$ が同型を与える．$i\,1_n \in \mathcal{S}$ の固定化部分群が K_1 になり，$Sp(n,\mathbb{R})$ は $\mathcal{S}$ に推移的に働くことが分かる．

実際，元

$$\begin{pmatrix} 1_n & b \\ 0 & 1_n \end{pmatrix}, \begin{pmatrix} a & 0 \\ 0 & {}^t a^{-1} \end{pmatrix} \in Sp(n,\mathbb{R})$$

を 1 次分数変換で $i\,1_n$ に働かせると $b + a{}^t a\,i \in \mathcal{S}$ となるが，ここで，任意の $Z = X + Y\,i \in \mathcal{S}$ に対し，Y は正定値であるから $Y = a{}^t a$ となる非退化対称行列 a がえらべて，$i\,1_n$ を Z に写すことができる．

こうして，対称空間 $Sp(n,\mathbb{R})/K_1$ は $\mathcal{S} \subset \mathbb{C}^{n(n+1)/2}$ と同一視され，$Sp(n,\mathbb{R})$ の $\mathcal{S}$ への作用は 1 次分数変換で与えられることが分かった．

上半空間 $\mathcal{S}$ は有界ではないが，実は，先に実現した Siegel の円盤 $\mathcal{D}$ と複素同型である．以下それを見てみよう．記号 $I, G, \widetilde{G}$ などは以前のとおりとする．

$$w := \begin{pmatrix} 1_n & -i\,1_n \\ 1_n & i\,1_n \end{pmatrix}$$

とおいて，関係式 $I\,w = \bar{w}$, $w^{-1} = \frac{1}{2}\,{}^t\bar{w}$ などに注意しておく．

$g \in Sp(n,\mathbb{R})$ に対して，w による共役を ${}^w g = wgw^{-1}$ とおくと，$I\,{}^w g\,I = (Iw)g(Iw)^{-1} = \bar{w}g\bar{w}^{-1} = \overline{{}^w g}$, ${}^w g \in Sp(n,\mathbb{C})$ ゆえ，${}^w g \in G$．すなわち，$g \mapsto {}^w g$ は同型

$$Sp(n,\mathbb{R}) \xrightarrow{\sim} G$$

を与える．

$G^c = Sp(n,\mathbb{C})$ の放物型部分群 Q と冪単根基 $N = RuQ$ は前と同様にとり，$\boldsymbol{o} = Q \in G^c/Q = M^\vee$ の N 軌道も同様とする．

$\boldsymbol{o} = 1_{2n} \in N\ (\subset M^\vee)$ の G 軌道が有界領域 $\mathcal{D} = \{\, Z \in M_n(\mathbb{C}) \mid {}^tZ = Z,\ 1_n - {}^t\overline{Z}Z > 0 \,\}$ であったが，今度は上の同型 $Sp(n,\mathbb{R}) \xrightarrow{\sim} G$ により，$Sp(n,\mathbb{R})$ を働かせてみる．${}^w g.0 = wgw^{-1}.0$ であったが，ここで $w^{-1}.0 = 1_n/(-i\,1_n)^{-1} = i\,1_n$ に注意して $Sp(n,\mathbb{R})$ による分数変換を考える．このとき，$i\,1_n$ の $Sp(n,\mathbb{R})$ 軌道は Siegel 上半空間 $\mathcal{S} \subset \{\, Z \in M_n(\mathbb{C}) \mid {}^tZ = Z \,\}$ であった．

したがって，

$$\mathcal{D} = \{\, {}^w g.0 \mid g \in Sp(n,\mathbb{R}) \,\} = w\{\, g.i\,1_n \mid g \in Sp(n,\mathbb{R}) \,\} = w.\mathcal{S}$$

となり，w による 1 次分数変換が領域の同型 $w.: \mathcal{S} \xrightarrow{\sim} \mathcal{D}$ を与えている．

補足 すでに読者には明らかであろうが，$n=1$ の場合，$SL(2,\mathbb{R}) = Sp(1,\mathbb{R})$, $SU(1,1) = G$ で，$\mathcal{S} = \{\, z \in \mathbb{C} \mid \Im z > 0 \,\} = \mathfrak{H}$, $\mathcal{D} = \{\, z \in \mathbb{C} \mid |z| < 1 \,\}$ となる．なお，コンパクト双対は $G_u = SU(2) \supset K = T$ として，$M^\vee = G_u/T = SL(2,\mathbb{C})/B = \mathbb{P}^1(\mathbb{C})$ であり，$\mathcal{S}, \mathcal{D} \subset N \simeq \mathbb{C} = \mathbb{P}^1(\mathbb{C}) \setminus \{\infty\}$ と見なせた．

9.4 Hermite 計量について

これまで Riemann 対称空間が複素構造をもつ場合を考察し，既約なものの分類を行った．

注意すべきは，単に空間が複素多様体になるというだけではなく，始めに与えれた Riemann 計量に関して等長変換をなす群 G は同時に複素構造の正則変換を与える場合を考えたことであった．前節までの議論では Riemann 計量との関係を敢て表立ってとりあげずに話を進めてきたが，ここで複素構造と Riemann 計量との関係を述べるべきであろう．

Riemann 計量は接空間にユークリッド内積を備えたものであったが，複素ベクトル空間には特有の Hermite 内積が対応する．複素 n 次元ベクトル空間 V の Hermite 内積 $\langle \cdot \mid \cdot \rangle$ とは，

$$\begin{aligned}
&\langle x+y \mid z\rangle = \langle x \mid z\rangle + \langle y \mid z\rangle,\\
&\langle cx \mid y\rangle = c\langle x \mid y\rangle = \langle x \mid \bar{c}y\rangle,\\
&\langle x \mid y\rangle = \overline{\langle y \mid x\rangle} \quad (x,y,z \in V,\ c \in \mathbb{C})
\end{aligned}$$

をみたす $\mathbb{C}$ 値歪双 1 次形式 (sesqui-linear form，あるいは Hermite 形式) で，正定値 ($\langle x \mid x\rangle > 0$ $(x \neq 0)$) なるものであった．

基底をとって行列表示すると，$\langle x \mid y\rangle = {}^t x H \bar{y}$ と正定値 Hermite 行列 ${}^t\overline{H} = H$ で表される．

ところで，Hermite 内積 $\langle \cdot \mid \cdot \rangle$ が与えられた複素ベクトル空間 V は，その実部

$$(x \mid y) := \Re\langle x \mid y\rangle$$

をとると，V を実ベクトル空間とみなした $V_{\mathbb{R}}$ (実 $2n$ 次元) のユークリッド内積となる．

Hermite 行列 $H = H_1 + iH_2$ (H_i は実行列) で記述すると，対応する実部のユークリッド内積を与える行列は

$$\begin{pmatrix} H_1 & H_2 \\ -H_2 & H_1 \end{pmatrix}$$

となる．

逆に，複素ベクトル空間 V を実ベクトル空間 $V_{\mathbb{R}}$ とみなしたとき，V において虚数単位 i をスカラー倍する作用を $V_{\mathbb{R}}$ における線型同型 $J \in \mathrm{End}_{\mathbb{R}} V_{\mathbb{R}}$，$J^2 = -1$ とみたものが複素構造であった．V の Hermite 内積の実部に関して

$$(Jx \mid Jy) = \Re\langle ix \mid iy\rangle = \Re(-i^2\langle x \mid y\rangle) = \Re\langle x \mid y\rangle = (x \mid y)$$

ゆえ，Hermite 内積が定義された V に関して $V_{\mathbb{R}}$ のユークリッド内積は

$$(Jx \mid Jy) = (x \mid y) \tag{$*$}$$

をみたす.

そこで一般に, 複素構造 J をもつ実ベクトル空間のユークリッド内積 $(\cdot\,|\,\cdot)$ が $(*)$ をみたすとき, その “ユークリッド内積” を **Hermite 内積**とよぶことにする. 実際, $(\cdot\,|\,\cdot)$ が Hermite 内積のとき,

$$\langle x \mid y \rangle := (x \mid y) + i\,(x \mid Jy)$$

と定義し直すと, 複素ベクトル空間で通常のように (始めに) 定義した Hermite 内積を与えている.

以上に倣って, 微分幾何的に話を進めると, Riemann 多様体 (M, g) が (概) 複素構造 J をもち, 各接空間 $T_p(M)$ において

$$g(Jx, Jy) = g(x, y) \quad (x,\, y \in T_p(M))$$

をみたすとき, (M, g) を **(概) Hermite 多様体**という.

複素 n 次元 Hermite 多様体 (M, g) において, 接空間を $T_p(M) \xrightarrow{\sim} T_p^{1,0}(M)$ によって複素ベクトル空間とみなして,

$$h(x, y) = g(x, y) + i\,g(x, Jy)$$

とおくと, h は複素ベクトル空間 $T_p^{1,0}(M)$ における通常の意味での Hermite 内積となり, 局所座標表示で

$$ds^2 = \sum_{1 \le i, j \le n} h_{i\bar{j}} dz^i \, d\bar{z}^j \quad (\,h_{i\bar{j}} = \bar{h}_{j\bar{i}}, \text{すなわち } H = (h_{i\bar{j}}) \text{ は Hermite 行列}\,)$$

と書かれることが多い.

Hermite 対称空間

以上の言葉の準備の下, 前節 9.3 までに得た複素構造をもつ Riemann 対称空間が Hermite 多様体になることを確認しよう. Hermite 性は直積をとっても保たれるから, 対称空間は既約と仮定しよう.

$M = G/K$ を既約な効果的対称空間で, G が正則変換として働く複素構造をもつものとする. 9.3 節の結果より, コンパクト群 K は連結でその階数は G のそれに等しく, さらに, K は 1 次元の中心群 C をもつ. したがって, K の極大トーラスを T とすると, T は G の Cartan 部分群でもあり, また C の G における中心化群について $Z_G(C) = K$ であった.

$\mathfrak{g} = \mathfrak{k} \oplus \mathfrak{p}$ を Cartan 分解とし, $(\cdot\,|\,\cdot)$ を $\mathfrak{p}$ の K 不変な (ユークリッド) 内積とする. 既約性から, $\mathfrak{k}$ の $\mathfrak{p}$ における随伴表現は既約で忠実である. (内積は Killing

形式から来るものをとったが，既約性から任意の K 不変なものはその正数倍で，なんでもよい．）$\mathfrak{k}$ の中心 $\mathfrak{c} = \mathrm{Lie}\, C$ は 1 次元で $(\mathfrak{c} \subset)\ \mathfrak{k}$ 不変性より，$\mathfrak{c} = \mathbb{R}z$ の $\mathfrak{p}$ における表現は $\mathfrak{p} = \bigoplus_i \mathfrak{p}_i\ (\dim_{\mathbb{R}} \mathfrak{p}_i = 2)$ と直和分解して次のようになる．

$$\mathrm{ad}_{\,\mathfrak{p}} z = \bigoplus_i \theta_i \begin{pmatrix} 0 & -1 \\ 1 & 0 \end{pmatrix} \quad \left(\begin{pmatrix} 0 & -1 \\ 1 & 0 \end{pmatrix} \in \mathrm{End}\, \mathfrak{p}_i,\ \theta_i \in \mathbb{R} \right).$$

実際，$\mathfrak{p}$ が $\mathfrak{c}$ の自明な表現 $(\mathrm{ad}_{\,\mathfrak{p}} z)v = 0, v \neq 0$ を含めば，既約性から $[\mathfrak{k}, v] = \mathfrak{p}$ となり $[z, \mathfrak{k}] = 0$ より $\mathfrak{p}$ 全体が $\mathfrak{c}$ の自明な表現を与え，これは忠実性に反する．したがって，$\mathfrak{p}$ は上記のような $\mathfrak{c}$ の非自明な既約 2 次元表現の直和に分解する．

(1 次元トーラス群の表現として $\left(\begin{smallmatrix} \cos\theta_i & -\sin\theta_i \\ \sin\theta_i & \cos\theta_i \end{smallmatrix}\right) \in SO(\mathfrak{p}_i)$ と考えてもよい．)

さらに，$\mathrm{ad}_{\,\mathfrak{p}} z$ は $\mathrm{ad}_{\,\mathfrak{p}} \mathfrak{k}$ と可換で，$\mathfrak{p}$ は $\mathrm{ad}_{\,\mathfrak{p}} \mathfrak{k}$ で既約ゆえ，実表現であるが Schur の補題の論法で成分 θ_i はすべて等しく，$\mathrm{ad}_{\,\mathfrak{p}} z = \theta(\bigoplus_i \left(\begin{smallmatrix} 0 & -1 \\ 1 & 0 \end{smallmatrix}\right))$ という作用で表される $(\theta \in \mathbb{R})$．そこで $\theta = 1$ にとって

$$J := \bigoplus_i \begin{pmatrix} 0 & -1 \\ 1 & 0 \end{pmatrix} \in \mathrm{End}\, \mathfrak{p}$$

とおくと，$J^2 = -1_{\mathfrak{p}}$ かつ，$J \in \mathrm{ad}_{\,\mathfrak{p}} \mathfrak{c}$ ゆえ，不変性から

$$(\, Jx \mid y\,) + (\, x \mid Jy\,) = 0 \quad (x, y \in \mathfrak{p}).$$

これより，

$$(\, Jx \mid Jy\,) = -(\, x \mid J^2 y\,) = -(\, x \mid -y\,) = (\, x \mid y\,)$$

となり，J は $\mathfrak{p}$ における複素構造で，Riemann 計量を与える我々のもとの内積 $(\cdot \mid \cdot)$ は Hermite 計量であることが分かった．

複素構造 $J \in \mathrm{End}\, \mathfrak{p}$ が与える固有空間分解 $\mathfrak{p}^c = \mathfrak{p}_+ \oplus \mathfrak{p}_-\ (\, J \mid \mathfrak{p}_\pm = \pm i\, 1_{\mathfrak{p}_\pm}\,)$ は J が $\mathfrak{k}^c$ と可換であることから，9.3 節で考えたような $\mathfrak{q}_\pm = \mathfrak{k}^c \oplus \mathfrak{p}_\pm$ は $\mathfrak{g}^c$ の放物型部分環になる．そして，Cartan 部分環 $\mathfrak{h} \subset \mathfrak{k}$ によるルート系を考えると，ルートの基 $\varPi$ にある α_0 でその最高ルートの係数は 1 なるものがあって，$\mathfrak{k}^c$ のルートの基は $\varPi_k = \varPi \setminus \{\alpha_0\}$, $\mathfrak{p}_\pm = \sum_{\pm\alpha \in \varDelta_+ \setminus \varDelta_k} \mathfrak{g}_\alpha$，$\varDelta_+ \setminus \varDelta_k$ は $\alpha \in \varDelta_+$ を単純ルート $\in \varPi$ の和にかいたとき α_0 の係数 $= 1$ と表せた．$\mathfrak{k}$ の中心はしたがって，

$$\mathfrak{c} = \{\, z \in \mathfrak{h} \mid \alpha_i(z) = 0,\ \alpha_i \in \varPi_k \,\}$$

となり，とくに $\alpha_0(z_0) = i = \sqrt{-1}$ となる $z_0 \in \mathfrak{c}$ をとれば，$J = \mathrm{ad}_{\,\mathfrak{p}} z_0$ で，$Jx =$

ix $(x \in \mathfrak{p}_+)$ となるわけである．($\mathfrak{h}$ はコンパクト群の Cartan 部分環ゆえルート α に対し $\alpha(h) \subset i\mathbb{R}$ $(h \in \mathfrak{h})$ となることに注意．)

最後に，$\widetilde{J} := \exp \frac{1}{2}\pi \operatorname{ad} z_0 \in C \subset \operatorname{Ad} \mathfrak{g}$ とおくと，$(\widetilde{J} \,|\, \mathfrak{p})^2 = -1_{\mathfrak{p}}$，$(\widetilde{J} \,|\, \mathfrak{k})^2 = 1_{\mathfrak{k}}$ となり，$s := \widetilde{J}^2 \in \operatorname{Ad} \mathfrak{g}$ は直交対称 Lie 環 $(\mathfrak{g}, \mathfrak{k})$ の対称変換を与えていることに注意しておく (このように，対称変換 s が随伴群の元で与えられているとき，対称対は “内部型” という (分類に関係する，後述))．

名称変更　以上の議論で，我々の “複素 Riemann” 対称空間は **Hermite 対称空間** (Hermitian symmetric space) とよばれるべきであることが判明した．実際，すべての文献でそのようになっている．

Kähler 多様体について

Hermite 多様体には Kähler 多様体という重要なクラスがある．概 Hermite 多様体において，概複素構造 J が Hermite 計量に関する接続 ∇ に関して平行なとき **Kähler 多様体**という．このとき，J に関する積分可能条件は自動的にみたされて，複素多様体になる．

実は，Hermite 対称空間は Kähler 多様体である．実際，測地的対称変換 s_p は ∇ の局所自己同型であるから

$$(\nabla_{(s_p)_* x} J)((s_p)_* y) = (s_p)_*((\nabla_x J)(y)).$$

また，$(s_p)_* = -\operatorname{Id}_{T_p(M)}$ ゆえ，$(\nabla_x J)(y) = -(\nabla_x J)(y)$ $(x, y \in T_p(M))$ (∇ が対称ゆえ接ベクトルで評価可能なことに注意)．これより $\nabla J = 0$．

なお，Kähler であるためには，次の同値な条件が用いられることが多い．g を Hermite 計量とするとき，$\omega(x, y) = g(Jx, y)$ $(x, y \in T_p(M))$ は 2 次の実微分形式 (**基本形式** (fundamental form) という) を与える．このとき，M が Kähler であるためには ω が閉形式 $d\omega = 0$ であることが必要十分である．

$g = \sum h_{i\bar{j}} dz^i d\bar{z}^j$ と Hermite 形式で計量を表せば，$\omega = \sqrt{-1} \sum h_{i\bar{j}} dz^i \wedge d\bar{z}^j$ とかけることに注意しておく．

補足　コンパクト Kähler の 2 次 Betti 数は正．(基本形式 ω に関して $\displaystyle\int_M \omega^{\dim_{\mathbb{C}} M} > 0$ ゆえ ω が定める de Rham コホモロジーの元 $[\omega] \in H^2(M, \mathbb{R})$ は零ではない．)

例 1 計量の表示は等質空間 $M = G/K$ の接空間 $\mathfrak{p}$ 上の K 不変計量として与えるのがもっとも一般的で，応用上も豊かである (特性類の計算，Hirzebruch の比較定理等々)．しかし，個々の空間で然るべき座標系を設定した場合，具体的な表示も欲しい．とくに非コンパクト型を領域表示した場合などである (次の例 2)．

コンパクト型のもっとも簡単なものは複素射影空間 $\mathbb{P}^n(\mathbb{C})$ であるが，この場合古くから Fubini–Study 計量とよばれて座標のとり方によって様々な形のものが用いられてきた．例えば，$\mathbb{C}^n = \mathbb{P}^n(\mathbb{C}) \setminus \mathbb{P}^{n-1}(\mathbb{C})$ のアフィン座標 $(z^i)_{1 \leq i \leq n}$ 上では $ds^2 = \sum_{1 \leq i \leq n} h_{i\bar{j}} dz^i d\bar{z}^j$ において

$$h_{i\bar{j}} = \frac{(1 + \|z\|^2)\delta_{i\bar{j}} - \bar{z}^i z^j}{(1 + \|z\|^2)} \quad (\|z\|^2 := \sum_{i=1}^{n} \|z^i\|^2)$$

とかける．

例 2 Siegel 上半空間の Hermite 計量は次で与えられる．
$\mathcal{S} = \{ X + iY \mid X, Y : n$ 次実対称行列，Y は正定値$\}$ 上で

$$ds^2 = \mathrm{Trace}\,(Y^{-1}(dX)Y^{-1}(dX) + Y^{-1}(dY)Y^{-1}(dY)).$$

$n = 1$ のときは，上半平面 $\mathfrak{H} = \{ z = x + iy \mid y > 0 \}$ で $ds^2 = y^{-2}(dx^2 + dy^2)$ であった．

第 10 章
補遺

10.1　保型関数と表現

$g = \begin{pmatrix} a & b \\ c & d \end{pmatrix} \in SL(2, \mathbb{R})$ は 1 次分数変換

$$g.z = \frac{aZ + b}{cZ + d} \quad (z \in \mathfrak{H} = \{ \in \mathbb{C} \mid \Im z > 0 \})$$

で上半平面 $\mathfrak{H}$ に正則等長変換として働く．

-1_2 は自明に働くから，変換群は $PSL(2, \mathbb{R})/\{\pm 1_2\}$ であったが，保型関数を考える際は割らないでこのまま $G = SL(2, \mathbb{R})$ としておく．

元 $g = \begin{pmatrix} a & b \\ c & d \end{pmatrix}$ に対して**保型因子** (automorphic factor) を

$$j(g, z) := cz + d \quad (z \in \mathfrak{H})$$

とおくと，

$$j(gh, z) = j(g, h.z)j(h, z) \quad (g, h \in G, z \in \mathfrak{H})$$

をみたす．したがって，整数 $n \in \mathbb{Z}$ と $\mathfrak{H}$ 上の関数 f に対して

$$(f|[g]_n)(z) := f(g.z)j(g, z)^{-n} \quad (g \in G, z \in \mathfrak{H})$$

とおくと (志村 [Sh] の記号),

$$f|[gh]_n = f|[g]_n|[h]_n \quad (g, h \in \mathfrak{H})$$

をみたし，$n \in \mathbb{Z}$ を固定するごとに G は $\mathfrak{H}$ 上の関数空間に右から働く．

一般に，G の離散部分群 Γ に対して，不変な関数 $f|[\gamma]_n = f$ $(\forall \gamma \in \Gamma)$ を**重み n の保型形式** (automorphic form of weight n) というが，実際は，関数 f に種々の "正則性" の条件をつけて，**有理型** (meromorphic) とか，**正則** (holomorphic) とか称する．とくに，数論的な離散群の場合など，基本領域 $(\Gamma \backslash \mathfrak{H})$ が面積有限なときには**尖点形式** (cusp form) などが考えられる．

これらのことについては，以下のことも含めて教科書 [Sh] に基本的なことからすべて詳しく説明してあるので参照されたい ([清] も良書である).

上半平面 $\mathfrak{H} \ni z = x + iy$ 上には G 不変な 2 形式 $y^{-2}dx \wedge dy$ が存在するから，不変面積要素として $y^{-2}dx\,dy$ がとれる．$\Gamma\backslash\mathfrak{H}$ が面積有限とは，この面積要素に関する面積のことである．

例えば，$\Gamma\backslash\mathfrak{H}$ が面積有限ならば，$\Gamma\backslash\mathfrak{H}$ に有限個の点 (尖点 (cusp)) を付け加えた曲面 $\Gamma\backslash\mathfrak{H}^*$ はコンパクトな Riemann 面で，その種数を g とすると，面積

$$\frac{1}{2\pi}\int_{\Gamma\backslash\mathfrak{H}} y^{-2}dx\,dy$$

は g と，尖点の小数 m と，Γ の位数有限な元 (楕円元) に対する固定点の分岐指数によって明示的に表される公式がある ([Sh; Th. 2.20])．とくに，Γ が楕円元をもたない場合，この式は単に $2g - 2 + m$ で与えられる．

これらの考察と，Riemann–Roch の定理などから，保型形式の次元などが具体的に求められる ([Sh; Ch. 2])．

ユニタリ表現

Hilbert 空間上の群表現で，とくに作用がユニタリ変換になるものを**ユニタリ表現** (unitary representation) という．

さて，固定した $n \in \mathbb{Z}$ に対して，$\mathfrak{H}$ 上のノルム

$$\|\, f \,\|_n := \int_{-\infty}^{\infty} dx \int_0^{\infty} |\, f(x+iy)\,|^2 y^{n-2} dy$$

を有限にする関数のなす Hilbert 空間 $\mathcal{H}_n$ を考える．このとき，保型因子による変換 $f|[g]_n$ $(g \in G)$ はこのノルムを不変にする：

$$\|\, f|[g]_n \,\|^2 = \|\, f \,\|^2 \quad (\, g \in G\,).$$

実際，

$$\Im(g.z) = y|\, j(g,\, z)\,|^{-2} \quad (\, z = x + iy\,)$$

と，$y^{-2}dx\,dy$ が G 不変であることから分かる．

したがって，$g \in G$ の $\mathcal{H}_n$ への作用 π_n を

$$\pi_n(g)f := f|[g^{-1}]_n$$

と定義すると，$\|\, \pi_n(g)f \,\|^2 = \|\, f \,\|^2$ $(\, g \in G\,)$ かつ $\pi_n(gh) = \pi_n(g)\pi_n(h)$ $(g, h \in G)$ となり，$(\pi_n,\, \mathcal{H}_n)$ は G の (無限次元) ユニタリ表現を与えている．

さらに強く，次の定理が得られる．

定理 $\mathcal{H}ol(\mathfrak{H})$ を $\mathfrak{H}$ 上の正則関数のなす空間とする.

$$H_n^+ := \{\, \mathcal{H}ol(\mathfrak{H}) \mid \|\, f\,\|_n < \infty \}$$

とおくと, $n \leq 1$ のとき $H_n^+ = 0$ で, $n \geq 2$ のとき, $H_n^+ \neq 0$ で π_n の H_n^+ への制限 $\pi_n^+(g)|H_n^+$ は $G = SL(2,\mathbb{R})$ の既約なユニタリ表現を与える.

さらに, $H_n^- = \overline{H_n^+} = \{\, \bar{f} | f \in H_n^+ \,\}$ (すなわち, 反正則関数のなす空間) は既約表現を与え, これらはすべて n が異なると同型ではない. (なお無限次元 Hilbert 空間上の表現が**既約**であるとは自明でない**閉**不変部分空間をもたないことである.)

□

これらの表現の系列 $\{(\pi_n^{\pm},\, H_n^{\pm})\}_{n \neq \pm 1}$ は G の**離散系列** (discrete series) とよばれるもので, ユニタリ表現論の歴史の重要な第一歩を標すものであった.

ちなみに, 離散系列表現とは, 一般には Lie 群 G の正則 (regular) 表現 (不変測度による 2 乗可積分関数の空間 $L^2(G)$ で (左または右) 移動が与えるユニタリ表現) の**閉**部分空間として与えられる**既約**表現 (に同値なもの) のことである.

$SL(2,\mathbb{R})$ の離散系列表現は上のような正則 (反正則) 表現の空間で与えられるものに同値であることも分かっている (V. Bargmann など).

上の定理についていま少し解説を加えておこう. $SL(2,\mathbb{R})$ を 1 次分数変換とする上半平面 $\mathfrak{H}$ は, 同型な群 $SU(1,1)$ を変換群としてもつ単位円板モデル $D = \{w \in \mathbb{C} \mid |w| < 1\}$ と同型であった.

同型は例えば $w = -\dfrac{z-i}{z+i}$ で与えられた (3.4 節). 群

$$G_1 := SU(1,1) = \left\{ \begin{pmatrix} a & b \\ \bar{b} & \bar{a} \end{pmatrix} \in SL(2,\mathbb{C}) \right\}$$

も D へ 1 次分数変換

$$\begin{pmatrix} a & b \\ \bar{b} & \bar{a} \end{pmatrix} .w = \frac{aw+b}{\bar{b}w+\bar{a}} \quad (\, w \in D\,)$$

で働き, 群同型 $G = SL(2,\mathbb{R}) \xrightarrow{\sim} G_1 = SU(1,1)$ が与えられた.

定理の実現は上半平面上で与えたが, この同型により単位円板上での同値な実現を考える.

すなわち, $n \in \mathbb{Z}$ に対して

$$\widetilde{H}_n^+ := \{\, f \in \mathcal{H}ol(D) \mid \|f\|_n < \infty \,\}$$

とおく. ただし, D 上ではノルムを

$$\|f\|_n^2 := \int_{x^2+y^2<1} |f(x+iy)|^2 (1-x^2-y^2)^{n-2}\, dx\, dy$$

と定義している．このとき，G_1 の 1 次分数変換により

$$\tilde{\pi}_n^+(g)f := f|[g^{-1}]_n, \quad (\, f|[g^{-1}]_n(w) = f(g^{-1}.w)j(g^{-1}, w)^n\,)$$

によって，$\tilde{\pi}_n^+$ は同型 $G \xrightarrow{\sim} G_1$ の下で π_n^+ と同値な表現を与えていることが分かる．

ところで，

$$\int_{x^2+y^2<1} (1-x^2-y^2)^{n-2}\, dx\, dy = \int_0^{2\pi} d\theta \int_0^1 (1-r^2)^{n-2} r\, dr$$
$$= 2\pi \int_0^1 (1-r^2)^{n-2} r\, dr = \pi \int_0^1 (1-t)^{n-2}\, dt.$$

この値が有限であるためには $n \geq 2$ が必要十分であり，このとき $f \equiv 1$ (定数関数) に対して $\|1\|_n^2 = \pi/(n-1)$ となる．したがって，$n \geq 2$ のとき $1 \in \widetilde{H}_n^+ \neq 0$ となり，$\tilde{\pi}_n^+$ は自明でない表現を与える．

逆に，$\widetilde{H}_n^+ \supset W \neq 0$ が G_1 の閉部分表現空間のとき，$1 \in W$ を示すことができ，したがって，$\widetilde{H}_n^+ \neq 0$ ならば $n \geq 2$ を導く．かつまた，1 は巡回ベクトル，すなわち G_1 を作用させると $\widetilde{H}_n^+$ を生成することが示せるから $\tilde{\pi}_n^+$ の既約性が導かれる (G_1 の Lie 環の作用を調べる)．

以上のことのさらに詳しい説明は [岡; 3 章], [平山; 6 章] にあるので参照されたい．

保型形式と表現

このように，保型形式を定義する保型因子は群の表現をも定義していることが分かった．実際，もっと直接的な関係があるのでそれを見てみよう．

まず，$n \in \mathbb{Z}$ を固定して，$\mathfrak{H}$ 上の関数 f を保型因子を用いて次のように $G = SL(2, \mathbb{R})$ 上の関数 F_f にもち上げる．

$$F_f(g) := f(g.i)j(g, i)^{-n} \quad (\, g \in G,\, i = \sqrt{-1} \in \mathfrak{H}\,).$$

このとき，$k(\theta) = \left(\begin{smallmatrix} \cos\theta & -\sin\theta \\ \sin\theta & \cos\theta \end{smallmatrix}\right) \in SO(2) =: K \ (\,\theta \in \mathbb{R}\,)$ に対して，

$$\begin{aligned} F_f(gk(\theta)) &= f(g.(k(\theta).i))j(gk(\theta),\, i)^{-n} \\ &= f(g.i)j(g,\, i)^{-n}e^{-i\theta n} = F_f(g)(e^{i\theta})^{-n} \end{aligned}$$

をみたす．このことは，F_f がコンパクト群 $K = SO(2)$ の 1 次元表現 $\rho_n(k(\theta)) =$

$(e^{i\theta})^n \in \mathbb{C}^\times$ に付随する $\mathfrak{H} = G/K$ 上の直線束 $\mathcal{L}_n := G \times_K (\rho_n, \mathbb{C})$ の切断であることを意味している．

すなわち，$C^\infty(\mathfrak{H}, \mathcal{L}_n)$ を $\mathcal{L}_n$ の C^∞ 切断のなすベクトル空間とすると，$\mathbb{C}$ ベクトル空間の同型

$$C^\infty(\mathfrak{H}) \xrightarrow{\sim} C^\infty(\mathfrak{H}, \mathcal{L}_n) \quad (\, f \mapsto F_f \,)$$

を与えている．(ベクトル束の切断の空間に以前は記号 Γ を用いたと思うが，今回離散群の記号とぶつかるので記号 C^∞ を使わせて頂く．)

さらに，$\gamma \in G$ の作用を $f|[\gamma]_n$，および $F^\gamma(g) = F(\gamma g)$ ($g \in G$, $F \in C^\infty(G)$) として考えると

$$F_{f|[\gamma]_n} = F_f^\gamma \quad (\, \gamma \in G \,)$$

となり，G の作用と同変，すなわち表現空間としての同型を与えている．実際，

$$\begin{aligned} F_{f|[\gamma]_n}(g) &= (f|[\gamma]_n)(g.i) j(g, i)^{-n} \\ &= f((\gamma g).i) j(\gamma, g.i)^{-n} j(g, i)^{-n} \\ &= f((\gamma g).i) j(\gamma g, i)^{-n} = F_f(\gamma g). \end{aligned}$$

したがって，いま離散群 $\Gamma \subset G$ が与えられたとき，Γ に関する重み n の保型性

$$f|[\gamma]_n = f \quad (\, \gamma \in \Gamma \,)$$

は G 上の関数 F_f で考えると，単なる左不変性

$$F_f^\gamma = F_f \quad (\, \gamma \in \Gamma \,)$$

となり，F_f は $\Gamma \backslash G$ 上の関数ということになる．

話を具体的にするために，商 $\Gamma \backslash G$ はコンパクトで，Γ は楕円元をもたないと仮定しよう (単に $\Gamma \backslash G$ 体積有限でもよいが技術的に議論が複雑になる)．

このとき，G の不変測度に関する左 Γ 不変な 2 乗可積分関数のなす Hilbert 空間 $L^2(\Gamma \backslash G)$ は右正則表現に関して既約ユニタリ表現の有限重複度の (無限個の Hilbert) 直和に分解することが知られている：

$$L^2(\Gamma \backslash G) = \bigoplus_\pi M_\pi \otimes H_\pi,$$

ここで，(π, H_π) は G の既約ユニタリ表現，M_π は π の重複度を表す**有限次元**ベクトル空間である．

ところで，$\Gamma \backslash G \to \Gamma \backslash G/K = \Gamma \backslash \mathfrak{H}$ はコンパクト群 K が右から働く主束になっており，前の直線束 $\mathcal{L}_n = G \times_K (\rho_n, \mathbb{C})$ は左から Γ で割ることによって $\Gamma \backslash \mathfrak{H}$ 上の直線束 $\Gamma \backslash \mathcal{L}_n = (\Gamma \backslash G) \times_K (\rho_n, \mathbb{C})$ を与える．この直線束の “2 乗可積分” 切断

の空間 $L^2(\Gamma\backslash\mathfrak{H}, \Gamma\backslash\mathcal{L}_n)$ とは，次の Hilbert 空間と思ってよい．

$$L^2(\Gamma\backslash\mathfrak{H}, \Gamma\backslash\mathcal{L}_n) \simeq (L^2(\Gamma\backslash G)\otimes(\rho_n,\mathbb{C}))^K = \bigoplus_\pi M_\pi\otimes(H_\pi\otimes(\rho_n,\mathbb{C}))^K$$

(上付き K は K 不変元のなす部分空間．) ここで，$(H_\pi\otimes(\rho_n,\mathbb{C}))^K \neq 0$ であるとは，$\mathrm{Hom}_K(H_\pi^*, \rho_n) \simeq \mathrm{Hom}_K(H_\pi, \rho_{-n}) \neq 0$，すなわち K への制限 $\pi|K$ が ρ_{-n} を含むということである．

通常考える正則 (holomorphic) な重み n の保型形式 $f|[\gamma]_n = f$ $(\gamma\in\Gamma, f\in\mathcal{H}ol(\mathfrak{H}))$ は直線束 $\mathcal{L}_n$ を正則 (holomorphic) な直線束と考えたときの正則切断の空間 $\mathcal{H}ol(\Gamma\backslash\mathfrak{H}, \Gamma\backslash\mathcal{L}_n)$ であるので，$S_n(\Gamma)$ を重み n の正則保型形式の空間とすると，

$$S_n(\Gamma) \simeq \mathcal{H}ol(\Gamma\backslash\mathfrak{H}, \Gamma\backslash\mathcal{L}_n)$$

と見なせる．

実は，正則性から $L^2(\Gamma\backslash G)$ に現れる表現は正則 (holomorphic) なものに限り，さらに条件 $\mathrm{Hom}_K(H_\pi, \rho_{-n}) \neq 0$ から，$\mathcal{H}ol$ に現れるものは正則離散系列 π_n^+ に限ることが知られている．したがって，同型

$$S_n(\Gamma) \simeq \mathcal{H}ol(\Gamma\backslash\mathfrak{H}, \Gamma\backslash\mathcal{L}_n) \simeq M_{\pi_n^+}$$

を得る．すなわち，保型形式の次元は既約ユニタリ表現 π_n^+ の重複度 $\dim M_{\pi_n^+}$ と見なせるのである．

このような観点から保型形式の次元を求める方法は，一つには Riemann 面上の Riemann–Roch の定理，他方には $L^2(\Gamma\backslash G)$ での既約表現の重複度を求める Selberg の跡公式に帰着する．(多くの文献があるが，例えば高次元の対称領域の場合も論じられている伊勢 [I] など参照されたい．)

Hermite 対称空間の場合

以上，上半平面 $\simeq$ 単位円板の場合，古典的な保型関数論と相見合う形で正則関数の空間上にユニタリ表現が構成できた．

次元を高くして，一般の Hermite 対称空間の場合も同様のことができることを Harish–Chandra が示した．

いま，$M = G/K$ を既約な非コンパクト型 Hermite 対称空間，G は中心有限な単純 Lie 群，K をその極大コンパクト部分群とする．前章で見たように，このとき K の中心は 1 次元トーラス C で K は C の中心化群，したがって C を含む K の

極大トーラス T はまた G の Cartan 部分群であった (すなわち，同階数 $\operatorname{rank} G = \operatorname{rank} K$)．$\mathfrak{g} \supset \mathfrak{k} \supset \mathfrak{t} \supset \mathfrak{c}$ をそれぞれの Lie 環とし，$\mathfrak{g} = \mathfrak{k} \oplus \mathfrak{p}$ を対称変換に関する分解とする．複素化 $\mathfrak{g}^c = \mathfrak{k}^c \oplus \mathfrak{p}^c$ について，分解 $\mathfrak{p}^c = \mathfrak{p}_+ \oplus \mathfrak{p}_-$，$[\mathfrak{k}^c, \mathfrak{p}_\pm] \subset \mathfrak{p}_\pm$，$[\mathfrak{p}_\pm, \mathfrak{p}_\pm] = 0$ が M の複素構造 $T_{\boldsymbol{o}}^{1,0} = \mathfrak{p}_+$ を与えた．複素多様体としては $M = G/K = G.\boldsymbol{o} \subset G^c/Q_- = M^\vee$ ($Q_- = K^c N_-$ ($\operatorname{Lie} N_- = \mathfrak{p}_-$)) として，双対コンパクト型 $M^\vee$ の開領域になっている (Borel 埋め込み)．

さて，コンパクト群 K の ($\mathbb{C}$ 上の) 既約有限次元表現 (λ, V_λ) は K のユニタリ表現を与える．$M = G/K$ 上の随伴ベクトル束を $E_\lambda = G \times_K V_\lambda$ とかくと，これは $GK^c \times_{K^c} V_\lambda$ (K^c は K の複素化で K の複素表現は K^c の表現と見なせる) ともかけるから，E_λ は複素多様体 M 上の正則ベクトル束と見なせる．

V_λ の K 不変な Hermite 内積を M 上に G 同変に延長した E_λ のファイバーの内積を単に $|\cdot|$ と記し，M 上の G 不変な測度を $d\mu$ と記すと，E_λ の切断にノルム

$$\|s\|^2 = \int_M |s(x)|^2 d\mu(x)$$

が定義される．それぞれの G 不変性から，切断の空間への G の左作用を l_g^* と記すと $\|l_g^* s\| = \|s\|$ となり，E_λ の 2 乗可積分切断のなす Hilbert 空間 $L^2(M, E_\lambda) = \{ s : E_\lambda \text{ の切断} \mid \|s\| < \infty \}$ は G のユニタリ表現を与えている．

Harish–Chandra は 1954 年の論文で，$SL(2,\mathbb{R})$ の場合と同様に，正則な 2 乗可積分切断の空間

$$H^+(M, E_\lambda) := \{ s \in L^2(M, E_\lambda) \mid s : E_\lambda \text{ の正則切断} \}$$

が消えない ($\neq 0$) ための λ の条件を与え (Weyl 領域に関する dominant 性)，そのときそれが G の既約離散系列表現を与えることを示した (反正則切断の空間 $H^-(M, E_\lambda)$ についても同様)．

ところが，$SL(2,\mathbb{R})$ の場合は π_n^+ がすべての離散系列を与えたのだったが，今回高次元の場合は $H^\pm(M, E_\lambda)$ がすべてを与えるわけではないことも分かった．

ここから 1960～1970 年代にかけて Harish–Chandra の怒濤の進撃が始まったのである．節を改めて少し振り返ってみよう．論文集 [HC] にその足跡が収められている．

10.2 半単純 Lie 群のユニタリ表現寸見

半単純 Lie 群 G のユニタリ表現については，**系列**という概念があって，例えば $SL(2,\mathbb{R})$ については，前節でとりあげた離散系列の他に連続主系列と補系列とよばれる 3 種類がある．

一般には，**主系列**というのは G の Cartan 部分群のユニタリ指標の共役類に対応していて，それ以外に非ユニタリ指標から (ある意味偶然的に起こる) 補系列や Cartan 部分群より大きな群から誘導される退化系列があり，複雑な様相を呈している．(離散系列もコンパクトな Cartan 部分群に対応する主系列をなすと考えられる．)

その様々な側面についてはここでは立ち入らないで，主系列の大ざっぱな説明に留める．

正則 (regular) 表現 $L^2(G)$ は，G がコンパクト群ならば有限次元ユニタリ表現の直和に分解し，その様子は詳しく分かっている (Peter–Weyl の定理).

一般の半単純群の場合は，前節で述べたように，離散系列の直和と，各 Cartan 部分群 (の共役類) に対応する連続主系列の**連続和**の直和に分解する．(連続和の説明にはさらに多くの準備を要するので省略する．言わば，空間の離散和 $\sum$ を積分 $\int$ に置き換えた概念である．) シンボリカルに記述すると

$$L^2(G) = \bigoplus_{\pi\in\widehat{G}_d} H_\pi \otimes H_\pi^* \oplus \int_{\pi\in\widehat{G}_{\mathrm{cont}}}^{\oplus} H_\pi \otimes H_\pi^*\, d\mu(\pi).$$

荒っぽい注意書きではあるが，$\widehat{G}$ を主系列表現 (の同値類の集合) として，$\widehat{G} = \widehat{G}_d \sqcup \widehat{G}_{\mathrm{cont}}$ は離散系列と連続系列への分解で，$\pi \in \widehat{G}$ に対して H_π, H_π^* は π (およびその双対) の表現空間である．$d\mu$ を $\widehat{G}_{\mathrm{cont}}$ 上の Plancherel 測度という．

なお，こういう話を “非可換調和解析” とよぶのは，実数の加法群 $G=\mathbb{R}$ に対してこのような定式化をすると，通常の Fourier 変換の話になるからである ($e^{i\theta}$ ($\theta \in \mathbb{R} \simeq \widehat{G}$) が唯一つの連続主系列で反転公式が上の式にあたる).

Harish–Chandra は 1965, 1966 年の論文で次の定理を発表した．

定理　G を中心有限な連結半単純 Lie 群とする．

(1) G が離散系列をもつためには G がコンパクトな Cartan 部分群をもつことが必要十分である (K を極大コンパクト部分群として $\mathrm{rank}\, G = \mathrm{rank}\, K$).

(2) T を G のコンパクトな Cartan 部分群とすると，T の正則 (regular) ユニ

タリ指標 ($\lambda : T \to U(1)$ で，$(\mathfrak{g}^c, \mathfrak{t}^c)$ に対応するルートに直交しない) に，既約離散系列表現 π_λ が対応して，

$$\pi_\lambda \simeq \pi_{\lambda'} \Leftrightarrow \lambda' \in W(K,T)\,\lambda$$

($W(K,T)$ は (K,T) の Weyl 群).

(3) π_λ の指標は T 上で Weyl の指標公式と類似の簡明な式で表され，G の半単純正則元のなす開集合の上で非零である．(一般に，半単純群の既約ユニタリ表現の指標は局所可積分関数が表す G 上の超関数である (こういう結果も Harish–Chandra).) □

我々が離散系列に拘るのは，次の理由による．

Harish–Chandra 理論では，一般の主系列表現は次のようにして得られるからである．いわゆる "尖点的" 放物型部分群 P をえらび，$P = LN$ と Levi 分解する (L は簡約代数群，N は P の冪単根基の実部；8.3 節参照)．ここで，"尖点的" というのはとりあえず L の半単純部分 $[L,L]$ がコンパクト Cartan 部分群をもつものとしておく．(G の Cartan 部分群に対してこれを Cartan 部分群とする L を Levi 部分群とする "尖点的" 放物型部分群が存在する．)

このとき，$[L,L]$ の離散系列表現を (L の中心の指標を掛けて) L の表現に拡張し，N 上は自明に拡張して P のユニタリ表現をつくる．これを G のユニタリ表現に誘導することによってほぼすべての主系列表現が得られる．

ここで "ほぼ" と言ったのは，誘導表現が既約とは限らぬ場合もあるからであるが，それらは Plancherel 測度 $d\mu$ では 0 であるから一応無視しておく．誘導表現の正確な定義もここでは省略するが，大体前のように G/P 上の (無限次元ユニタリ) ベクトル束の L^2 切断の言葉でいえる．

さて，Hermite 対称空間 $M = G/K$ の場合に戻る．この場合確かに $\operatorname{rank} G = \operatorname{rank} K$ で，Harish–Chandra の以前の正則離散系列 $H^{\pm}(M, E_\lambda)$ が一部の離散系列を与えていた．しかし，一般には，多くの K の表現 π_λ に対して $H^{\pm}(M, E_\lambda) = 0$ となってしまい，期待される表現が現れてこなかった．

これを最初に突破したのは岡本清郷と M.S. Narasimhan の 1970 年の Annals 論文 [NO] であった．L^2 コホモロジーを用いるもので，いわゆる Langlands 予想の変形である (Bowlder Symposium (Proc. S.P.Math., Vol. 9, AMS, 1966) において Langlands が旗多様体上で定式化した．余計なことだが，その後の彼の大胆無双の予想群に比べると随分おとなしい "処女予想" ではある).

$H^+(M, E_\lambda)$ は正則ベクトル束の L^2 正則切断であるから，L^2-Dolbeault($\bar{\partial}$) コホモロジー $H^i_{(2)}(M, E_\lambda)$ とみなすと，これは 0 次，$i = 0$ の場合である．[NO] では，"ほぼ" すべての λ について，π_λ からきまる唯一つの q_λ があって，

$$H^i_{(2)}(M, E_\lambda) = 0 \quad (i \neq q_\lambda)$$

となり，高次コホモロジー $H^{q_\lambda}_{(2)}(M, E_\lambda)$ が既約離散系列表現を与えることが証明された．さらに，これらの構成で "ほぼ" すべての G の離散系列が得られる (後に時間が経ったがいろんな人々の結果によって "ほぼ" が取れ，単にすべてのと言ってよいことになった)．

なお，Langlands 予想は Hermite とは限らず $\operatorname{rank} G = \operatorname{rank} K$ の場合，G/K ではなく旗多様体 G/T 上の L^2 コホモロジーについて述べたものであったが，これも [NO] の後すぐに W. Schmid によってまったく異なる方法で "ほぼ" 証明された．誠に躍動感のある時代であった．

離散系列の構成については，さらに幾つかの変形があり，R. Parthasarathy の Dirac 作用素によるものや，著者の Casimir 作用素によるものなどがある (本質的にはすべて同値と言ってよいだろう)．

実は，時代をさかのぼること 10 年ほど前に，50 年代の Harish–Chandra の L^2 正則切断の空間 $H^\pm$ による実現を見据えて，$M = G/K$ が Hermite 的ではない最初の例 de Sitter 群 $G = SO_0(4, 1)$ (の被覆群) について，M 上で離散系列を構成したのは高橋礼司 [T] であった．

ある種の 1 階微分作用素を考えているが，結局 Casimir 作用素の固有空間によって実現されている．M が Hermite 型でない場合の最初の成果である．

以上，多くの概念を説明せずに用いた．表現論の参考書はいずれも大部で初心者には取っ付き難いと思われるが，文献表にある [岡], [平], [平山], [小大] 辺りから取りかかって，そこにある文献表などを参考にされたい．

なお，保型関数との関係も一般化される．例えば，$\Gamma\backslash G$ がコンパクトになるような離散群 Γ に対して，$M = G/K$ が Hermite 型のときは，$\Gamma\backslash M$ は射影多様体になる．(上半平面同様 M の標準束 (正則 $\dim M$ 形式の束) Ω_M は正の直線束になり，したがって小平の埋め込み定理によって $\Gamma\backslash M$ は適当な次元の複素射影空間に埋め込まれる．)

そして，$L^2(\Gamma\backslash G)$ の直和分解における離散系列表現の重複度は $\Gamma\backslash M$ のベクトル束の Euler 数と関係する．これは，いわゆる Hirzebruch の比較法則とよばれる

原理によって Chern–Weil の特性類形式が決められ，Hirzebruch–Riemann–Roch の定理によって計算できる．先にもあげた文献 [I] などを参照されたい．

なお，Hermite 型でない場合も Dirac 作用素などの楕円型作用素に関して Atiyah–Singer の指数定理を用いて同様のことができる．

10.3 分類

最後に既約 Riemann 対称空間の分類について触れておこう．

7.4 節の言葉で，II 型のものは複素単純 Lie 群に対応するので，ここでは I 型の場合を考える．

このとき，非コンパクト型既約直交対称 Lie 環は複素単純 Lie 環の実形 $\mathfrak{g}$ とそのコンパクト型部分環 $\mathfrak{k}$ の対である．そこでそのようなもの $(\mathfrak{g}, \mathfrak{k})$ の分類を考える．

実際，具体的な分類は E. Cartan が例示していたのであるが，その後いろいろ整理されて大きく分けて主に 2 通りの方法がある．

荒木 [A] の佐武図形による方法と，村上 [M] にまとめられている対称変換の型による方法である．

ここでは，[M] による方法を解説する．幸い，和書でも新刊の松木 [松木] に詳しい証明付きで解説されているので，参照されたい．

非コンパクト型については，双対をとればよいので，今度は $\mathfrak{g}$ をコンパクト型単純 Lie 環で，$\mathfrak{k} = \mathfrak{g}^s$ を包合 (対称変換) $s \in \mathrm{Aut}\,\mathfrak{g}$ の固定化部分環とする．

方針は，s が内部自己同型か外部自己同型かによって分けることである．それに従って，**内部型** (inner type) か**外部型** (outer type) とよばれる．

(I) 内部型の場合

$s \in \mathrm{Ad}\,\mathfrak{g} = G$ はコンパクト群 G の位数 2 の半単純元ゆえ，s の中心化群 $K = Z_G(s)$ の Lie 環は s の固定化部分環 $\mathfrak{k} = \mathfrak{g}^s = \{\, X \in \mathfrak{g} \mid s(X) = X \,\}$ である．このとき，s を含む G の極大トーラス (Cartan 部分群) は K に含まれるゆえ，$T \subset K \subset G$，すなわち $\mathrm{rank}\,\mathfrak{g} = \mathrm{rank}\,\mathfrak{k}$ である．(逆に，$\mathrm{rank}\,\mathfrak{g} = \mathrm{rank}\,\mathfrak{k}$ ならば内部型であることもいえる．)

T の Lie 環 $\mathfrak{t}$ は $\mathfrak{g}$ の Cartan 部分環で，複素化 $\mathfrak{t}^c \subset \mathfrak{k}^c \subset \mathfrak{g}^c = \mathfrak{g} \underset{\mathbb{R}}{\otimes} \mathbb{C}$ を考えると，$(\mathfrak{g}^c, \mathfrak{t}^c)$ に関するルート系 Δ は $\mathfrak{k}^c, \mathfrak{t}^c$ のルート系 Δ_k を部分ルート系とし

て含む.

このようないわゆる同階数 (same rank) の部分環 $\mathfrak{k}$ は [BS] によって分類されており，拡大 Dynkin 図形から読み取れる ([辞典]).

最高ルートの重み付き拡大 Dynkin 図形

丸○の上付き数字は最高ルート μ における係数 (9.3 節に同じ)，2 重丸 $\odot$ は $-\mu$ (最低 weight).

(数学辞典の表注意；$B_2 = C_2$ であるが，$\widetilde{B}_2 = \widetilde{C}_2$ の図は $\widetilde{C}_2$ とすべし)

($\widetilde{A}_l$) (頂点の数 $l \geqq 1$，上付き数字はすべて 1)

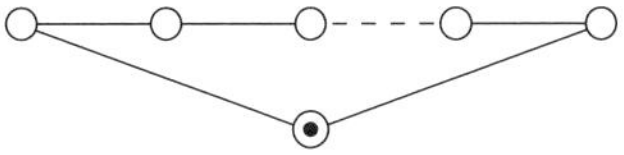

($\widetilde{B}_l$) 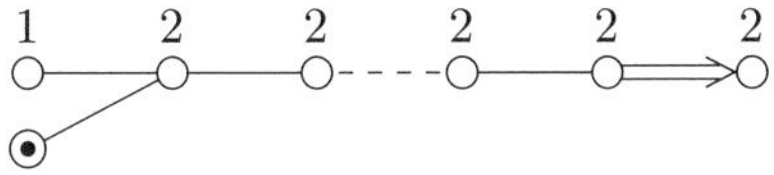 1 2 2 2 2 2 (頂点の数 $l \geqq 3$)

($\widetilde{C}_l$) 2 2 2 2 1 (頂点の数 $l \geqq 2$)

($\widetilde{D}_l$) 1 2 2 2 2 1 1 (頂点の数 $l \geqq 4$)

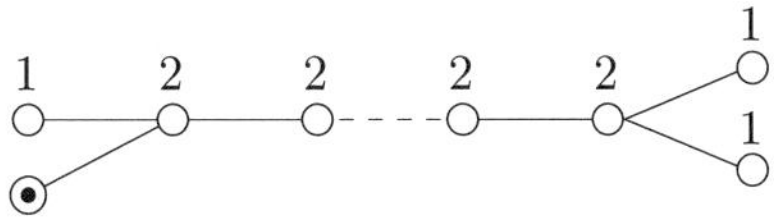

($\widetilde{E}_6$) 1 2 3 2 1 2

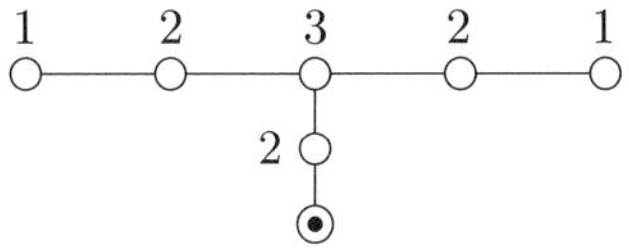

($\widetilde{E}_7$) 2 3 4 3 2 1 2

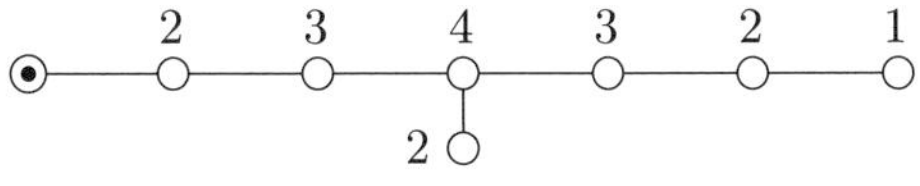

($\widetilde{E}_8$) 2 4 6 5 4 3 2 3

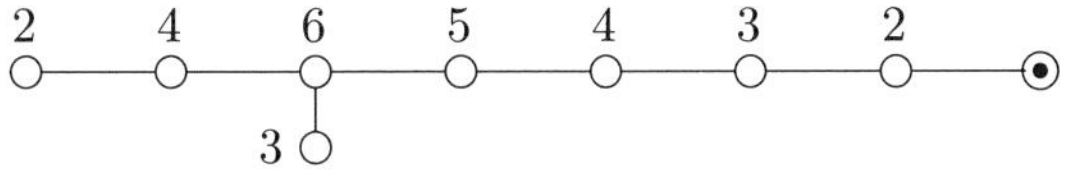

($\widetilde{F}_4$) 2 3 4 2

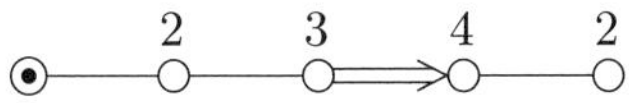

($\widetilde{G}_2$) 2 3

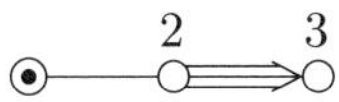

$\varPi \subset \varDelta$ を $\mathfrak{g}$ の 1 つの基本系とし，$\mathfrak{k}$ を極大なものとすると，$\varDelta_k \subsetneq \varDelta$ であるから，ある $\alpha_{i_0} \notin \varPi \setminus \varDelta_k$ がある．$\mathfrak{k}$ の極大性から，そのような基本ルート α_{i_0} は唯一つである．

さて，α_{i_0} について，次の 2 つの場合がある．

(1) $\varPi$ が定めるルート系の順序に関する最高ルート $\mu = \sum_{i=1}^{l} m_i\alpha_i$ について $\boxed{m_{i_0} = 1}$ のとき，

$$\varPi_k = \varPi \cap \varDelta_k = \{\, \alpha_1, \alpha_2, \ldots, \widehat{\alpha_{i_0}}, \ldots, \alpha_l \,\}$$

は $\varDelta_k$ の基本系で，$\mathfrak{k} = \mathfrak{c} \oplus [\mathfrak{k}, \mathfrak{k}]$ ($\mathfrak{c}$ は $\mathfrak{k}$ の中心で 1 次元)，$\varDelta_k$ が半単純部分 $[\mathfrak{k}, \mathfrak{k}]$ のルート系であった (なお，$\mathfrak{c}$ の中心化環が $\mathfrak{z}_{\mathfrak{g}}(\mathfrak{c}) = \mathfrak{k}$).

このとき，$(\mathfrak{g}, \mathfrak{k})$ は Hermite 型であった (9.3 節)．($\pm\mu \notin \varDelta_k$ に注意.)

(2) μ における α_{i_0} の係数について $m_{i_0} \geq 2$ の場合，$\varDelta_k$ の基本系 $\varPi_k$ は

$$\varPi_k = \{\, \alpha_1, \alpha_2, \ldots, \widehat{\alpha_{i_0}}, \ldots, \alpha_l, -\mu \,\} \subset \varDelta_k,$$

すなわち，$\pm\mu \in \varDelta_k$ となり，$\varPi_k$ は l 個の独立なベクトルからなるから，$\mathfrak{k}$ は半単純で $\operatorname{rank}\mathfrak{g} = \operatorname{rank}\mathfrak{k}$.

実際，$\alpha_{i_0} \notin \mathbb{Z}\varPi_k$ が示せて，極大部分環のルートの基本系は $-\mu$ を加えて上記の如くならなければいけない．

念のため，$\alpha_{i_0} \notin \mathbb{Z}\mu + \sum_{i \neq i_0} \mathbb{Z}\alpha_i$ を確かめておく．$\alpha_{i_0} = n\mu - \sum_{i \neq i_0} n_i\alpha_i$，すなわち，$n\mu - \alpha_{i_0} = \sum_{i \neq i_0} n_i\alpha_i$ とする ($n, n_i > 0$ としてよい)．このとき，

$$(nm_{i_0} - 1)\alpha_{i_0} = -n \sum_{i \neq i_0} m_i\alpha_i + \sum_{i \neq i_0} n_i\alpha_i$$

$m_{i_0} \geq 2$ ゆえ，$nm_{i_0} - 1 > 0$ となり，$\alpha_1, \ldots, \alpha_{i_0}, \ldots, \alpha_l$ の独立性に反する．

しかし，この極大部分環のうち，$(\mathfrak{g}, \mathfrak{k})$ が直交対称 Lie 環になるのは，$\boxed{m_{i_0} = 2}$ の場合のみである．このとき，$H_0 \in \mathfrak{t}$ を $\alpha_{i_0}(H_0) = \pi i$, $\alpha_i(H_0) \in 2\pi i\mathbb{Z}$ $(i \neq i_0)$ とえらんでおくと，包合 $s = e^{\operatorname{ad} H_0} \in \operatorname{Ad}\mathfrak{g}$ について，$s(\mu) = 1$，すなわち $X_\mu \in \mathfrak{k}^c$ となる．

結局，Hermite 型でない内部型の $\mathfrak{k}$ は，(拡大) Dynkin 図形における上付き数字が $m_{i_0} = 2$ なる α_{i_0} を抜いて，最低ルート $-\mu$ を加えた基本系 $\varPi_k$ から得られる．

例　B_l 型 $(G = SO(2l+1))$ を考える．上記 Dynkin 図形において，左からルートの番号を $\alpha_1, \alpha_2, \ldots$ と付けて，α_1 を抜くと，$m_1 = 1$ ゆえ Hermite 型で $G/K = SO(2l+1)/SO(2) \times SO(2l-2)$ (コンパクト型の群表示)．対応する非コンパクト実形は $SO_0(2, 2l-2)$.

$2 \leq i \leq l-1$ に対しては $m_i = 2$ ゆえ，α_p $(2 \leq p \leq l-1)$ を抜くと，$\mathfrak{k}$ は $D_p \times B_q$ $(p+q=l)$ 型ゆえコンパクト型は $SO(2l+1)/SO(2p) \times SO(2q+1)$ となる．非コンパクト実形は一般 Lorentz 群 $SO_0(2p, 2q+1)$.

内部型既約対称空間	
Cartan の記号	コンパクト型
$AIII^h$	$SU(p+q)/S(U(p) \times U(q))$ $(p \geq q \geq 1)$
BDI^h	$SO(p+q)/SO(p) \times SO(q)$ $(p \geq q \geq 2,\ p+q \neq 4)$
$BDII$	$SO(2l+1)/SO(2l)$ $(l \geq 2)$
$DIII^h$	$SO(2l)/U(l)$ $(l > 3)$
CI^h	$Sp(n)/U(n)$ $(n \geq 1)$
CII	$Sp(p+q)/Sp(p) \times Sp(q)$ $(p \geq q \geq 1)$
EII	$E_6/SU(2) \cdot SU(6)$
$EIII^h$	$E_6/Spin(10) \cdot SO(2)$
EV	$E_7/SU(8)$
EVI	$E_7/Spin(12) \cdot SU(2)$
$EVII^h$	$E_7/E_6 \cdot SO(2)$
$EVIII$	$E_8/Spin(16)$
EIX	$E_8/E_7 \cdot SU(2)$
FI	$F_4/Sp(3) \cdot SU(2)$
FII	$F_4/Spin(9)$
G	$G_2/SO(4)$

注　古典型の場合対応する非コンパクト実形は次のとおりである．

$$AIII:\ SU(p,q), \quad BDI:\ SO_0(p,q), \quad BDII:\ SO_0(2l,1),$$
$$DIII:\ SO^*(2l), \quad CI:\ Sp(n,\mathbb{R}), \quad CII:\ Sp(p,q).$$

ただし，$J = \begin{pmatrix} 0 & 1_n \\ -1_n & 0 \end{pmatrix}$ として，$SO^*(2l) := \{\, g \in SO(2l, \mathbb{C}) \mid {}^t g J \bar{g} = J \,\}$.

なお，$AIII^h$ のような上付き h は Hermite 型であることを示す (BDI^h については $q=2$ の場合のみ).

(II) 外部型は $\mathrm{Ad}\,\mathfrak{g} \neq \mathrm{Aut}\,\mathfrak{g}$ なる単純 Lie 環から得られるので，A, D, E_6 型の場合に限られる．詳しくは [M], [松木] に任せて結果のみをあげておく．

外部型既約対称空間		
Cartan の記号	コンパクト型	非コンパクト実形
AI	$SU(n)/SO(n)\ \ (n>2)$	$SL(n,\mathbb{R})$
AII	$SU(2n)/Sp(n)\ \ (n>1)$	$SU^*(2n)$ (下記注)
$BDII$	$SO(2n)/SO(2n-1)\ \ (n>3)$	$SO_0(2n-1,1)$
EI	$E_6/Sp(4)$	
EIV	E_6/F_4	

注　$SU^*(2n) := \{\, g \in SL(2n,\mathbb{C}) \mid gJ\bar{g}^{-1} = J \,\}$ ただし，J は上記 (I) の注と同じ.

コメント　佐武図形による分類は，コンパクト部分が極小 (ベクトル部分が極大) な Cartan 部分環に対する複素共役変換などの作用を考えることによってなされている．対して，ここで紹介した方法はコンパクト部分が極大な Cartan 部分環を軸に分類している．

新刊の杉浦論文集 [杉 2] の最後にも，さらに他の方法などについて詳しく論じてある．

参考文献

邦文

[伊 1] 伊勢幹夫：対称空間の理論 I, II, 数学，第 11 巻 (1959), 76-93, 第 13 巻 (1961), 88-107.

[伊 2] 伊勢幹夫：Lie 群論 I，岩波講座「基礎数学」，岩波書店，1977.

[岩] 岩堀長慶：Lie 群論 I, II，岩波講座「現代応用数学」，岩波書店，1957.

[太西] 太田琢也，西山享：代数群の作用と軌道，数学の杜 3，数学書房，2015.

[岡] 岡本清郷：等質空間上の解析学，紀伊國屋数学叢書 19，紀伊國屋書店，1980.

[K] クリンゲンバーグ (W. Klingenberg)：微分幾何学（小畠守生訳），海外出版貿易，1975.

[Co] コクセター (H. M. S. Coxeter)：幾何学入門（上，下）（銀林浩訳），ちくま学芸文庫，2009.

[小 1] 小林昭七：曲線と曲面の微分幾何，基礎数学選書 17，裳華房，1995.

[小 2] 小林昭七：ユークリド幾何から現代幾何へ，日評数学選書，日本評論社，1990.

[小大] 小林俊行，大島利雄：リー群と表現論，岩波書店，2005.

[今] 今野宏：微分幾何学，大学数学の世界 1，東京大学出版会，2013.

[齋] 齋藤正彦：線型代数入門，東京大学出版会，1966.

[佐 1] 佐武一郎：線型代数学（「行列と行列式」改題），数学選書 1，裳華房，1958，1974 改訂増補.

[佐 2] 佐武一郎：リー群の話，日本評論社，1982.

[佐 3] 佐武一郎：リー環の話，日本評論社，1987.

[酒] 酒井隆：リーマン幾何学，数学選書 11，裳華房，1992.

[清] 清水英男：保型関数 I, II, III，岩波講座「基礎数学」，岩波書店，1977.

[ST] シンガー・ソープ (I. M.Singer, J.A.Thorpe):トポロジーと幾何学入門（松江広文，一楽重雄訳），培風館，1995. (Lecture Notes on Elementary Topology and Geometry, Springer-Verlag, 1977.)

[杉 1] 杉浦光夫：リー群論，共立出版，2000.

[杉 2] 杉浦光夫：杉浦光夫数学史論説集，日本評論社，2018.

[砂 1] 砂田利一：幾何入門，岩波講座「現代数学への入門」，1996.

[砂２] 砂田利一：曲面の幾何，岩波講座「現代数学への入門」，1996.

[高] 高橋礼司：線型代数講義，日本評論社，2014.

[竹] 竹内勝：Lie 群論 II，岩波講座「基礎数学」，1978.

[立] 立花俊一：非ユークリッド幾何のカラクリ，アルキ，2001.

[谷] 谷崎俊之：リー代数と量子群，現代数学の潮流，共立出版，2002.

[陳] 陳省身 (S. S. Chern):複素多様体講義（藤木明，本多宣博訳），シュプリンガー東京，2005. (Complex manifolds without Potential Theory, 1995)

[寺] 寺坂英孝：非ユークリッド幾何の世界，（新装版），ブルーバックス，講談社，2014.

[野] 野水克己：現代幾何入門，基礎数学選書 25，裳華房，1981.

[平] 平井武：線形代数と群の表現 I, II，すうがくぶっくす 20，朝倉書店，2001.

[平山] 平井武，山下博：表現論入門セミナー，遊星社，2003.

[H] ヒルベルト (D. Hilbert)：幾何学基礎論（訳・解説 中村幸四郎，佐々木力解説），ちくま学芸文庫，2005.

[深] 深谷賢治：双曲幾何，岩波講座「現代数学への入門」，1996.

[堀] 堀田良之：線型代数群の基礎，朝倉数学大系 12，朝倉書店，2016.

[Po] ポントリャーギン (L. S. Pontryagin)：連続群論（上，下）（柴岡泰光，杉浦光夫，宮崎功訳），岩波書店，1957.

[松木] 松木敏彦：コンパクトリー群と対称空間，数学の杜 6，数学書房，2018.

[松島 1] 松島与三：リー環論，現代数学講座 15，共立出版，1956.

[松島 2] 松島与三：多様体入門，数学選書 5，裳華房，1965.

[村 1] 村上信吾：連続群論の基礎，基礎数学シリーズ 20，朝倉書店，1973.

[村 2] 村上信吾：幾何概論，数学選書 7，裳華房，1984.

[村 3] 村上信吾：多様体，共立数学講座 19，共立出版，1969.

[R] リーマン (B. Riemann)：幾何学の基礎をなす仮説について（訳・解説 菅原正巳），ちくま学芸文庫，筑摩書房，2013.

[吉] 吉田正章：私説超幾何関数，共立講座 21 世紀の数学，共立出版，1997.

[土壌] 小沢哲也：接続，酒井隆：曲率，現代数学の土壌１（上野健爾・志賀浩二・砂田利

一編)，日本評論社，2000.

[原論] ユークリッド原論（訳・解説 中村幸四郎，寺坂英孝，伊東俊太郎，池田美恵）追補版，共立出版，2011.

[辞典] 岩波数学辞典（第 2, 3, 4 版）：公式 5

[公] 岩波数学公式 I, III，岩波書店，1960.

欧文

[A] S. Araki(荒木捷朗): On root systems and an infinitesimal classification, Journal of Mathematics, Osaka City University, Vol. 13, No. 1. 1-34.

[Bo1] A. Borel: Linear algebraic groups, Proc. S.P.Math., Vol. 9, AMS, 1966.

[Bo2] A. Borel: Linear Algebraic Groups, 2nd ed., GTM 126, Springer-Verlag, 1991.

[Bo3] A. Borel: Essays in the History of Lie Groups and Algebraic Groups, History of Math., Vol. 21, AMS–LMS, 2001.

[BS] A. Borel et J. de Siebenthal: Les sous-groupes fermes de rang maximum des groupes de Lie clos, Comm. Math. Helv. 23 (1949), 200-221.

[Bou1] N. Bourbaki: Groupes et Algèbres de Lie, Vol. 1; Ch 1; Vol. 2; Ch's 2,3, Herman, 1960.（邦訳：杉浦光夫，「リー群とリー環 1」;「リー群とリー環 2」，東京図書，1968；1973.）

[Bou2] N. Bourbaki: ———, Vol. 3; Ch's 4,5,6, Hermann, 1968.（邦訳：杉浦光夫，「リー群とリー環 3」，東京図書，1970.）

[Ca] É. Cartan: Œuvres Complètes, Tome 1, Vol. 2: Groupes de Lie, Gauthiers-Villars, 1952.

[Ch] C. Chevalley: Theory of Lie Groups: I, Princeton U. Press, 1946.（邦訳：齋藤正彦，「リー群論」，ちくま学芸文庫，筑摩書房，2012.）

[G] C. F. Gauss: General investigations of curved surfaces (Latin: Disquisitiones generales circa superficies curvas より英訳; A. Hiltebeitel and J. Morehead), Raven Press, 1965.

[HC] Harish-Chandra: Collected Papers, Vol. I, II, III, IV, Springer-Verlag, 1984.

[He] S. Helgason: Differential Geometry and Symmetric Spaces, Academic Press, 1962.

[Hu] J. E. Humphreys: Introduction to Lie Algebras and Representation Theory, GMT 9, Springer-Verlag, 1972.

[I] M. Ise(伊勢幹夫): Generalized automorphic forms and certain holomorphic vector bundles, Amer. J. Math. 86 (1964), 70-108.

[J] N. Jacobson: Lie Algebras, Interscience Pub., 1962, Dover 1971.

[KN] S. Kobayashi and K. Nomizu(小林昭七・野水克己): Foundations of Differential Geometry, Vol. I, Vol. II, Tracts in Math. 15, Interscience Publ., 1963, 1969.

[M] S. Murakami(村上信吾)： Sur la classification des algèbres de Lie réelles et simples, Osaka J. Math. 2 (1965), 291-307.

[NO] M. S. Narasimhan and K. Okamoto(岡本清郷): An analogue of the Borel-Weil-Bott theorem for hermitian symmetric pairs of non-compact type, Ann. of Math., 91 (1970), 486-511.

[Pr] C. Procesi: Lie Groups, an Approach through Invariants and Representations, UTX, Springer-Verlag, 2007.

[Sa1] I. Satake(佐武一郎): On representations and compactifications of symmetric Riemannian spaces, Ann. of Math., 71 (1960), 77-110.

[Sa2] I. Satake(佐武一郎): Classification Theory of Semi-simple Algebraic Groups, Lecture notes, U. of Chicago. 1967.

[Se1] J.-P. Serre: Algèbres de Lie Semi-simples Complexes, Benjamin, 1966. （英訳：Springer-Verlag, 2001.）

[Se2] J.-P. Serre: Lie Algebras and Lie Groups, Harvard lecture notes, Benjamin, 1965, LNM 1500, Springer-Verlag, 2005.

[Sh] G. Shimura(志村五郎): Introduction to the Arithmetic Theory of Automorphic Functions, Publ. MSJ 11, Iwamami Shoten, Publishers and Princeton Univ. Pres, 1971.

[Sp1] T. A. Springer: Reductive groups, Proc. S.P.Math., Vol. 33, AMS, 1979.

[Sp2] T. A. Springer: Linear Algbraic Groups (2nd ed), PM 9, Birkhäuser, 1998.

[T] R. Takahashi(高橋礼司): Sur les représentations unitaires des groupes de

Lorentz généralisés, Bull. Soc. Math. France, 91 (1963), 289-433.

[HTF] Erdélyi et al.: Higher Transcendental Functions, Bateman Manuscript Project, Caltec, McGraw-Hill, 1953.

索 引

■な行

■は行

■ま行

■や行

■ら行

■わ行

堀田 良之

ほった・りょうし

略歴

1941 年　福岡県豊前市宇島生まれ
1965 年　東京大学理学部数学科卒業
1967 年　同大学院理学系研究科数学専攻修士課程修了
1967 年　大阪大学理学部助手
1971 年　広島大学理学部助教授
　　　　(この間 1971–1973 プリンストン高等研究所所員)
1979 年　東北大学理学部助教授
1983 年　同教授
1996 年　岡山理科大学理学部教授
2007 年　同退職
現　在　東北大学名誉教授

著書

『代数入門——群と加群』，裳華房
『加群十話』，朝倉書店
Introduction to D-modules, Lecture notes, Institute of Mathematical Sciences, Madras
『D 加群と代数群』，共著，シュプリンガー東京
『可換環と体』，岩波書店
『群論の進化，代数学百科 I』，共著，朝倉書店
D-modules, perverse sheaves, and representation theory, 共著, PM236, Birkhäuser
『線型代数群の基礎，朝倉数学体系 12』，朝倉書店

対称空間今昔譚

たいしょうくうかんこんじゃくものがたり

2019 年　7 月 20 日　第 1 版第 1 刷発行

著者　堀田良之
発行者　横山 伸
発行　有限会社　数学書房
　〒 101-0051　東京都千代田区神田神保町 1-32-2
　TEL　03-5281-1777
　FAX　03-5281-1778
　mathmath@sugakushobo.co.jp
　振込口座　00100-0-372475

印刷 製本　精文堂印刷株式会社
組版　野崎 洋
装幀　岩崎寿文

ISBN 978-4-903342-89-4